Methods in
Molecular Biology 890

Springer Protocols

痘病毒学及痘苗病毒实验
操作指南（2012）

Vaccinia Virus and Poxvirology
Methods and Protocols （2012）

[美] 斯图亚特·N. 艾萨克斯　编著

张　强　赵志荀　吴国华　主译

中国农业科学技术出版社　　☀ Humana Press

版权合同登记号 01-2016-4173

图书在版编目（CIP）数据

痘病毒学及痘苗病毒实验操作指南（2012）/（美）斯图亚特·N. 艾萨克斯（Stuart N. Isaacs）编著；张强，赵志荀，吴国华主译 . — 北京：中国农业科学技术出版社，2019.12
ISBN 978-7-5116-4415-2

Ⅰ.①痘… Ⅱ.①斯… ②张… ③赵… ④吴… Ⅲ.①痘病毒—指南②痘苗病毒—实验—指南 Ⅳ.① R373.1-62

中国版本图书馆 CIP 数据核字（2019）第 202381 号

版权声明

责任编辑　姚　欢
责任校对　贾海霞

出 版 者　中国农业科学技术出版社
　　　　　北京市中关村南大街 12 号　邮编：100081
电　　话　（010）82106636（编辑室）（010）82109704（发行部）
　　　　　（010）82109702（读者服务部）
传　　真　（010）82106631
网　　址　http://www.castp.cn
经 销 者　各地新华书店
印 刷 者　北京建宏印刷有限公司
开　　本　787 毫米 ×1092 毫米 1 /16
印　　张　18.5
字　　数　580 千字
版　　次　2019 年 12 月第 1 版　2019 年 12 月第 1 次印刷
定　　价　88.00 元

本书由

中国农业科学院兰州兽医研究所

家畜疫病病原生物学国家重点实验室

中国农业科学院草食动物病毒病创新团队

国家现代绒毛用羊、肉羊产业技术体系

国家自然基金项目（31872449，31972687）

国家重点研发计划课题（2016YFD0500907）

国家重点研发计划课题（2017YFD0502306）

资助出版

《痘病毒学及痘苗病毒实验操作指南（2012）》

译 者 委 员 会

主 译　　　张　强　赵志荀　吴国华

译 者（按姓氏笔画排序）

　　　　　　王　曼　王战红　邓　阳　李　杨

　　　　　　李子彬　吴　健　吴　娜　吴国华

　　　　　　张　强　赵志荀　赵银龙　高顺平

　　　　　　颜新敏

审 校　　　张志东

译者前言

痘病毒学的研究历史漫长，取得的成就举世瞩目。痘病毒中的天花病毒曾给人类留下痛苦记忆。1796 年，Jenner 将牛痘病毒用作第一个人类疫苗，之后随着痘苗病毒的广泛接种，最终在 1980 年消灭了天花。人类在消灭天花、控制痘病的同时，也逐渐认识着痘病毒，并利用其性质为人类服务。可以说，痘病毒的研究历史，就是人类认识自然、战胜自然和利用自然的历史。

2004 年，Stuart N. Isaacs 集中了世界上研究痘病毒的优秀专家编写了 *Vaccinia Virus and Poxvirology Methods and Protocols*（第 1 版），这是世界上第一本系统总结痘苗病毒和痘病毒学研究方法的专著。2012 年，Stuart N. Isaacs 又组织专家编写了该书的第 2 版，但内容与第 1 版不同。2012 年版注重一个"新"字，在改进传统方法的同时，又紧随时代潮流和技术更新，内容涉及重组痘病毒的构建与筛选、细菌人工染色体技术、痘苗病毒释放抑制因子的筛选、痘病毒入侵和传播的成像分析、感染性和致病性评价、晶体衍射与蛋白互作、免疫调节以及信号通路研究等多个方面。其中，"痘苗病毒安全操作"（第 1 版第 1 章，2012 年版第 1 章）、"痘病毒基因组生物信息学分析"（第 1 版第 23 章，2012 年版第 14 章）尽管在标题上相似，但内容不同，2012 年版重点介绍了这两个领域中的新技术、新方法。

上述两书所介绍的技术方法实用，对从事痘病毒研究的工作者来说，是不可多得的指南性资料。本人研究痘病毒多年，书中的许多内容在实际工作中给予了本人和所在团队极大的帮助。第 1 版中文简体版已于 2017 年由中国农业科学技术出版社出版。为了将世界优秀科研成果完整地呈现给读者，促进技术交流，故又组织专家翻译出版 2012 版。

由于水平所限，书中难免存在疏漏之处，欢迎读者批评指正，也欢迎读者就书中的问题与我们进行探讨。

张 强

2019 年 9 月

目　录

原著前言

9 年前，出版了《痘病毒学及痘苗病毒实验操作指南》*（"分子生物学"丛书第 269 卷），现在出版的 2012 年版并不能取代 2004 年的第 1 版，因为 2012 年版中每个章节的内容都与第 1 版不同。为了使读者了解第 1 版的相关主题，现将第 1 版中的各章题目罗列如下。

第 1 章　痘苗病毒安全操作技术——实验室操作技术和牛痘疫苗的作用（Stuart N. Isaacs）。

第 2 章　遗传标记重组痘苗病毒的构建与分离（María M. Lorenzo, Inmaculada Galindo 和 Rafael Blasco）。

第 3 章　重组痘苗病毒的构建——克隆到 TK 位点（Chelsea M. Byrd 和 Dennis E. Hruby）。

第 4 章　痘苗病毒 /T7 重组病毒的瞬时及诱导表达（Mohamed R. Mohamed 和 Edward G. Niles）。

第 5 章　兔痘病毒催化重组与正痘病毒 DNA 重激活重组的痘苗病毒构建（Xiaodan Yao 和 David H. Evans）。

第 6 章　痘苗病毒 cDNA 文库的构建（Ernest S. Smith, Shuying Shi 和 aurice Zauderer）。

第 7 章　重组 MVA 的构建与分离（Caroline Staib, Ingo Drexler 和 Gerd Sutter）。

第 8 章　痘病毒的培养和病毒滴度滴定（Girish J. Kotwal 和 Melissa Abraham）。

第 9 章　用于克隆和分析的痘苗病毒 DNA 模板的快速制备（Rachel L. Roper）。

第 10 章　正痘病毒的诊断（Hermann Meyer, Inger K. Damon 和 Joseph J. Esposito）。

第 11 章　痘苗病毒早期基因的体外转录系统（Steven S. Broyles 和 Marcia Kremer）。

第 12 章　痘苗病毒晚期基因的体外转录系统（Cynthia F. Wright）。

第 13 章　痘苗病毒 RNA 加工的体外研究（Paul D. Gershon）。

第 14 章　研究痘病毒 DNA 复制的方法（Paula Traktman 和 Kathleen Boyle）。

第 15 章　痘病毒胞内结合与入侵以及胞外囊膜形成（EEV）的研究（Mansun Law 和 Geoffrey L. Smith）。

第 16 章　痘病毒的标记及成像——绿色荧光蛋白标记痘苗病毒影像的制作（Brian M.）。

---

* 英文版书名为 *Vaccinia Virus and Poxvirology Methods and Protocols*，于 2004 年出版于胡玛纳出版社（Humana Press），中文简体版《痘病毒学及痘苗病毒实验操作指南（第一版）》于 2017 年出版于中国农业科学技术出版社。

第 17 章　应用表面等离子共振对病毒的细胞因子结合蛋白进行互作分析（Bruce T. Seet 和 Grant McFadden）。

第 18 章　痘苗病毒引起人体免疫反应的监测（Richard Harrop，Matthew Ryan，Hana Golding，Irina Redchenko 和 Miles W. Carroll）。

第 19 章　免疫学研究的工具——痘苗病毒（Nia Tatsis, Gomathinayagam Sinnathamby 和 Laurence C. Eisenlohr）。

第 20 章　正痘病毒呼吸道感染的小鼠模型（Jill Schriewer，R. Mark L. Buller 和 Gelita Owens）。

第 21 章　用痘苗病毒载体研究病毒糖蛋白介导的细胞融合试验（Katharine N. Bossart 和 Christopher C. Broder）。

第 22 章　双重组痘苗病毒在病毒糖蛋白介导的转染抑制型原代靶细胞融合试验中的应用（Yanjie Yi, Anjali Singh，Joanne Cutilli 和 Ronald G. Collman）。

第 23 章　痘病毒生物信息学（Chris Upton）。

第 24 章　人体活检组织样本中的传染性软疣病毒的制备和应用（Nadja V. Melquiot 和 Joachim J. Bugert）。

在《痘病毒学及痘苗病毒实验操作指南（2012）》中，有多个章节采用不同的途径构建重组病毒，还有一些章节描述了不同形式感染性病毒的分离方法，痘病毒进入细胞方法的研究以及用体内模型研究痘病毒发病机制的方法。有研究细胞免疫反应和痘病毒单克隆抗体制备的章节，也有痘病毒的生物信息学方法以及各种途径研究痘病毒的免疫调节蛋白的章节。书中的这些实验程序易于参照学习，注释部分还包括附加的信息解释和对实验方案的重要见解。

截至本书完稿之时，又发生了一些有关痘病毒的重要事件，例如，美国食品药品监督管理局（FDA）批准了一种基于组织培养的天花疫苗，用于给美国军队和大量民众接种；新的抗痘病毒治疗方法已研发成功并用于紧急救治。本书完稿之时，有许多杰出的痘病毒学家退休了。在此，向已退休的 Joseph J. Esposito（疾病控制和预防中心，亚特兰大）、Richard（Dick）W. Moyer（佛罗里达大学，盖恩斯维尔）和 Edward G. Niles（纽约州立大学医学院，布法罗）致谢。这些科学家建立了优秀的实验室，为痘病毒领域作出了无数贡献，在他们的职业生涯中促进创建了痘病毒学。尽管他们已不在实验室工作了，但我们很幸运，因为这些科学家仍保持活力并继续致力于科学事业。本书完稿之际，我们谨向那些为痘病毒事业献身的同事们表示怀念。在此，向 Riccardo（Rico）Wittek（1944.4.26—2008.9.19）和 Frank J. Fenner（1914.12.21—2010.11.22）致谢，我们不会忘记他们对痘病毒事业所做的贡献！

Stuart N. Isaacs
于美国宾夕法尼亚州费城

原著撰稿人

RAFAEL BLASCO • *Departamento de Biotecnología, Instituto Nacional de Investigación y Tecnología Agraria y Alimentaria (INIA), Madrid, Spain*

NIAMH BLYTHE • *Department of Microbiology and Infectious Diseases, Cardiff Institute of Infection and Immunity, Cardiff, UK*

JOACHIM J. BUGERT • *Department of Microbiology and Infectious Diseases, Cardiff Institute of Infection and Immunity, Cardiff, UK*

R. MARK BULLER • *Department of Molecular Microbiology and Immunology, St. Louis University Health Sciences Center, St. Louis, MO, USA*

CHELSEA M. BYRD • *SIGA Technologies, Inc., Corvallis, OR, USA*

WEN CHANG • *Academia Sinica, Institute of Molecular Biology, Taipei, Taiwan, ROC*

MATTHEW G. COTTINGHAM • *The Jenner Institute, University of Oxford, Oxford, UK*

MELISSA DA SILVA • *Biochemistry and Microbiology, University of Victoria, Victoria, BC, Canada*

DAVID ESTEBAN • *Biology Department, Vassar College, Poughkeepsie, NY, USA*

DAVID H. EVANS • *Department of Medical Microbiology and Immunology, Li Ka Shing Institute of Virology, University of Alberta, Edmonton, AB, Canada*

LAURA FARLEIGH • *Department of Microbiology and Infectious Diseases, Cardiff Institute of Infection and Immunity, Cardiff, UK*

ANDREW FARMER • *Clontech Laboratories, Inc., Mountain View, CA, USA*

INGE E.A. FLESCH • *Research School of Biology, The Australian National University, Canberra, ACT, Australia*

ROBERT FUX • *Institute for Infectious Diseases and Zoonoses, University of Munich LMU, Munich, Germany*

HANA GOLDING • *Division of Viral Products, Center for Biologics Evaluation and Research, Food and Drug Administration, Bethesda, MD, USA*

DHIRENDRA GOVENDER • *Faculty of Health Sciences, Division of Anatomical Pathology, Department of Clinical Laboratory Sciences, University of Cape Town, South Africa*

HOLLYCE HARTZLER • *Department of Molecular Microbiology and Immunology, St. Louis University Health Sciences Center, St. Louis, MO, USA*

DENNIS E. HRUBY • *SIGA Technologies, Inc., Corvallis, OR, USA*

CHENG-YEN HUANG • *Academia Sinica, Institute of Molecular Biology, Taipei, Taiwan, ROC*

CHAD R. IRWIN • *Department of Medical Microbiology and Immunology, Li Ka Shing Institute of Virology, University of Alberta, Edmonton, AB, Canada*

STUART N. ISAACS • *Division of Infectious Diseases, Department of Medicine, University of Pennsylvania and the Philadelphia VA Medical Center, Philadelphia, PA, USA*

SENTA KAPNICK • *Division of Viral Products, Center for Biologics Evaluation and Research, Food and Drug Administration, Bethesda, MD, USA*

LAURISTON A. KELLAWAY • *Division of Anatomical Pathology, Department of Clinical Laboratory sciences, Faculty of Health Sciences, University of Cape Town, South Africa*

GIRISH J. KOTWAL • *Kotwal Bioconsulting, LLC, Louisville, KY, USA; InFlaMed Inc, Louisville, KY, USA; Department of Microbiology and Biochemistry, University of Medicine and Health Sciences, Saint Kitts, West Indies*

JOOST H.C.M. KREIJTZ • *Institute for Infectious Diseases and Zoonoses, University of Munich LMU, Munich, Germany; Department of Virology, Erasmus MC, Rotterdam, The Netherlands*

MELANIE KREMER • *Institute for Infectious Diseases and Zoonoses, University of Munich LMU, Munich, Germany*

AMOD P. KULKARNI • *Division of Anatomical Pathology, Department of Clinical Laboratory sciences, Faculty of Health Sciences, University of Cape Town, South Africa*

MICHAEL H. LEHMANN • *Institute for Infectious Diseases and Zoonoses, University of Munich LMU, Munich, Germany*

LEON C. W. LIN • *Research School of Biology, The Australian National University, Canberra, ACT, Australia*

MARÍA M. LORENZO • *Departamento de Biotecnología, Instituto Nacional de Investigación y Tecnología Agraria y Alimentaria (INIA), Madrid, Spain*

WILLIAM L. MARSHALL • *Division of Infectious Disease, Department of Medicine, University of Massachusetts School of Medicine, Worcester, MA, USA*

XIANGZHI MENG • *Department of Microbiology and Immunology, University of Texas Health Science Center at San Antonio, San Antonio, TX, USA*

KAYLA MORLOCK • *Division of Infectious Disease, Department of Medicine, University of Massachusetts School of Medicine, Worcester, MA, USA*

SCOTT PARKER • *Department of Molecular Microbiology and Immunology, St. Louis University Health Sciences Center, St. Louis, MO, USA*

NGOC PHAM • *Division of Infectious Disease, Department of Medicine, University of Massachusetts School of Medicine, Worcester, MA, USA*

RACHEL L. ROPER • *Department of Microbiology and Immunology, Brody School of Medicine, East Carolina University, Greenville, NC, USA*

FLORENTINA RUS • *Division of Infectious Disease, Department of Medicine, University of Massachusetts School of Medicine, Worcester, MA, USA*

JUANA M. SÁNCHEZ-PUIG • *Departamento de Biotecnología , Instituto Nacional de Investigación y Tecnología Agraria y Alimentaria (INIA), Madrid , Spain*

JILL SCHRIEWER • *Department of Molecular Microbiology and Immunology, St. Louis University Health Sciences Center, St. Louis, MO, USA*

SUBUHI SHERWANI • *Department of Microbiology and Infectious Diseases, Cardiff Institute of Infection and Immunity, Cardiff, UK*

NEAL SILVERMAN • *Division of Infectious Disease, Department of Medicine, University of Massachusetts School of Medicine , Worcester , MA , USA*

STEWART A. SMITH • *Research School of Biology, The Australian National University, Canberra, ACT, Australia*

GERD SUTTER • *Institute for Infectious Diseases and Zoonoses, University of Munich LMU , Munich , Germany*

DAVID C. TSCHARKE • *Research School of Biology, The Australian National University, Canberra, ACT, Australia*

CHRIS UPTON • *Biochemistry and Microbiology, University of Victoria, Victoria, BC, Canada*

ASISA VOLZ • *Institute for Infectious Diseases and Zoonoses, University of Munich LMU, Munich, Germany*

DAVID O. WILLER • *Department of Microbiology, Mt. Sinai Hospital, Toronto, ON, Canada*

YIK CHUN WONG • *Research School of Biology, The Australian National University, Canberra, ACT, Australia*

YAN XIANG • *Department of Microbiology and Immunology, University of Texas Health Science Center at San Antonio , San Antonio , TX , USA*

MARINA ZAITSEVA • *Division of Viral Products, Center for Biologics Evaluation and Research, Food and Drug Administration, Bethesda, MD, USA*

第1章 痘苗病毒安全操作
——实验室操作技术和已报道的实验室意外感染事故回顾

Stuart N. Isaacs[*]

概 要

痘苗病毒是正痘病毒属的代表毒株，可用作研究病毒生物学和病毒—宿主相互作用的模型，也可用作蛋白表达系统、疫苗载体，还可用作研究溶瘤病毒，因此在实验室得到了广泛的应用。应用同时也带来了一些安全问题，因为这种病毒可能是那些免疫系统或皮肤异常个体的致病原，有可能导致正常宿主出现严重的问题。本章概述了痘苗病毒实验操作的标准程序，并对已报道的实验室感染事故进行回顾。

关键词：痘苗病毒；二级生物安全防护水平；Ⅱ级生物安全柜；个人防护装备；天花疫苗；疫苗接种并发症；实验室事故

1 引 言

痘病毒是一种大型的 DNA 病毒，其基因组大约为 200kb。痘病毒具有独特的 DNA 复制和转录位点[1]，精妙的免疫逃避策略[2,3]，而且在真核细胞中能够相对容易制备表达外源蛋白的重组病毒[4,5]，这些特点使痘病毒成为研究的热点和一种实验室常用工具。痘病毒科中最著名的成员是引起人类天花的病原——天花病毒，痘苗病毒被用作天花病毒获得性免疫的疫苗，使天花在 20 世纪 70 年代末被消灭[**]，现在有关这种病毒的操作只能在世界卫生组织限定的两个实验室中进行，且需在四级生物安全防护水平下进行，这使得人们对痘苗病毒投入更多的研究，并且将它作为正痘病毒属的模式病毒。20 世纪 70 年代初，美国停止了天花疫苗的常规接种。从那时起，免疫实践咨询委员会（ACIP）和疾

---

[*] 本章所述观点仅为作者个人的观点，并非宾夕法尼亚大学或费城退伍军人事务医疗中心的官方意见或观点。

[**] 1979 年宣布的是消灭了"天花病"，也就是没有发病病例，但是全世界中还有实验室保存有天花病毒。1980 年起宣布消灭的是"天花"，在宣布消灭了"天花病"后，紧接着销毁全球实验室中的天花病毒，也就是既消灭了病又销毁了病原，全球不可能再发天花病。（译者注）

1

病控制中心（CDC）建议只对从事痘病毒工作的人员继续接种疫苗[6-10]，因为这些人员可能会由于实验室意外事故引起感染。提出这一建议的依据是，实验室应用最广泛的痘苗病毒毒株（例如，Western Reserve [WR 株]，见注释 1）比疫苗株毒力更强，并且实验室工作人员经常处理的病毒滴度也远高于疫苗免疫剂量（见注释 2）。目前，已经发生数起与痘苗病毒有关的实验室事故（见本章后面叙述），尚有更多的类似事件没被报道。从事VACV 工作的总人数和他们使用病毒的频率不得而知。由此可见，这些问题的严重程度和疫苗免疫的受益程度都是未知的。本章讨论了实验室操作程序、个人安全防护装备和已报道的实验室事故，就是为了强调安全处理病毒的必要性，防止发生实验室意外感染事故[11-24]。

2 材料和设备

（1）Ⅱ级生物安全柜（BSC）。

（2）个人防护装备。

（3）高压蒸汽灭菌器。

（4）消毒剂：1% 次氯酸钠，2% 戊二醛，甲醛，10% 漂白剂，杀孢子剂 Spor-klenz，消毒剂 Expor（译者注：一种混合了 9 种成分的水与 NaCl 及乳酸的混合溶液），70% 乙醇。

（5）尖锐物品处理容器。

（6）离心机管安全帽。

（7）天花疫苗的职业病药品接种机构（见注释 3）。

3 方 法

3.1 实验室和个人防护装备

下面介绍的是操作有完全复制力的 VACV 活病毒时的安全规范。表 1-1 总结了一些已报道的实验室意外事故，以及从事病毒操作时应该注意的各方面安全问题。除了有完全复制能力的 VACV 外，还有一些致弱的 VACV 病毒株（例如，MVA 和 NYVAC），它们不能复制也不能在哺乳动物细胞中产生感染性的子代病毒。这些高度致弱的无复制能力的VACVs 可以在一级生物安全条件下处理[25]。这样的话，实验室在同时操作有复制能力和无复制能力的病毒时，就应谨防无复制能力的病毒被有复制能力的病毒污染。一旦污染，将会导致实验室发生感染事故，如表 1-1 病例 19。由于意外的 VACV 感染通常是通过直接接触皮肤或眼睛而感染的，因此 VAVC 安全防护的重点是使用相应级别的实验室和个人防护装置以防止意外接触病毒。必须在 BSC 中操作 VACV，在 BSC 中操作有感染性的病毒是防止意外接触病毒的第一道防线。生物安全柜将病毒操作限定在界限明晰、易于清洁的工作区内，BSC 前面的玻璃挡板也可以有效阻止病毒液溅到操作人员的脸上。BSC通过前格栅吸入室内空气，柜内空气在 HEPA（高效空气过滤器）中循环过滤，最后再经

HEPA 过滤排出。这样，在 BSC 保护下进行 VACV 操作，可保护工作人员免受病毒气溶胶的影响（见注释 4）。

防止意外接触病毒的另一个重要措施是穿戴适当的个人防护装备，包括手套、实验服和眼罩。VACV 不能进入完整的皮肤，但可以通过破损的皮肤侵入。因此，戴手套是至关重要的（见注释 5）。表 1-1 中所列的事故 1、5~7、18 和 19 均为通过破损皮肤导致的感染病例（见图 1-1 至图 1-3）。BSC 前面的挡板已经充当了防止液体溅入眼睛的第一道防线，但当操作 VACV 时，还是建议佩戴安全防护眼镜。根据所做的工作（例如处理高滴度纯化的 VACV），应格外注意眼部保护，譬如使用护目镜或面罩。这些措施之所以相当重要，是因为眼睛作为一个特殊的免疫部位 [26]，即便之前接种过疫苗的人也容易遭受严重的感染 [27]。另外，实验服或其他的防护外套都可以减少污染的机会。一旦发生污染，可迅速脱去外层衣服并做净化处理。而且实验服还可以防止病毒被意外携带出实验室。由于病毒在外界环境中能稳定存在，当脱去防护服之后，用肥皂和水彻底洗手也是相当重要的防护措施 [28]。如果遵循适当的生物安全措施，表 1-1 中的 1、5~9、16、18 和 19 等事故（见图 1-1 至图 1-4）则或可避免。在一些已报道的事故中发现，如果及时采取干预措施可以避免一些潜在事故的发生。在病例 9 中，当液体溅入眼睛后，立即用水冲洗眼部可以预防感染。在病例 14 中，对接种部位进行消毒，同时在事故发生当天进行天花疫苗接种可以预防感染。

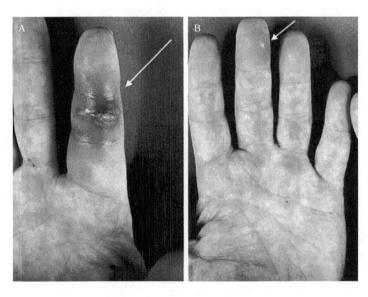

图 1-1　非针刺手指感染照片

出现症状后 5~7 天。（A）右手，（B）左手。

注：经麦克米伦出版有限公司（Macmillan Publishers Ltd.）许可转载自《皮肤病研究杂志》（*The Journal of Investigative Dermatology*），见参考文献 15，版权 ©2003。

表 1-1　已报道的正痘病毒实验室意外感染事故

事故编号	杂志名，年份（参考文献）	年龄（岁）或地区（年份）医疗状况	接触病毒的原因	病毒类型	预先免疫状况	部位和感染原因	疾病类型	抗生素/手术/抗病毒药	病程和随访	图片
1	Nature, 1986[11]	>31岁	注射小鼠	TK 基因缺失 WR 株（2×10^6 PFU/50 μL）	接触病毒 30 年前曾免疫过	右手无名指切伤	接触病毒 4 天后，手指红肿，从指甲根部向第一指关节发展；8 天后，右侧腋窝淋巴结开始肿胀，无发热和不适		10 天；工人产生重组 VACV 表达蛋白抗体	
2	Lancet, 1991[12]	伦敦（1990）	注射小鼠	TK 基因缺失 WR 株	接触病毒 1 年前曾免疫过	针头刺伤左手拇指和食指	针头刺伤 3 天后，伤口开始发痒，第 4 天发红并有丘疹，第 5~6 天，伤口有液体排出，最大直径 1cm；包扎自然愈合		对重组 VACV 表达蛋白无抗体反应，但有潜在的 T 细胞反应迹象	
3	NEJM, 2001[13]	28 岁（妊娠 15 周，无表皮松解性角化过度）	狗咬	基于狂犬病疫苗的哥本哈根株	据报道，预先未接种过天花疫苗（1971 年出生）	专业上讲并非实验室事故，但由于狗咬意外接触到了重组病毒	接触 3 天后，前臂出现水疱；被咬 8 天后，由于渐进性疼痛、红疹和发于左前臂肿胀住院治疗；被咬 10 天后，红疹加重，左侧腋窝巴结肿大	抗生素治疗，前臂手术切开引流	30 天；产生重组 VACV 表达蛋白的抗体；无妊娠并发症，产下健康婴儿	
4	EID, 2003[14]	26 岁	病毒纯化过程针头刺伤	WR 株（约 10^8 PFU）	幼年时接种过疫苗（早于 20 年）	针头刺伤左手拇指	刺伤 3 天后，进行性红疹和疼痛，第 5~6 天第四指和第五指出现脓疱；第 6 天左侧腋窝巴结肿大；第 8 天伤口周围坏死，左前臂大面积红斑	为控制细菌继发感染，第 9 天开始抗素治疗；手术切除坏死组织	超过 3 周后伤口愈合；有证据表明抗 VACV 抗体增加	图 1-5

（续表）

事故编号	杂志名，年份（参考文献）	年龄（岁）或地区（年份）医疗状况	接触病毒的原因	病毒类型	部位和感染原因	预先免疫状况	疾病类型	抗生素/手术/抗病毒药	病程和随访	图片
5	J Invest Dermatol, 2003[15]	40岁	通过损伤皮肤接触感染	TK基因缺失WR株（10^9PFU/mL）	组织培养过程接触高效价病毒，证据表明两只手都有表面擦伤（由于在低温下工作造成）	感染前28年和39年免疫过	右手第二指内侧中部；2天后左手第三指随后指尖出现病变（周缘损伤部位出现结节坏死）；无LN肿大	消毒剂局部处理（如聚维酮碘）手术切口	2周后愈合；有证据表明表面VACV抗体增加	图1-1
6	Can Commun Dis Rep, 2003[16]	48岁（有湿疹病史）	通过损伤皮肤接触感染	TK基因缺失病毒	双手慢性湿疹，手指有一处伤口，操作病毒时通常不戴手套	儿童时期接种过疫苗	初期渐进性疼痛目食指背侧发红；5天后右手食指水疱；右侧腋窝淋巴结肿大	抗生素治疗无效；做了包扎处理	自然愈合	
7	J Clin Virol, 2004[17]	25岁	通过损伤皮肤接触感染	重组WR株	手指有伤口，通过接触其他部位引起二次感染	未接种过疫苗	手指伤口处出现脓疱，挤压脓汁溅到脸上。2天后下巴出现病变；腋窝及颌下淋巴结肿大，不适、发热，20天后，手掌、膝盖背面、上背部出现另外4处病变，疑为非典型性牛痘	抗生素治疗无效	第28天病变减退，但仍感觉易疲劳；第36天，仅手指部有疤，精力充沛；感染大约1月后产生VACV抗体	图1-2
8	EID, 2006[18]	研究生，宾夕法尼亚州（2004）	感染机制未知	重组WR株	未知，但怀疑是由手感染眼或显微镜感染眼或气溶胶感染	未接种过疫苗	眼部感染疼痛（无角膜炎或眼眶蜂窝织炎），要求住院治疗	应用抗生素和抗病毒眼膏、以及牛痘免疫球蛋白治疗	牛痘免疫球蛋白应用24h后症状缓解；但后遗症，后遗症痊愈后约2月才完全康复。感染后产生VACV抗体；无继发感染	图1-4

（续表）

事故编号	杂志名、年份（参考文献）	年龄（岁）或地区（年份）医疗状况	接触病毒的原因	病毒类型	部位和感染原因	预先免疫状况	疾病类型	抗生素/手术/抗病毒药	病程和随访	图片
9	Military Medicine, 2007[19]	28岁	含病毒液体溅入眼中		约1mL含病毒的液体溅入眼中；清洗眼睛2min	未接种过疫苗	接触后眼部约痛数小时		未发生感染	
10	J Viral Hepatitis, 2007[20]	30岁	针头刺伤	重组非TK基因缺失WR株（10^8PFU/mL）	左手拇指被针头刺伤	未接种过疫苗	刺伤8天后，拇指疼痛且有红疹、腋窝淋巴结肿大；拇指肿痛恶化	感染15天后，手术切除坏死射部位组织	产生重组VACV表达蛋白抗体并表现T细胞死反应	图1-6
11	MMWR, 2008[21]	康涅狄格州（2005）	注射小鼠	TK基因缺失WR株	针头刺伤手指	儿童时期接种过疫苗，大约在事故发生前10年	事故后3天、发热、淋巴结肿大、接种部位出现疱疹	住院1天	症状很快缓解	
12	MMWR, 2008[21]	宾夕法尼亚州（2006）	注射小鼠	TK基因缺失WR株	针头刺伤拇指	未接种过疫苗	事故发生6天后，刺伤部位和接近指甲处病变恶化；事故9天后，不适、发热、淋巴结肿大	事故发生13天，由于刺伤部位就医，后天手术清创	事故发生14天手未清创后开始感觉好转	
13	MMWR, 2008[21]	艾奥瓦州（2007）	针头刺伤	TK基因缺失WR株（3×10^6PFU）	拔出无菌针头时刺伤手指	未接种过疫苗	受伤11天后，发热、寒战、刺伤部位肿胀		刺伤部位完全恢复	
14	MMWR, 2008[21]	马里兰州（2007）	注射动物	TK基因缺失WR株（10^4PFU/5μL）	针头刺伤手指	大约在事故前6年，未成功免疫	未发生感染	事故后，将手指浸入含饮的氯酸盐的消毒液，且当天进行疫苗免疫	未发生感染	

（续表）

事故编号	杂志名、年份（参考文献）	年龄（岁）或地区（年份）医疗状况	接触病毒的原因	病毒类型	部位和感染原因	预先免疫状况	疾病类型	抗生素/手术/抗病毒药	病程和随访	图片
15	MMWR, 2008[21]	新泽什州（2007）	处理小鼠时针头划伤	WR株（5×10⁴PFU/mL）	针头划伤手指	未免疫过疫苗	事故发生7天后，出现脓疱，无发热	住院治疗	痊愈	
16	MMWR, 2009[22]	20多岁	感染机制未知	WR株（实验室常用重组病毒，常在污染中毒的病毒）	耳部及眼睛、胸，肩，手臂及腿部有额外损伤	未接种过疫苗	右耳垂肿胀疼痛，颈部淋巴结肿大，进行痘苗病毒操作4~6天后开始发热，出现症状4天后，右耳、胸部、肩膀、左臂和右腿出现脓疱	抗生素和类固醇药治疗，症状恶化，住院治疗；给予西多福韦二	大约感染1月后痊愈并回到工作岗位；未发现因接触引发的VACV二次感染	图1-8
17	MJA, 2009[23]	26岁	注射小鼠	WR株	针头刺伤左手第二指	事故发生前5年内接种过疫苗	受伤2天后，出现水疱；5天后，手指发炎，腋窝淋巴结肿大		10天后所有症状消失	图1-7
18	MMWR, 2009[24]	35岁（服用免疫抑制药物治疗肠炎）	皮肤擦伤	基于狂犬病疫苗的哥本哈根株	专业的说，不是实验室事故，而是在处理浣熊狂犬病疫苗材料时接触到了重组VACV	未接种过疫苗	接触4天后，出现红色丘疹，之后数量增加；9天后手臂出现26处伴有水肿的损伤；无发热	接触6天后住院；接受牛痘免疫球蛋白治疗，12天时再次治疗；14天开始试用ST-246抗病毒药	感染19天后出院，28天后所有损伤的结痂脱落	图1-3
19	Medscape News上未发表的报道[a]	伊利诺伊州（2010）	手指刺伤口	含有一部分非致病性痘病毒的牛痘病毒		未接种过疫苗	疼痛，手指溃疡持续3个月	无进一步信息	无进一步信息	

[a]：Medscape News，2011年2月8日（http：//www.medscape.com/viewarticle/737030）

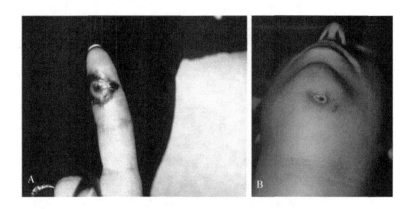

图 1-2　症状出现 18 天后的原发性和继发性病变

（A）原发性病变位于手指先前的切口处。（B）手指病变几天后，下巴出现的病变。

注：经 Elsevier 许可转载自《临床病毒学杂志》（*The Journal of Clinical Virology*），见参考文献 17，版权 ©2004。

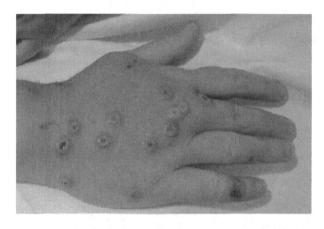

图 1-3　2009 年宾夕法尼亚州一位女性右手照片，接触浣熊狂犬病疫苗材料 11 天后出现的病变

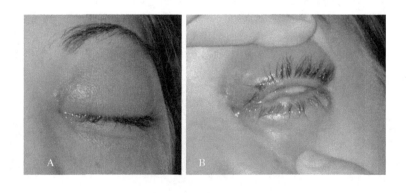

图 1-4　痘苗病毒感染眼睛

（A）出现症状 5 天后的左眼，原发性水痘病变位于眼角。（B）症状出现 7 天后，结膜下出现的病变。

注：照片由 E. Claire Newbern 摄，图形和图注复制自参考文献 18，为公共领域资料。

3.2　实验室安全

除了要在生物安全二级实验室处理 VACV[29] 外，与处理所有的具有生物危害病原体一样，操作时还要严格执行实验室生物安全规范，包括禁止在实验室进食或饮水。为减少意外感染的概率，在操作 VACV 时应尽量避免使用尖锐物或玻璃器皿（见注释 6）。在进行动物实验时，如果需要使用注射器和针头，必须使给动物注射病毒的人员意识到这是一个高度危险（见注释 7 和标题 3.3）的操作。当必须使用锐器或一次性玻璃器皿时，则应在工作区放置防漏、防刺穿的尖锐物处理容器，以防止处理针头和玻璃器皿时发生事故（见注释 8）。已有多起由针刺引起的实验室事故报道，如事故 2、4、10~15 和 17 都是操作 VACV 时由针刺引发的（见表 1-1 和图 1-5 至图 1-7）。

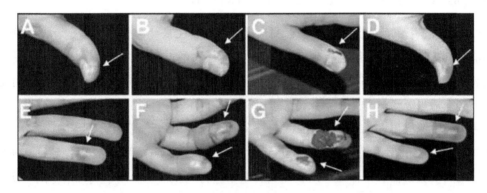

图 1-5　左手被含痘苗病毒的针头意外刺伤后局部病变过程

拇指（A）第 4 天，（B）第 11 天，（C）第 12 天，（D）第 20 天，第四指和第五指（E）第 7 天，（F）第 11 天，（G）第 12 天，（H）第 20 天。第 11 天手术切除坏死组织。箭头指示为病变部位。

注：图形和图例复制自参考文献 14，为公共领域资料。

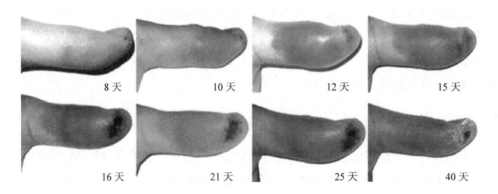

| 8 天 | 10 天 | 12 天 | 15 天 |
| 16 天 | 21 天 | 25 天 | 40 天 |

图 1-6　拇指针头刺伤感染 VACV 病变过程

图中数值代表事故发生后的天数，第 15 天进行了手术。

注：经 John Wiley & Sons 许可转载自《病毒性肝炎杂志》（*The Journal of Viral Hepatitis*），见参考文献 20，版权 ©2007。

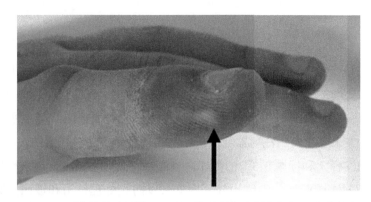

图 1-7　手指被针头刺伤 2 天后：箭头所指为刺伤部位形成的水疱

注：经许可转载自参考文献 23。Senanayake SN. Needlestick injury with smallpox vaccine. MJA 2009（11/12）：657. Copyright ©2009. The Medical Journal of Australia.

　　如前所述，操作 VACV 时必须在 BSC 中进行。VACV 为有囊膜病毒，易被多种清洁剂和消毒剂灭活[30]。因此在进行病毒操作后，使用过的 BSC 应用新配的 1% 的漂白剂擦拭其表面。在 VACV 组织培养中经常涉及吸取和丢弃被病毒污染的培养基，所以在处理之前，必须适当灭活培养基中的病毒。要在真空条件下从感染细胞吸取细胞培养基，则必须有一个收集废弃培养基的装置和一个真空保护装置，以防止真空系统受到病毒污染（见注释 9）。液体中的病毒必须加消毒剂进行灭活处理（见注释 10）。病毒对热敏感，所以也可对污染的实验仪器、干器皿、动物笼具和垫草进行高压消毒。用于病毒培养的一次性塑料用具必须进行湿热灭菌处理消毒。同时，含病毒的少量样品必须高压灭活 15min 以上[31]，感染性废弃物应 121℃、103.45kPa 高压灭菌至少 60min，然后按规定方法进行处理（见注释 10）。当对大量含病毒的培养基进行离心时，最好使用带安全盖的离心桶，如果在离心过程中管道泄漏，离心桶可以容纳溢出物和病毒气溶胶。在痘病毒操作时为使病毒从感染细胞充分释放，常使用超声裂解法，这也可以引起病毒气溶胶（见注释 11）。因此在超声裂解时，应将病毒或感染的细胞置于杯式超声仪的封闭管中。大量的病毒超声处理时需要使用探头式超声仪，应将超声设备置于 BSC 中进行操作，BSC 可过滤空气并去除可能形成的病毒气溶胶（见注释 4）。

3.3　天花疫苗的接种

　　在美国，目前只许可给从事痘病毒工作的人员[8]接种天花疫苗 ACAM 2000[32]（见注释 12）。给从事痘病毒譬如天花病毒、骆驼痘病毒和猴痘病毒（见注释 13）的研究人员接种天花疫苗毋庸置疑，但对所有接触 VACV 的人员也接种天花疫苗尚存很大争议[33-38]。ACIP 和 CDC 建议每 10 年给所有接触 VACV 的人员免疫一次[8]。正如前面所提到的，这个建议不适用于那些接触 VACV 弱毒株（如 MVA、NYVAC、ALVAC 和 TROVAC）的人员。这些病毒被认为是非常安全的，因为它们不会在哺乳动物细胞中复制，且对正常和免疫抑制动物模型都无致病性（见注释 14）。然而，ACIP 对操作有复制能力 VACV 毒株的实验室工作人员接种天花疫苗的建议却与几十年前没有改变[6,7]。问题是，这些较老的建议是在几乎所有操作 VACV 的成年人在儿童时期至少接种过一次疫苗的时候提出的。由于美国的常规天花疫苗接种在 20 世纪 70 年代初就结束了，现在越来越多的工人从未接种过疫苗，因此建议给这些工人接种疫苗将代表首次接种。首次免疫引起并发症的发生率比以前曾接种过天花疫苗的要高 10~20 倍[39,40]（见表 1-2 和注释 15）。因此，从 20 世纪 80 年代到现在，美国对所有处理 VACV 的实验室工作人员进行常规疫苗接种的风险比率已经发生了显著变化。此外，最近对实验室工作人员的一项调查显示，以前从未接种过疫苗的人比以前曾接种过疫苗的人有更多的疫苗接种并发症[43]。由于接种过疫苗的个人可能会意外地将病毒传播给其密切接触者，因此现在未接种过疫苗的接触者的潜在感染问题比以前大多数人群都接种过疫苗的时候更为严重（见注释 16）。最近发生的疫苗意外传播病例已被记录在案[44-49]，其中至少有一例意外传播导致严重的发病症状[45]。与 ACIP 给实验室工作人员接种疫苗的建议不同，其他国家的咨询委员会不建议进行常规接种[50]。这些委员会的结论是，疫苗接种的风险（也可以说有意用 VACV 感染人）高于意外接触病毒所导致的感染。

表 1-2　成人接种 VACV 疫苗并发症报告发生率　　　　（病例数 / 百万接种数）

疫苗接种组类型	意外传播	全身性痘疹	牛痘性湿疹	进行性痘症	种痘后脑炎	总计^
首次接种*	606	212	30	—a	—a	1515
二次接种*	25	9	4	7	4	114
美国军人（2003）#	153	80b	0	0	2c	320
平民（2003）&	510	77	0	0	26	1224

* 数据来源于参考文献 40，个体年龄 ≥ 20 岁。第一次接种疫苗（首次接种）；以前接种过疫苗的人再次接种（二次接种）。

数据来源于参考文献 41，报道了 450 293 例疫苗接种者（70% 为首次免疫）。

& 数据来源于参考文献 42，对 2003 年 1 月 24 日至 12 月 31 日有 39 213 名从事医疗和公共卫生工作人员接种疫苗的报道。

^ 包含其他并发症，如严重反应，细菌继发感染和多形性红斑。

a 1968 年 10 个州调查时未报道这种并发症[40]。

b 所有人均为首次接种。

c 其中一例为首次接种，另一例为二次接种。

一些人强烈认为疫苗接种应该是强制性的[51, 52]。在美国有些州，已经推行通过职业病机构就疫苗免疫提供强制性咨询，然后根据个人自身状况决定是否接受疫苗接种[33-38]。工人进行 VACV 操作的类型都应纳入这种决策程序（见注释 7 和 17）。由于过去接种过疫苗的工人发生了意外感染（见表 1-1 事故 1，4~6；图 1-1 和图 1-5），近期接种过疫苗的工作人员（见表 1-1 事故 2，11 和 17；图 1-7）当中有感染病例，目前还不清楚之前接种的疫苗是否有效。尽管如此，公布的这些事故大多是从未接种过疫苗的人员（见表

1-1 事故 3，7~10，12~16，18 和 19；图 1-1，图 1-2，图 1-4，图 1-6 和图 1-8）。一些人认为，先前接种的疫苗可以防止感染事故变得更严重。其他人则认为，目前尚不清楚先前没接种过的和接种过疫苗的人，意外感染的病例是否有所不同。有人指出，发生意外感染而就医的病人中，先前未接种过疫苗（见表 1-1 事故 3，8，15，16 和 18；图 1-3，图 1-4 和图 1-8）的要比已经接种过的人数要多（见表 1-1 病例 11；参考文献 52）。问题是并非所有的实验室事故都能报告出来，只有当重度感染导致入院治疗后才可能引起 CDC 的注意，从而进一步使所报道的数据更加偏离实际。

有关医疗咨询的另一个重要问题是，工人应进行全面的医学评估，以确定是否可以安全地接种天花疫苗。这样，可以确定工人的身体状况是否会妨碍接种疫苗，这些情况包括免疫缺陷、皮肤病史（如特应性皮炎 / 湿疹）（见注释 18）、妊娠和心脏病（见注释 15）。重要的是，一些人认为患有这些疾病的人就不应该从事有关 VACV 的工作。还有的人认为对于那些受过专业培训的人员，只要他们不从事高风险的病毒操作工作（见注释 7），即便妊娠或患有轻度湿疹仍可从事 VACV 研究。实验室主管和工作人员需要了解风险，并了解有效的预防措施。每个机构都应该制定一个解决这些问题的策略。

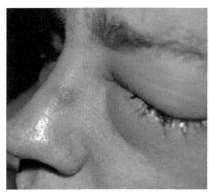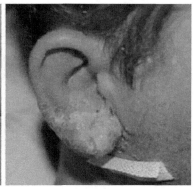

图 1-8　2008 年弗吉尼亚州一名男子左眼和右耳被实验室 VACV 感染

照片拍摄于症状出现后 4 天左右，此时他的右耳和左眼的脓疱病变同样处于发展阶段。

注：图形和图例复制自参考文献 22。为公共领域资料。

3.4　展　望

在过去十年中，人们对天花生物恐怖主义的密切关注，因此开发了一系列新产品，包括最近获得许可的组织培养疫苗[53]，这是一种安全性更好的新一代天花疫苗[54]，以及一些前景较好的新的抗病毒疗法也逐渐得到应用[55,56]。随着这些更安全的新一代疫苗和新的治疗方法的研发，必将会克服一些非灭活的 VACV 实验室毒株安全隐患的问题。例如，未来的天花疫苗要比目前美国 FDA 批准使用的疫苗更安全，这很可能终结实验室从事 VACV 工作的人员是否应该接种疫苗这个争论，也可能有效阻止实验室意外感染事故发生且几乎没有副作用的疫苗（如 MVA）将明显地降低疫苗接种后风险。此外，抗痘病毒疗法的发展 [55, 56] 将有助于实验室重度感染事故后的治疗。

4 注 释

（1）WR 株是实验室最常用的 VACV 毒株，因其对小鼠有神经毒性而被筛选出来。

（2）采用分叉针进行天花疫苗划痕接种。分叉针浸入疫苗（大约 10^8 PFU/ mL），能蘸取大约 2.5 μL 溶液，因此每次接种的量大约为 2.5×10^5 PFU。

（3）各单位可以从 CDC、药物服务中心、国家传染病中心（404-639-3670）获取天花疫苗。

（4）如果在 BSC 外部进行可产生感染性气溶胶且无法控制的操作，则必须采取呼吸系统防护措施。个人所需的呼吸系统防护措施必须纳入单位例行的呼吸保护程序中。

（5）操作病毒时应该戴腈类或无粉乳胶手套。

（6）塑料制品在现代实验室中广泛使用，在处理病毒的工作中大大减少了对玻璃器皿的需求。例如，在组织培养板中培养病毒时，可以使用连接在真空管上的塑料吸管，而不是使用灭菌的巴斯德玻璃吸管来抽吸培养基。在许多实验室，使用一个简单的装置即在真空管上安装一个 P-1000 吸管，然后可以将 P-200 移液器吸头连接在 P-1000 吸管前部，用吸头直接接触各培养孔，这样可以方便地更换吸头，以防止样品的交叉污染。

（7）工作人员进行高风险工作，如给动物接种疫苗、直接处理受感染动物（见注释 17），或制备和纯化高滴度病毒时，进行过预防性天花疫苗接种的工人可能受益最大。对于那些从事疫苗生产工作或进行 VACVs 重组表达有毒性蛋白的人员，因为这些蛋白有可能增强重组 VACV 的毒力，或有导致血清转阳的可能（如艾滋病毒、登革热），也应考虑接种疫苗。然而，为了成功地为这些人接种疫苗，需要进行培训使其了解接种疫苗的好处，以克服对接种天花疫苗不良影响的恐惧 [57]。

（8）尖锐物品容器（满 2/3 时）在处理前应按照机构的污染废弃物处理程序进行高压灭菌。

（9）实验室通常将大容量锥形瓶放置在 BSL-2 安全柜下面。瓶中盛有洗涤剂或漂白剂用来灭活病毒。漂白剂的终浓度约为 10%。观察瓶中液面防止外溢。更进一步的安全措施是在锥形瓶和真空口之间装上防水的空气滤膜，以防止锥形瓶液体溢出时污染真空系统。应根据相关监管部门的要求对废液做净化处理。

（10）操作病毒和进行放射性操作时应特别注意。放射性操作产生的所有废弃物必须做特别说明并按相关规定进行处理。因此，病毒污染的放射性废弃物必须先做灭活处理。放射物污染的废弃液必须先用消毒剂处理，然后再按常规放射性废弃液处理。放射性废弃物不需要做高压处理，放射性物质污染的一次性塑料器皿应先用消毒液冲洗以灭活病毒，然后再以放射性废物处理。

（11）在进行超声处理过程中，建议采取适当的耳部保护措施。

（12）自从 VACV 操作方法推广以来[58]，美国绝大多数平民和大部分军队人员都接种了 VACV。通过对疫苗接种者的仔细观察，发现军队人员接种疫苗后，出现最严重不良反应的概率比以前报道的有所降低（见表 1-2）。然而，最近报道了一位新兵出现了痘疹的病例[59]，数据显示，平民接种疫苗后出现严重不良反应的概率与以前报道的相同（见表1-2）。

（13）对于那些从事毒力较强的痘病毒（如天花病毒、猴痘病毒）工作的人员，建议每 3 年接种一次疫苗[8]。

（14）实际上，那些毒力极弱的 VACV 毒株可以在一级生物安全实验室操作[25]。

（15）天花疫苗能引发潜在的严重的并发症，包括牛痘性湿疹、种痘后脑炎、免疫功能低下的人接种疫苗或接触了接种者后出现意外感染，发生进行性痘疹（见表 1-2）。这些并发症都有图片[8, 60]。在 21 世纪的首个 10 年，天花疫苗免疫程序研究中还将心肌炎 /心包炎列为疫苗接种的并发症[10, 61, 62]。

（16）接种部位有传播病毒的可能性，因此禁止疫苗接种者与注释 15 中所列患者密切接触。1 岁以内的婴儿也要禁止与接种疫苗者亲密接触。然而，对于那些患有禁忌证未接种疫苗但仍要从事 VACV 工作得人员，只要执行相关的个人防护措施并彻底洗手就能有效防止传播；或者是若要接种疫苗，可以在接种后与高危人群隔离，直到接种部位结痂脱落（通常隔离 2~4 周）。这些问题影响风险—效益比率。

（17）ACIP 建议照料 VACV 感染动物的工作人员同样也要接种天花疫苗[8]。这可能是依据这样一个发现，即在同一个笼舍里，VACV 可由感染小鼠传播给健康小鼠[63-65]。但是在这里，决定给工作人员免疫取决于工作人员接触什么类型的感染动物。例如，工作人员如果没有直接操作（如用钳子将动物从一个笼舍转移到另外的笼舍），那么潜在感染的概率将非常低。这个结论得到以下研究结果的支持，研究人员发现在皮下接种和未接种的豚鼠之间病毒没有传播[66]，近期的一项研究[65]试图通过皮下或直肠感染 VACV 的小鼠污染的笼舍传播给哨兵小鼠，结果接触污染物的所有小鼠没有出现血清转阳。

（18）有遗传性过敏性皮炎或湿疹的人，在接种疫苗时不管其皮肤病是否发作，他们的并发症都呈上升趋势。但为什么他们的并发症会增多尚不清楚，理论上有一些可能是皮肤变态反应[67]。

致谢

感谢 Edward Alexander 有益的探讨。感谢费城退伍军人事务部医学中心、国家卫生研究院 U01 AI077913 和 U01 AI066333 基金项目的支持，感谢中大西洋区域生物防御和新发传染病中心 U54 AI057168 项目支持。

参考文献

[1] Moss B. 2007. Poxviridae：the viruses and their replication. In：Knipe DM, Howley PM（eds）Fields' virology. Wolters Kluwer Health/ Lippincott Williams & Wilkins, Philadelphia, Chapter 74.

[2] Seet BT, Johnston JB, Brunetti CR, Barrett JW, Everett H, Cameron C, Sypula J, Nazarian SH, Lucas A, McFadden G. 2003. Poxviruses and immune evasion. Annu Rev Immunol 21：377–423.

[3] Haga IR, Bowie AG. 2005. Evasion of innate immunity by vaccinia virus. Parasitology 130：S11–S25.

[4] Moss B. 1996. Genetically engineered poxviruses for recombinant gene expression, vaccination, and safety. Proc Natl Acad Sci USA 93：11341–11348.

[5] Carroll MW, Moss B. 1997. Poxviruses as expression vectors. Curr Opin Biotechnol 8：573–577.

[6] CDC. 1985. Recommendations of the Immunization Practices Advisory Committee smallpox vaccine. Morb Mortal Wkly Rep 34：341–342.

[7] CDC. 1991. Vaccinia（smallpox）vaccine. Recommendations of the Immunization Practices Advisory Committee（ACIP）. Morb Mortal Wkly Rep 40：1–10.

[8] CDC. 2001. Vaccinia（smallpox）vaccine recommendations of the Advisory Committee on Immunization Practices（ACIP）, 2001. Morb Mortal Wkly Rep 50：1–25.

[9] CDC. 2003. Recommendations for using smallpox vaccine in a pre–event vaccination program. Supplemental recommendations of the Advisory Committee on Immunization Practices（ACIP）and the Healthcare Infection Control Practices Advisory Committee（HICPAC）. MMWR Recomm Rep 52：1–16.

[10] CDC. 2003. Supplemental recommendations on adverse events following smallpox vaccine in the pre–event vaccination program：recommendations of the Advisory Committee on Immunization Practices. Morb Mortal Wkly Rep 52：282–284.

[11] Jones L, Ristow S, Yilma T, Moss B. 1986. Accidental human vaccination with vaccinia virus expressing nucleoprotein gene. Nature 319：543.

[12] Openshaw PJ, Alwan WH, Cherrie AH, Record FM. 1991. Accidental infection of laboratory worker with recombinant vaccinia virus. Lancet 338：459.

[13] Rupprecht CE, Blass L, Smith K, Orciari LA, Niezgoda M, Whit fi eld SG, Gibbons

RV, Guerra M, Hanlon CA. 2001. Human infection due to recombinant vaccinia–rabies glycoprotein virus. N Engl J Med 345：582–586.

[14] Moussatche N, Tuyama M, Kato SE, Castro AP, Njaine B, Peralta RH, Peralta JM, Damaso CR, Barroso PF. 2003. Accidental infection of laboratory worker with vaccinia virus. Emerg Infect Dis 9：724–726.

[15] Mempel M, Isa G, Klugbauer N, Meyer H, Wildi G, Ring J, Hofmann F, Hofmann H. 2003. Laboratory acquired infection with recombinant vaccinia virus containing an immuno-modulating construct. J Invest Dermatol 120：356–358.

[16] Loeb M, Zando I, Orvidas MC, Bialachowski A, Groves D, Mahoney J. 2003. Laborato-ryacquired vaccinia infection. Can Commun Dis Rep 29：134–136.

[17] Wlodaver CG, Palumbo GJ, Waner JL. 2004. Laboratory–acquired vaccinia infection. J Clin Virol 29：167–170.

[18] Lewis FM, Chernak E, Goldman E, Li Y, Karem K, Damon IK, Henkel R, Newbern EC, Ross P, Johnson CC. 2006. Ocular vaccinia infection in laboratory worker, Philadel-phia, 2004. Emerg Infect Dis 12：134–137.

[19] Peate WF. 2007. Prevention of vaccinia infection in a laboratory worker. Mil Med 172：1117–1118.

[20] Eisenbach C, Neumann–Haefelin C, Freyse A, Korsukewitz T, Hoyler B, Stremmel W, Thimme R, Encke J. 2007. Immune responses against HCV-NS3 after accidental infection with HCV–NS3 recombinant vaccinia virus. J Viral Hepat 14：817–819.

[21] CDC. 2008. Laboratory-acquired vaccinia exposures and infections–United States, 2005–2007. Morb Mortal Wkly Rep 57：401–404.

[22] CDC. 2009. Laboratory-acquired vaccinia virus infection–Virginia, 2008. Morb Mortal Wkly Rep 58：797–800.

[23] Senanayake SN. 2009. Needlestick injury with smallpox vaccine. Med J Aust 191：657.

[24] CDC. 2009. Human vaccinia infection after contact with a raccoon rabies vaccine bait—Pennsylvania, 2009. Morb Mortal Wkly Rep 58：1204–1207.

[25] NIH. 1996. Modifications to NIH vaccinia immunization policy. U.S. Department of Health and Human Services, Bethesda, MD.

[26] Niederkorn JY. 2002. Immune privilege in the anterior chamber of the eye. Crit Rev Immunol 22：13–46.

[27] Ruben FL, Lane JM. 1970. Ocular vaccinia. An epidemiologic analysis of 348 cases. Arch Ophthal 84：45–48.

[28] Jonczy EA, Daly J, Kotwal GJ. 2000. A novel approach using an attenuated recombinant

vaccinia virus to test the antipoxviral effects of handsoaps. Antiviral Res 45：149–153.

[29] Richmond JY, McKinney RW. 1999. In：HHS publication；no.（CDC）93–8395. U.S. Department of Health and Human Services, PHS, CDC, NIH, Washington, D. C.

[30] Block SS. 2001. Disinfection, sterilization, and preservation. Lippincott Williams & Wilkins, Philadelphia.

[31] Espy MJ, Uhl JR, Sloan LM, Rosenblatt JE, Cockerill FR 3rd, Smith TF. 2002. Detection of vaccinia virus, herpes simplex virus, varicella–zoster virus, and Bacillus anthracis DNA by LightCycler polymerase chain reaction after autoclaving：implications for biosafety of bioterrorism agents. Mayo Clin Proc 77：624–628.

[32] CDC. 2008. Notice to readers：newly licensed smallpox vaccine to replace old smallpox vaccine. Morb Mortal Wkly Rep 57：207–208.

[33] Baxby D. 1989. Smallpox vaccination for investigators. Lancet 2：919.

[34] Wenzel RP, Nettleman MD. 1989. Smallpox vaccination for investigators using vaccinia recombinants. Lancet 2：630–631.

[35] Perry GF. 1992. Occupational medicine forum. J Occup Med 34：757.

[36] Baxby D. 1993. Indications for smallpox vaccination：policies still differ. Vaccine 11：395–396.

[37] Williams NR, Cooper BM. 1993. Counselling of workers handling vaccinia virus. Occup Med（Oxf）43：125–127.

[38] Isaacs SN. 2002. Critical evaluation of smallpox vaccination for laboratory workers. Occup Environ Med 59：573–574.

[39] Lane JM, Ruben FL, Neff JM, Millar JD. 1969. Complications of smallpox vaccination, 1968. National surveillance in the United States. New Engl J Med 281：1201–1208.

[40] Lane JM, Ruben FL, Neff JM, Millar JD. 1970. Complications of smallpox vaccination, 1968：results of ten statewide surveys. J Infect Dis 122：303–309.

[41] Grabenstein JD, Winkenwerder W Jr. 2003. U. S. military smallpox vaccination program experience. JAMA 289：3278–3282.

[42] CDC. 2004. Update：adverse events following civilian smallpox vaccination-United States, 2003. Morb Mortal Wkly Rep 53：106–107.

[43] Baggs J, Chen RT, Damon IK, Rotz L, Allen C, Fullerton KE, Casey C, Nordenberg D, Mootrey G. 2005. Safety pro fi le of smallpox vaccine：insights from the laboratory worker smallpox vaccination program. Clin Infect Dis 40：1133–1140.

[44] CDC. 2004. Secondary and tertiary transfer of vaccinia virus among U.S. military person-nel— United States and worldwide, 2002–2004. Morb Mortal Wkly Rep 53：103–105.

[45] CDC. 2007. Household transmission of vaccinia virus from contact with a military smallpox vaccinee—Illinois and Indiana, 2007. Morb Mortal Wkly Rep 56：478–481.

[46] CDC. 2007. Vulvar vaccinia infection after sexual contact with a military smallpox vaccinee–Alaska, 2006. Morb Mortal Wkly Rep 56：417–419.

[47] CDC. 2010. Vaccinia virus infection after sexual contact with a military smallpox vaccinee—Washington, 2010. Morb Mortal Wkly Rep 59：773–775.

[48] Young GE, Hidalgo CM, Sullivan–Frohm A, Schult C, Davis S, Kelly–Cirino C, Egan C, Wilkins K, Emerson GL, Noyes K, Blog D. 2011. Secondary and tertiary transmission of vaccinia virus from US military service member. Emerg Infect Dis 17：718–721.

[49] Hughes CM, Blythe D, Li Y, Reddy R, Jordan C, Edwards C, Adams C, Conners H, Rasa C, Wilby S, Russell J, Russo KS, Somsel P, Wiedbrauk DL, Dougherty C, Allen C, Frace M, Emerson G, Olson VA, Smith SK, Braden Z, Abel J, Davidson W, Reynolds M, Damon IK. 2011. Vaccinia virus infections in martial arts gym, Maryland, USA, 2008. Emerg Infect Dis 17：730–733.

[50] Advisory Committee on Dangerous Pathogens and Advisory Committee on Genetic Modifi-cations. 1990. HMSO Publications Center, London, 1–16.

[51] Fulginiti VA. 2003. The risks of vaccinia in laboratory workers. J Invest Dermatol 120：viii.

[52] MacNeil A, Reynolds MG, Damon IK. 2009. Risks associated with vaccinia virus in the laboratory. Virology 385：1–4.

[53] Greenberg RN, Kennedy JS. 2008. ACAM2000：a newly licensed cell culturebased live vaccinia smallpox vaccine. Expert Opin Investig Drugs 17：555–664.

[54] Kennedy JS, Greenberg RN. 2009. IMVAMUNE：modi fi ed vaccinia Ankara strain as an attenuated smallpox vaccine. Expert Rev Vaccines 8：13–24.

[55] Jordan R, Goff A, Frimm A, Corrado ML, Hensley LE, Byrd CM, Mucker E, Shamblin J, Bolken TC, Wlazlowski C, Johnson W, Chapman J, Twenhafel N, Tyavanagimatt S, Amantana A, Chinsangaram J, Hruby DE, Huggins J. 2009. ST–246 antiviral ef fi cacy in a nonhuman primate monkeypox model：determination of the minimal effective dose and human dose justi fi cation. Antimicrob Agents Chemother 53：1817–1822.

[56] Lanier R, Trost L, Tippin T, Lampert B, Robertson A, Foster S, Rose M, Painter W, O'Mahony R, Almond M, Painter G. 2010. Development of CMX001 for the treatment of poxvirus infections. Viruses 1：2740–2762.

[57] Benzekri N, Goldman E, Lewis F, Johnson CC, Reynolds SM, Reynolds MG, Damon IK. 2010. Laboratory worker knowledge, attitudes and practices towards smallpox vaccine. Occup Med（Lond）60：75–77.

[58]　Isaacs SN. 2004. Vaccinia virus and poxvirology：methods and protocols. Humana Press，Totowa，NJ.

[59]　CDC. 2009. Progressive vaccinia in a military smallpox vaccinee—United States，2009. Morb Mortal Wkly Rep 58：532–536.

[60]　Cono J，Casey CG，Bell DM. 2003. Smallpox vaccination and adverse reactions. Guidance for clinicians. MMWR Recomm Rep 52：1–28.

[61]　CDC. 2003．Update：cardiac–related events during the civilian smallpox vaccination program—United States，2003. Morb Mortal Wkly Rep 52：492–496.

[62]　Halsell JS，Riddle JR，Atwood JE，Gardner P，Shope R，Poland GA，Gray GC，Ostroff S，Eckart RE，Hospenthal DR，Gibson RL，Grabenstein JD，Arness MK，Tornberg DN. 2003. Myopericarditis following smallpox vaccination among vaccinia–naive US military personnel. JAMA 289：3283–3289.

[63]　Briody BA. 1959. Response of mice to ectromelia and vaccinia viruses. Bacteriol Rev 23：61–95.

[64]　Lee SL，Roos JM，McGuigan LC，Smith KA，Cormier N，Cohen LK，Roberts BE，Payne LG. 1992. Molecular attenuation of vaccinia virus：mutant generation and animal characterization. J Virol 66：2617–2630.

[65]　Gaertner DJ，Batchelder M，Herbst LH，Kaufman HL. 2003. Administration of vaccinia virus to mice may cause contact or bedding sentinel mice to test positive for orthopoxvirus antibodies：case report and follow–up investigation. Comp Med 53：85–88.

[66]　Holt RK，Walker BK，Ruff AJ. 2002. Horizontal transmission of recombinant vaccinia virus in strain 13 guinea pigs. Contemp Top Lab Anim Sci 41：57–60.

[67]　Engler RJ，Kenner J，Leung DY. 2002. Smallpox vaccination：risk considerations for patients with atopic dermatitis. J Allergy Clin Immunol 110：357–365.

（吴国华、张　强　译）

第 2 章　应用痘苗病毒 DNA 聚合酶
进行 In-Fusion® 克隆

Chad R. Irwin , Andrew Farmer , David O. Willer , David H. Evans

概　要

痘苗病毒 DNA 聚合酶（VVpol）编码 3′-5′核酸外切酶活性，降解双链 DNA 两端使单链 DNA 末端暴露。这一反应在促进体内病毒重组过程中起着关键作用，因为单链退火反应可以通过互补末端融合形成被称为连接分子的重组前体。通过 PCR 产物定向克隆到任一目的载体的简单方法证实该反应也可在体外进行。In-Fusion® 是一种可进行高通量 PCR 产物定向克隆的商品化重组技术，并且已经被 Clontech 公司作为商品推出。为了实现体外克隆反应，在 PCR 扩增子的每个末端加上与线性载体两末端同源的 16~18bp 的引物序列扩增目的产物。线性载体和 PCR 产物在 VVpol 下进行共孵育，暴露的互补末端可以促进连接分子的形成。痘苗病毒单链 DNA 结合蛋白可以增强这一反应，虽然它不是必需成分。连接分子被转化到大肠杆菌中，将这些共价连接的分子转变成稳定的重组子。我们通过一个例子，即将克隆的痘苗病毒 N2L 基因插入 pETBlue-2 载体中来阐述该技术的工作原理。

关键词：痘苗病毒；重组工程；In-Fusion® 克隆；DNA 聚合酶；PCR 克隆

1　引　言

令人惊异的是，编码痘苗病毒的酶可用于两种截然不同的快速克隆 PCR 产物的方法，这两种方法都已商品化。第一种方法由 Stuart Shuman 发明，由 Invitrogen 公司以 Topo® 克隆试剂盒的形式销售 [1,2]。Shuman 的方法利用了痘苗病毒拓扑异构酶 I 和 DNA 裂解靶点之间的可逆联系，使 PCR 扩增产物能够快速克隆到载体上，载体上带有共价连接到载体末端的拓扑异构酶分子。本章对这种简单方法的优点进行回顾，并与其他高通量克隆技术进行了比较 [3]。

我们描述了一种不依赖于连接酶的 PCR 产物克隆的替代方法，即使用痘苗病毒 DNA 聚合酶（VVpol）代替。该方法的原理如图 2-1 所示。这些研究表明，如果这些 DNA 末端共含有 10 个或更多的同源核苷酸序列[4-8]，VVpol 就可以在体外将线性 DNA 分子融合成多聚体。这一连接反应依赖于聚合酶的 3′-5′校正核酸外切酶功能，通过加入痘苗病毒单链 DNA 结合蛋白（I3 蛋白）可增强该功能[4,5,9]。核酸外切酶可以作用于多种核苷酸的双末端，通过暴露单链 DNA 的 5′-末端参与连接反应。这种单链 DNA 如果编码互补序列就可自发退火，并可以很容易地转染到 E.coli 形成共价结合的重组体。VVpol 的特性之一就是有助于促进这些反应，一旦形成就降低连接分子的相互作用，稳定产物，以应对核酸外切酶的持续降解[10]。体外系统和体内痘苗病毒重组反应具有许多相同特性（例如，它们具有相同的核酸外切酶和同源性需求，并且产物也可通过 3′-5′外切酶作用），这表明，在感染细胞中痘苗病毒可利用 DNA 聚合酶作为重组酶[4,7,8]。

　　第 1 种方法的优点是不需要对现有载体进行修饰使其线性化，通过限制性酶消化或对整个载体进行 PCR 扩增就可实现。第 2 种方法是在载体的任何位置进行片段克隆，即使没有适当的克隆位点。值得注意的是，VVpol3′-5′外切酶活性能够作用任何类型的 DNA 双末端（5′-末端，平末端，或 3′-末端）。因此，无论载体的线性末端是何种形式，该方法都可进行 PCR 产物的定向克隆。该方法需要添加载体切口处 16~18bp 的侧翼序列至引物以延长 PCR 引物序列，成本很低，而且常用于编码修饰连接序列的克隆（例如，肽表位标签和改变阅读框）。另外，因为引物的延伸部分与自身目标载体末端是同源的，所以该方法的优点在于克隆目的序列时不需要额外的碱基。此外，对所使用的同源序列几乎没有明显的限制，因此可在任何所需的位置上进行克隆。本章我们通过展示如何将痘苗 N2L 基因克隆至 pETBlue-2 蛋白表达载体来详细介绍该方法。

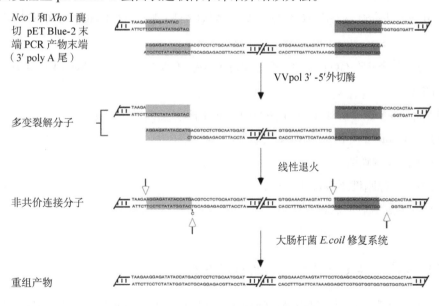

图 2-1　用痘苗病毒 DNA 聚合酶克隆 DNA

用限制性酶酶切目标载体，用编码载体末端的同源引物（如黑框所示，推荐同源引物最小长度为16~18bp）制备PCR产物。将这些产物混合并与VVpol一起孵育。3′-5′外切酶的活性可使DNA的末端降解，暴露互补序列。这些末端可以进行退火（这一克隆反应通过痘苗病毒单链DNA结合蛋白I3来激发），然后转染到大肠杆菌E.coli中，产生足够稳定的非共价连接的结合分子。大肠杆菌E.coli DNA修复系统将结合分子转化为稳定的重组体。注意由于核酸外切酶作用程度不同，结合分子中还存在缺口，间隙和多余核酸（白色箭头）。我们使用Nco I和Xho I酶切后的载体（pETBlue-2）结合PCR扩增子（N2L基因）这一特异组合，来解释该技术，此方法适用于任何同源末端组合。

2　材　料

2.1　DNA底物制备

（1）培养BSC-40细胞的60mm平皿。

（2）培养基：最低基础培养基一般要添加5%FBS和1%非必需氨基酸、L-谷氨酰胺和抗生素。

（3）细胞裂解缓冲液：1.2% SDS，50 mM Tris–HCl，pH值8.0，4 mM EDTA，4 mM CaCl$_2$，0.2 mg/mL蛋白酶K。

（4）饱和酚缓冲液。

（5）预冷的95%和70%乙醇。

（6）3M醋酸钠，pH值5.2。

（7）正向引物：5′-AGG AGA TAT ACC ATG ACG TCC TCT GCA ATG GAT-3′（见注释1和2）。

（8）反向引物：5′-GGT GGT GGT GCT CGA GGA AAT ACT TAG TTT CCA C-3′（见注释1和2）。

（9）Taq DNA聚合酶（如Fermantas）（见注释3）。

（10）pETBlue-2质粒（Novagen公司）。

（11）限制性内切酶。

（12）0.8%琼脂糖凝胶和1×TAE。

（13）Qiagen凝胶回收试剂盒。

（14）NanoDrop分光光度计。

2.2　通过线性连接反应进行克隆及质粒分析

（1）10×反应缓冲液：300mM Tris-HCl，pH值7.9，50 mM MgCl$_2$，700 mM NaCl，18 mM DTT，0.1 mg/mL乙酰化BSA。

（2）聚合酶稀释缓冲液：25mM磷酸钾，pH值7.4，5mM β-巯基乙醇，1 mM

EDTA，10% 甘油，0.1 mg/mL 乙酰化 BSA。

（3）VVpol，25ng/μL，用聚合酶稀释缓冲液稀释（见注释 4）。

（4）I3 单链 DNA 聚合酶结合蛋白，0.5mg/mL，溶解于 PBS 缓冲液（见注释 5）。

（5）37℃水浴锅。

（6）55℃加热板。

（7）电转化和化学转化的大肠杆菌感受态 DH10B（见注释 6）。

（8）Bio-Rad 基因脉冲电穿孔仪。

（9）SOC 培养基。

（10）LB/X-gal/amp 平板：含 40μg/mL X-gal，100μg/mL amp 的 LB 琼脂平板（见注释 7）。

（11）LB/amp 培养基：含 100μg/mL 氨苄青霉素。

（12）Mini-prep kit 试剂盒（如 Fermentas）。

（13）溴化乙啶溶液（EB）：0.1μg/mL 溴化乙啶溶解于 1 × TAE。

（14）Kodak Gel Logic 200L 凝胶成像系统。

（15）反应终止溶液：2.4　mL 0.5M EDTA，0.6 mL 20 mg/mL 蛋白酶 K，0.2 mL 10% SDS。在 20mL 反应体系中加入 3.2mL。

3　方　法

3.1　DNA 底物制备

适用于任何 DNA，我们以编码 *N2L* 基因的 553bp 复制子为例。以纯化的痘苗病毒（Western Reserve，WR 毒株）DNA 基因组为模板，加入 *Taq*DNA 聚合酶，按照标准 PCR 反应和循环条件，通过 PCR 进行目的 DNA 的制备。

3.1.1　痘苗病毒基因组 DNA 的分离

（1）用痘苗病毒（WR 毒株）感染 60mm 培养板中的 BSC-40 细胞。感染复数（MOI）为 5。

（2）感染后 24h，弃去培养基加入 1mL 细胞裂解液。

（3）37℃孵育 3~4h。

（4）转移溶液至 1.5mL 离心管中，加入 0.5mL 饱和酚溶液，充分混合，室温下 18 000 × *g* 离心 10min。

（5）将 0.3mL 液相转移至一个新的离心管中，加入 0.05mL 3M 醋酸钠和 1.25mL 95% 乙醇。

（6）立即将 DNA 置于 −80℃ 15min，然后 18 000 × *g* 离心 15min。

（7）弃去上清液，用70%乙醇洗涤沉淀。

（8）室温干燥20~30min之后，用去离子水重悬沉淀。

（9）测定OD值，稀释DNA至25ng/μL。

3.1.2 VACV基因的PCR扩增和质粒DNA制备

（1）以25ng痘苗病毒DNA作为模板，根据 *Taq* DNA聚合酶生产商的说明，设计两个50μL的反应体系对 *N2L* 基因进行PCR扩增。反应条件为：94℃预变性2min；94℃变性30s，50℃退火30s，72℃延伸60s，共30个循环；最后72℃再延伸7min。

（2）用 *Nco*I和 *Xho*I对pETBlue-2质粒DNA进行酶切。

（3）用0.8%琼脂糖凝胶对PCR产物和酶切后的质粒进行纯化（见注释8）。

（4）用Qiagen凝胶回收试剂盒对大小正确的目的条带进行回收和纯化。

（5）使用NanoDrop分光光度计对DNA的含量和纯度进行测定。

3.2 克隆反应和质粒的鉴定

在进行"自己设计"反应的同时，我们也使用试剂商（Clontech公司）所提供的In-Fusion® 酶进行克隆反应和重组子培养。正如3.4中所述，商品化的反应方法更简单、更有效。

（1）如表2–1所述，按插入物和载体3∶1的摩尔比准备克隆反应。

（2）加入25ng VVpol，在37℃条件下孵育20min，起始克隆反应。

（3）55℃加热15min，终止克隆反应。

（4）克隆反应中的每条连接分子加热失活后，从1~5克隆反应产物中各取1mL，用Bio-Rad Gene Pulser电穿孔仪转化到大肠杆菌DH10B感受态细胞中（如何处理克隆反应管中的剩余材料见3.3）。

（5）向每个电穿孔比色皿中加入0.25mL SOC培养基，37℃培养1h后，涂布于X-gal/amp LB平板（见注释9）。

（6）次日，对平板上出现的白斑和蓝斑数量进行计数（见表2–2结果和讨论中的举例）。

（7）从表2–1克隆反应5的转化产物中挑取5个白斑和1个蓝斑，接种于3mL的LB/amp培养基中，在37℃培养过夜。

（8）用mini-prep kit试剂盒对重组质粒进行纯化。

（9）用分光光度计测定质粒的浓度，使用限制性内切酶（*Bam*HI、*Nco*I和 *Xho*I中的任意一种）对0.5μg DNA进行酶切。

（10）所得克隆反应产物用0.8%琼脂糖凝胶进行电泳分离，用溴化乙锭对凝胶进行染色，使用Kodak Gel Logic 200L凝胶成像系统进行成像（见图2–2和注释10）。

表 2-1　克隆反应条件

成分	克隆反应数				
	1	2	3	4	5
10 × 反应缓冲液	2 μL	2 μL	2 μL	2 μL	2 μL
载体（50 ng/L）	2 μL	2 μL	2 μL	2 μL	2 μL
目的基因（25 ng/L）	—	—	2 μL	2 μL	2 μL
VVpol（25 ng/L）	—	1 μL	–	1 μL	1 μL
I3 蛋白（0.5 mg/mL）	—	—	—	—	1 μL
水	16 μL	15 μL	14 μL	13 μL	12 μL
总计	20 μL	20 μL	20 μL	20 μL	20 μL

表 2-2　克隆效率

克隆反应 #（同表 2-1）	克隆反应数				
	1	2	3	4	5
克隆反应条件	√	√	√	√	√
载体		√	√	√	√
PCR 扩增				√	√
VVpol					√
I3					
克隆反应产物					
蓝斑	25	14	9	19	2
白斑	9	22	17	35	304
白斑百分率	26%	61%	65%	65%	99%

注：VVpol 和 I3 的加入大大增加了白斑的比例和转化株的数目。从 In-Fusion® 克隆反应分离的 DNA 为平行的转化株（见 3.4）。

3.3　通过琼脂糖凝胶电泳检测末端连接

为了检测连接分子的生成，可以使用未用于细菌转化的克隆反应的剩余部分来确定末端连接步骤是否成功。具体操作（下文详述）是将 DNA 与 SDS 和蛋白酶 K 一同孵育以去除 VVpol 和 I3 蛋白，通过 1.2% 琼脂糖凝胶进行电泳分离，用溴化乙啶显色观察。由于核酸外切酶导致条带模糊或条带变小，其活性在许多反应中很容易被检测到（图 2-3，克隆反应 2）。当插入片段和载体同时存在时，也可以观察到由连接分子所形成的缓慢迁移带。当克隆反应中含 VVpol 和 I3 蛋白时连接分子的产量最大（见图 2-3，克隆反应 5）。在克隆反应中可观察到几种不同的连接产物，其中包含多聚物和环状连接分子的混合物。

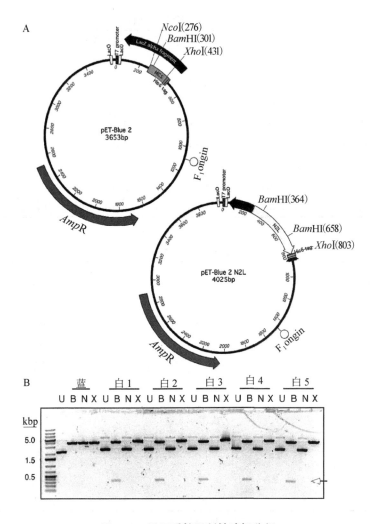

图 2-2　重组质粒限制性酶切分析

（A）质粒图谱展示了原始载体（pETBlue-2）和预期重组子（pETBlue-2 N2L）。（B）重组克隆的限制性酶切分析。

注：质粒 DNA 从 6 个克隆中提取（5 个白斑和 1 个蓝斑），并用 *Bam*H I（B），*Nco* I（N）或 *Xho* I（X）消化处理。产物在 0.8% 琼脂糖凝胶上与未切割（U）DNA 分离，并用溴化乙啶显色。来自于白斑的全部 5 个克隆编码 *N2L* 插入片段（箭头所示）。而蓝斑为原始载体。

In-Fusion® 克隆反应混合体系产生单个新的连接分子的方式取决于反应中的载体和 PCR 扩增子（见图 2-3）。

（1）为了测定链的连接效率。向克隆反应 1~5 中的各剩余物中加入 3.2μL 反应终止缓冲液。

（2）置 37℃ 条件下孵育 30min。

（3）在 1.2% 琼脂糖凝胶中以 40 V/cm 电泳 4h，对克隆反应产物进行分离。

（4）用溴化乙啶（EB）溶液对 DNA 染色 30min，并用 Kodak Gel Logic 200L 凝胶成像系统进行成像分析，见图 2-3 中结果中的示例。

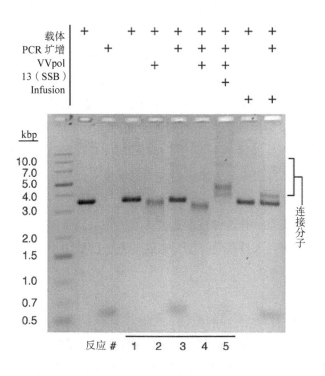

图 2-3　克隆反应产物的琼脂糖凝胶分析

注：克隆反应产物进行脱蛋白，在 1.2% 琼脂糖凝胶中分离。在这些条件下，核酸外切酶的活性引起表观质量下降和条带模糊。最大产量的连接分子出现在同时含有 VVpol 和 I3 单链 DNA 结合蛋白的克隆反应中。虽然商品化的 In-Fusion® 克隆反应产生的连接分子较少（最后一个泳道），但却实际上产生了更多数量的重组子。

3.4　结　论

业已证明，VVpol 可与痘苗病毒单链 DNA 结合蛋白结合，用于连接酶催化克隆 PCR 产物的连接方法。这种方法适合于任何载体，可以快速定向克隆 DNA，同时可以促进侧翼调节序列和其他序列元件的基因工程操作。我们演示了两段 DNA 片段的连接，但这种方法也可用于同时克隆多个 DNA 片段[11, 12]。

Clontech 公司对此方法进行了优化，使其更为高效。商业方法比我们的原创方法产生了更多的（大于 50 倍）转化株。例如，我们构建的反应包括载体，插入片段，VVpol 和 I3，在 1/20 的 DNA 中产生了 304 个白色克隆斑和 2 个蓝色克隆（见表 2-2，反应 5），而载体和插入片段用 In-Fusion® 进行克隆反应时，在 1/800 的 DNA 中产生了 410 个白色克隆和 3 个蓝色克隆。在仅用载体 DNA 进行克隆反应时，商业方法仅产生一个白色克隆。当克隆反应同时含载体和插入 DNA 时，两种方法产生的白色克隆的比例大致相同（>99%）。

5 个来自于白色菌落的质粒经检测均插入了外源片段，表明该方法很少产生异常克隆。Clontech 公司内部质量控制数据表明，即使不用蓝—白斑筛选或其他筛选方法，通过其专利方法进行克隆反应，有 >90 % 连接产物中含有插入片段。此外 Clontech 公司分析在一个大得多的文库中，在其连接区域的一侧，在载体和 PCR 产物共同的同源序列区发现 3 650 个克隆中仅有 43 个（1.1%）发生突变。假设两个连接的错误率相同，那么在任意一端至少可能有一个突变克隆的百分比就为 2.3%，凸显了这个过程的准确性。我们还注意到一些密码子在重复序列中丢失的例子，这种情况非常罕见（例如，与 His6 标签相关的 CAT 重复），可能是通过一个类似于 Streisinger 移码错误的机制 [13] 所造成。这些错误的频率不高不足以给科研人员带来不便，但这也说明了为什么始终要养成对新的克隆进行测序的良好实验习惯。

实践中，很少有实验室有这种技术能力（或愿望）制备 VVpol，另外商业化方法非常实用，所以很容易被研究人员接受，据记载这些方法已被用于大量克隆试验中 [14-16]。

4 注 释

（1）虽然可以使用许多不同的载体，但在本章我们选用的是 pETBlue-2 载体，因为其可以进行插入基因的蓝白斑筛选，并且可经 IPTG 诱导 T7 RNA 聚合酶启动子调控 His6 标记蛋白的表达。用于扩增 N2L 基因的两个引物本质上是双向的。引物的 3′ 端分别编码 N2 蛋白的 N 和 C 末端，按照标准的 PCR 引物设计原则设计。引物的 5′ 端编码经 NcoI 和 XhoI 酶切的 pETBlue-2 载体 DNA 末端同源的序列。正向引物编码 NcoI 酶切位点上游的启动子序列，反向引物编码 XhoI 酶切位点下游的 His6 标签序列。引物中带下画线的核苷酸表示与 pETBlue-2 载体序列相同的核苷酸。需要说明的是，设计的正向引物删除了 NcoI 酶切位点并将 N2L 基因置于带有载体起始密码子的可读框中，但 XhoI 酶切位点被保留在反向引物中。载体图谱使用 MacVector 11.0 软件设计。

（2）Clontech 公司提供了一个可以用于设计 In-Fusion® 克隆引物的程序，在线网址：http：//bioinfo.clontech.com/infusion/convertPcrPrimersInit.do。

（3）这里使用了 Taq DNA 聚合酶，高保真聚合酶也可以用于制备 PCR 扩增产物。该方法不受 3′ A 残留物存在与否的影响。

（4）痘苗病毒 DNA 聚合酶可以用 Traktman 及其同事建立的方法 [17] 进行高度纯化。通过 SDS-PAGE 电泳和使用 Bradford 方法（Bio-Rad）测定提纯物的蛋白浓度。用缓冲液稀释聚合酶至 25ng/μL，该试剂是 In-Fusion® 克隆试剂盒的组成部分。

（5）一个 C 末端带有 His6 标签的重组痘苗病毒单链 DNA 结合蛋白（I3）可以在大肠杆菌 BL21 中进行表达，并且可用 Tseng 等 [18] 介绍的镍亲和柱进行纯化。纯化产物通过 SDS-PAGE 电泳并使用 Bradford（Bio-Rad）方法测定浓度。用 PBS 将 I3 DNA 结合蛋白稀释为 0.5mg/mL 的工作存储液。

（6）为了获得大量的克隆，我们推荐使用的大肠杆菌的浓度至少是 1×10^8 CFU/μg。

（7）如果质粒中含有 β- 半乳糖苷酶，在 LB 平板中加入 X-gal 可用于蓝白斑菌落筛选。

（8）建议对 PCR 产物进行纯化，因为 PCR 反应中的 dNTPs 可以抑制 3′ −5′核酸外切酶的活性，从而阻碍结合分子的形成 [9]。虽然这一步不是严格必需的，但凝胶纯化可以最大限度地减少载体质粒的回收或克隆出非预期的 PCR 产物。

（9）10μL 的 In-Fusion® 克隆反应物用 10mM Tris-HCl, pH 值 8 和 1mM EDTA 稀释至 100μL，取 2.5μL 用于转染具有化学活性的大肠杆菌感受态，然后取混合物的 1/20 进行涂板。

（10）用 BamHI，NcoI 或者 XhoI 酶切质粒 DNA。这些酶各能切割 pETBlue-2 载体 1 次，BamHI 酶切位点在 NcoI 和 XhoI 双酶切后消失。N2L 基因中没有 NcoI 和 XhoI 酶切位点，而 BamHI 酶切位点有 2 个（见图 2-2，A）。如果存在编码 N2L 基因的插入，方向正确，且经 DNA 测序证实（数据未显示），则 5 个来自白斑的质粒将全部呈现出预期的限制性酶切图谱。如果从一个蓝斑中提取的 DNA 与 pETBlue-2 具有相同的限制性酶切图谱，则表明它来自未切割质粒。

致谢与声明

感谢 James Lin 博士和 Nicole Favis 女士在纯化痘苗病毒 DNA 聚合酶方面提供的帮助。Chad Irwin 是 Alberta 癌症研究所研究生奖学金的获得者。这些研究起初由加拿大卫生研究院向 D.E. 提供的一笔经营性拨款支持。D.E. 实验室的研究目前由加拿大卫生研究院和自然科学与工程研究委员会提供支持。Clontech 实验室有限公司目前持有安大略省圭尔夫市圭尔夫大学的 In-Fusion® 技术专用许可。该技术发明者是原圭尔夫大学教授 D.E. 和 D.W.，根据协议已收到技术特许权支付的使用费。

参考文献

[1]　Shuman S .1992. Two classes of DNA endjoining reactions catalyzed by vaccinia topoisomerase I. J Biol Chem 267：16755–16758.

[2]　Shuman S .1992. DNA strand transfer reactions catalyzed by vaccinia topoisomerase I.J Biol Chem 267：8620–8627.

[3]　Marsischky G，LaBaer J .2004. Many paths to many clones：a comparative look at highthroughput cloning methods. Genome Res 14：2020–2028.

[4]　Gammon DB，Evans DH .2009. The 3′-to-5′ exonuclease activity of vaccinia virus DNA polymerase is essential and plays a role in promoting virus genetic recombination. J Virol 83：4236–4250.

[5] Willer DO et al .1999. Vaccinia virus DNA polymerase promotes DNA pairing and strandtransfer reactions. Virology 257：511–523.

[6] Willer DO et al .2000. In vitro concatemer formation catalyzed by vaccinia virus DNA polymerase. Virology 278：562–569.

[7] Yao XD, Evans DH .2003. Characterization of the recombinant joints formed by singlestrand annealing reactions in vaccinia virusinfected cells. Virology 308：147–156.

[8] Yao XD, Evans DH .2001. Effects of DNA structure and homology length on vaccinia virus recombination. J Virol 75：6923–6932.

[9] Hamilton MD et al .2007. Duplex strand joining reactions catalyzed by vaccinia virus DNA polymerase. Nucleic Acids Res 35：143–151.

[10] Hamilton MD, Evans DH .2005. Enzymatic processing of replication and recombination intermediates by the vaccinia virus DNA polymerase. Nucleic Acids Res 33：2259–2268.

[11] Sleight SC et al .2010. In-Fusion BioBrick assembly and re-engineering. Nucleic Acids Res 38：2624–2636.

[12] Zhu B et al .2007. In-fusion assembly：seamless engineering of multidomain fusion proteins, modular vectors, and mutations. BioTechniques 43：354–359.

[13] Streisinger G et al .1966. Frameshift mutations and the genetic code. This paper is dedicated to Professor Theodosius Dobzhansky on the occasion of his 66th birthday. Cold Spring Harb Symp Quant Biol 31：77–84.

[14] Benoit RM et al .2006. An improved method for fast, robust, and seamless integrationOf DNA fragments into multiple plasmids. Protein Exp Purif 45：66–71.

[15] Park J et al .2005. Building a human kinase gene repository：bioinformatics, molecular cloning, and functional validation. Proc Natl Acad Sci USA 102：8114–8119.

[16] Berrow NS et al .2007. A versatile ligationindependent cloning method suitable for highthroughput expression screening applications. Nucleic Acids Res 35：e45.

[17] McDonald WF, Traktman P .1994. Overexpression and purification of the vaccinia virus DNA polymerase. Protein Exp Purif 5：409–421.

[18] Tseng M et al .1999. DNA binding and aggregation properties of the vaccinia virus I3L Gene product. J Biol Chem 274：21637–21644.

（李子彬、吴国华　译）

第3章 应用细菌人工染色体技术进行痘病毒遗传操作

Matthew G. Cottingham

概　要

传统的痘病毒基因调控方法是基于病毒在感染细胞中的低频自然重组。这种良好的操作系统代表了当前痘病毒知识和应用技术水平，但是同源重组需要较长的（≥500 bp）侧翼序列，高效的病毒筛选方法，而且蚀斑纯化的过程繁琐费事、耗费时间。Arban Domi 和 Bernard Moss 通过长期探索之后发明了一种通过细菌人工染色体技术获得痘病毒克隆（VAC-BAC）的方法，使得细菌人工染色体（BAC）技术在 21 世纪初作为一种遗传操作的替代方法应用于痘病毒。

BAC 系统的主要优点：通过噬菌体 Red 重组（重组工程技术）可以进行简便而多用途的遗传操作，该重组仅需 50 bp 左右的同源臂，就可通过 PCR 轻松完成，且不需通过瞬时显性筛选就能得到缺失标记基因的突变株。另外，该系统也存在一些缺点：如耗时较长，克隆的基因组有被细菌序列污染的风险以及从衍生病毒中剔除 BAC 原件操作中遇到的复杂问题等。在具体的应用中，必须仔细权衡决定使用 BACs 是否可靠，建议将痘病毒 BAC 系统作为补充方法，而不是取代已在很多实验室中应用的传统方法。

关键词：痘病毒；痘苗病毒；细菌人工染色体；基因重组；Red 重组；禽痘病毒

1　引　言

细菌人工染色体（Bacterial artificial chromosome，BAC）是一种以低拷贝数 F 质粒为基础的可以插入至少 300 kb 外源 DNA 的克隆载体，BAC 特别适用于大型 DNA 病毒的克隆，如在 1997 年首次介绍的疱疹病毒的克隆[1]。BAC 应用于痘病毒时，需要使正常的线性病毒 DNA 基因产生环状 DNA 分子，到了 2002 年，开发出了一种分离和克隆此类分子的方法[2]，即通过药理学方法抑制病毒晚期基因的表达获得头对头的多联体 DNA，然后通过自身同源重组形成头对尾多联体，从而形成环状 DNA 分子。通过传统的痘病毒同源重组和蚀斑纯化技术可将 mini-F BAC 质粒元件插入病毒基因组中，这样获得的环状 DNA 分子可以在大肠杆菌内增殖。一旦获得了一个 BAC，非 Rec A 依赖的 λ 噬菌体 Red 同源重组即可以实现。该过程涉及噬菌体瞬时表达 Exo，Bet 和 Gam 蛋白，通过单链入侵同源重组发生（而不是通过 Holliday 连接）[3]，只需要短的（50bp）同源侧翼序列就可以方便地合成为寡核苷酸。该系统更便于进行无缝修饰，包括基因的插入、缺失和替换等[4]。

自从 Domi 和 Moss[2,5] 以痘苗病毒 WR 分离株为基础对 VAC-BAC 技术进行了介绍，学术和商业界的其他研究团队也对该技术在其他痘病毒上的应用进行了介绍，如第一株改良型 Ankara 痘苗病毒减毒毒株（MVA）[6]，复制能力强的痘苗病毒 Ankara 绒毛尿囊膜亲本株（CAV），独立衍生的 MVA-BAC 株[7] 以及最近介绍的牛痘病毒的 BAC 克隆[8]。

pox-BAC 系统的优点在于重组的多功能性和便利性，特别是能用于构建"无标记"突变体以及能并行多个操作的能力。重组后，获得了修饰的 BAC，不需要进行蚀斑纯化，并且允许产生生长受损的突变体，这些突变体可能无法通过在病毒水平上的选择进行分离[9]。BAC 克隆可能对于临床疫苗的制造具有重要的价值，痘病毒的毒株具有多样性[10]，因此可追溯性至关重要。

尽管 pox-BAC 系统使用方便，但其局限性也很显著，因此需要判断在什么情况下使用 BAC 方法，什么情况下使用传统的方法。由于痘病毒 DNA 没有感染性，需要辅助病毒"拯救"或者将 BAC 克隆重组到复制的病毒基因组中。这就需要阻止辅助病毒（通常是禽痘病毒）复制或限制其宿主范围，以防止其在 BAC 衍生病毒中生长（见 3.3）。虽然这种方法非常有效，但我们对于辅助病毒介导的 BAC 拯救了解甚少，如辅助病毒与拯救病毒是否具有潜在的重组能力（虽然已经报道过，禽痘病毒和痘苗病毒不会发生重组[11]）？病毒基因组中末端融合的 BAC 如何精确地转换成发卡结构？VAC-BAC 在大肠杆菌 DH10B 中十分稳定，但末端反向重复序列极易发生扩张和收缩[2]。细菌的插入序列可以转移至 BAC（见 3.5）[7]，因此需要对衍生病毒进行基于 PCR 的质量控制，特别是防止非拯救的基因突变（如潜在的致死性突变）。即使已排除了这种情况，BAC 的克隆能力也并不是完全安全的，必须全面检查拯救的病毒，确保它们是纯粹的、正确的，因为极少量的野生型 BAC 都会污染拯救病毒。此外，BAC 衍生痘病毒仍然携带质粒基因组，尽管这并不影响病毒的生长[12]，但在一些应用中必须将其剔除（例如，临床疫苗），剔除工作并不是一帆风顺，即使可运用 BAC 的"自我切除"也非易事[12,13]。尽管有种种这些困难，BAC 重组工程方法仍具有强大的优势，如在最近所展示的，运用 VAC-BAC 克隆通过 6 轮的筛选与反向筛选（Red 重组步骤）[12]，将 6 个 MVA 缺失毒株成功引入到 CAV 中[7]。

2　材　料

2.1　从痘病毒 DNA pre-BAC 中分离 BAC 克隆

（1）IβT（吲哚醌 - β - 胺苯硫脲）：5mg/mL 的浓度溶解于丙酮溶液，–20℃保存，使用时将储存液用 0.25 M NaOH 稀释至 1mg/mL（见注释 1）。

（2）聚丙烯细胞刮刀。

（3）TBSE：20mM Tris-HCl，pH 值 8.0；10mM EDTA，150mM NaCl。

（4）LSEB：20mM Tris-HCl，pH 值 8.0；10mM EDTA，0.75%SDS，使用前添加 0.65mg/mL 的蛋白酶 K。

（5）PhaselLok 凝胶（见注释 2）。

（6）Tris- 饱和酚（见注释 3）。

（7）Tris- 饱和苯酚 - 氯仿 - 异戊醇（25：24：1）（见注释 3）。

（8）3 M 乙酸钠，pH 值 5.0（例如，Sigma 公司预制溶液）。

（9）TE：10 mM Tris-HCl，pH 值 8.0；1 mM EDTA。

（10）ElectroMAX 高效 DH10B 感受态细胞或自制的电转化感受态细胞（见 3.4 的步骤 9 和 10）。

（11）Bio-Rad 公司电穿孔系统以及电转杯（电极间隙 1mm）。

（12）SOC 培养基：含有葡萄糖的 SOB 培养基。

（13）14mL 聚丙烯带盖离心管（见注释 4）。

（14）氯霉素：12.5mg/mL（1 000 倍）甲醇储存液。

2.2　小量制备 BAC

（1）STET：8% 蔗糖；5%Triton X-100；50 mM EDTA；50 mMTris–HCl，pH 值 8.0。

（2）碱性 SDS：含 1% SDS 的 0.2 M NaOH（见注释 5）。

（3）7.5 M 乙酸铵。

（4）微量冷冻离心机（如 Eppendorf 公司 5415R 型离心机）。

（5）脱氧核糖核酸酶（DNAse）：无 RNA 酶 A。

（6）限制性内切酶。

2.3　BAC 拯救

（1）锥形瓶（如 Wheaton 公司系列产品）（见注释 6）。

（2）QIAGEN 质粒大量提取试剂盒（见注释 7）。

（3）禽痘病毒（见注释 8）。

（4）脂质体 2000（见注释 9）。

（5）OptiMEM 培养基（见注释 10）。

2.4 半乳糖激酶介导 BAC 重组

（1）DNA 寡核苷酸引物（见注释 11）。

（2）Finnzymes F-540：Phusion 热启动聚合酶（参见注释 12）。

（3）p*GalK* 质粒和重组菌株（来自 NCI-Frederick（http：//web.ncifcrf.gov/ research/ brb/recombineeringInformation.aspx）[14]。

（4）QIAGEN 凝胶纯化试剂盒或类似试剂盒。

（5）M9 低盐培养基，根据试剂商说明制备 5× 储存液（如 BD difco）并高压灭菌。

（6）5× M63 基础培养基：24g 无水 KH_2PO_4，56g 无水 K_2HPO_4，10g（NH_4）$_2SO_4$，1mL 2.5mg/mL $FeSO_4$；加水至 1L，调节 pH 值至 7.0 并高压灭菌。

（7）M63 氯霉素 / 半乳糖的琼脂平板（用于阳性筛选）：7.5g 琼脂加入 400mL 水中，添加 100 mL 5× M63 至融化的琼脂中，待培养基温度平衡至 50℃，加 0.5mL 1M 高压灭菌的 $MgSO_4$；2.5mL 0.2mg/mL 过滤除菌的 D- 生物素；2.5mL 9mg/mL 过滤除菌的 L- 亮氨酸；500μL 甲醇中按 12.5mg/mL 的比例加入氯霉素，加入 5mL 高压灭菌的 20% 脱氧半乳糖。制备成 20 个培养皿（所有试剂均可从 Sigma 公司购买）。

（8）M63 氯霉素 / 脱氧半乳糖 / 甘油琼脂平板（用于阴性筛选）：7.5g 琼脂加入 400mL 水中，加入 100mL 5×M63 到融化的琼脂，待培养基温度平衡至 50℃，添加 0.5mL 1M 高压灭菌 $MgSO_4$；2.5mL 0.2mg/mL 过滤除菌的 D- 生物素；2.5mL 9mg/mL 过滤除菌的 L - 亮氨酸；在 500μL 甲醇中按 12.5mg/mL 的比例加入氯霉素，加入 5mL 高压灭菌的 20% 甘油，加入 5mL 过滤除菌的 20% 脱氧半乳糖。制备成 20 个培养皿。

（9）MacConkey 半乳糖指示平板：MacConkey 琼脂（如 BD Difco 产品），根据生产商说明制备 1% 半乳糖琼脂糖培养基并高压灭菌。

（10）Phire 聚合酶（Finnzymes 产品）（见注释 13）。

2.5 PCR 序列插入

（1）QIAGEN 血液 DNA 小量提取试剂盒或类似试产品。

（2）DNA 寡核苷酸引物（见表 2-6）。

（3）Native *Taq* polymerase 试剂盒（Finnzymes 产品）或类似产品（见注释 14）。

（4）10×（NH_4）$_2SO_4$ *Taq* 缓冲液：750 mM Tris–HCl，pH 值 8.8，25℃保存，200 mM（NH_4）$_2SO_4$，0.1% 吐温 20。

3　方法

本章并未全面讨论痘病毒 BAC 系统的设计原理及后续遗传操作策略，介绍的要点是如何从 pre-BAC 病毒获得 BAC 克隆（见 3.1），通过 PCR 或限制性酶切对小量制备的 BAC DNA 进行分析以筛选 BAC DNA 克隆（见 3.2），在哺乳动物细胞中应用禽痘病毒作为辅助病毒对正痘病毒 BAC 克隆进行拯救（见 3.3），以缺失 B15R 的 MVA 为例，应用 *GalK* 筛选在 SW102 菌株中进行 BAC 重组（见 3.4），以及无细菌插入序列的拯救病毒的检测（见 3.5）。

3.1　从 pre-BAC 痘病毒 DNA 中分离 BAC 克隆

痘病毒 BAC 克隆的第一阶段，是在感染细胞中通过传统的内源性重组将所需的在大肠杆菌中增殖的 BAC 序列插入病毒基因组中。为此，需要构建基于 min-F BAC 质粒的穿梭载体（pMBO131[7] 或 pBELO-BAC11[6, 8]），该载体具备以下几个特征：①携带有痘病毒启动子调控的 GFP（或其他便于 pre-BAC 重组病毒筛选或检测拯救后的 BAC 衍生病毒的手段）；②具有用于与病毒基因组非必需区（如胸苷激酶[2, 8]，痘苗病毒 I3L 和 I4L 之间的间隔区[7] 或缺失 3 个基因位点的 MVA[6]）进行重组的侧翼序列（约 500bp）；③重组侧翼上拥有可以使质粒进行线性化的单酶切位点，以便进行细胞转染和重组病毒的蚀斑纯化。最初介绍的方法添加了 loxP 位点以促进环化[2]，但现在发现这并不是必要的[6-8]。当获得了纯的 pre-BAC 病毒后，根据 Domi 和 Moss 介绍的方法[2] 按以下操作程序进行克隆的分离。

（1）按照标准的细胞培养条件，制备一块用于培养痘病毒的单层细胞 6 孔板。

（2）以 5 PFU/cell 的 pre-BAC 重组病毒感染两孔细胞，每孔加入 1mL 45μM 的 IβT 或不加入（对照），通常在此步骤要降低培养基血清浓度（用 2% 血清取代 10% 血清）。

（3）培养 1~2h 后，每孔用 2mL 含有或不加（对照组）45μM IβT 的低血清培养基更换原培养基，过夜培养（见注释 15）。

（4）刮取单层细胞，用最大转数离心 30s 收集细胞沉淀，并用 PBS 清洗板孔 2 次，每次清洗后收集沉淀。

（5）用 50μL 的 TBSE 涡旋振荡重悬沉淀细胞，然后加入 250μL 的 LSEB，轻轻颠倒混匀，置 37℃孵育 5h 或过夜。

（6）加 300μL 的 Tris 饱和酚，混匀，倒入（禁止吸液）预先准备好的 PhaseLok 管，然后最大转数离心 5min。将上清液倒入（禁止吸液）一个新的 PhaseLok 管中。

（7）重复步骤 6。

（8）用 Tris 饱和酚—氯仿—异戊醇（25∶24∶1）重复步骤 6。

（9）用氯仿—异戊醇（24∶1）重复步骤 6，将上清液转移至 1.5mL 的离心管中，加入 30μL 3M 乙酸钠和 750μL 乙醇沉淀 DNA，−20℃下孵育数小时或过夜孵育以增加沉淀的量。

（10）用最大转数离心（最好是冷冻离心机）15min 沉淀 DNA，用 250 μL 70% 乙醇洗涤沉淀，再次离心，沉淀自然风干后用 20μL 的 TE 溶解，切忌吹打或振荡（见注释16），当 DNA 浓度大于 1mg/mL 时溶液会变得黏稠。

（11）吸取 1~3μL DNA（用宽口吸头或截短的吸头轻轻吸取）加入含有 50μL *E. coli* 电转感受态 DH10B 的 1mm 预冷的电转杯中，轻轻混匀后，以 1.8kV/25μF/200Ω 进行电转（见注释 17）。

（12）电转后，立即在电转化杯中加入 1mL SOC 培养基，并将内容物转移至 14mL 的扣盖管中，37℃振荡培养 1h。

（13）将 1μL、10 μL（在 100μL SOC 培养基中稀释）、100 μL 及剩余的菌液分别涂布于含有抗生素的 LB 固体培养基中，37℃孵育过夜。使用何种抗生素与插入到病毒基因组中的 BAC 原件有关，通常 BeloBAC11（或类似的复制子）使用 12.5μg/mL 的氯霉素培养基进行筛选。

（14）通过 PCR 或限制性酶切（见 3.2）筛选阳性菌落并送测序（见注释 18）。

3.2　小量制备 BAC

本实验流程由英国牛津大学解剖学和人类遗传学系 Richard Wade Martins 博士友情提供，该方法通过 PCR 或限制性酶切筛选阳性菌落。也可以使用单菌落直接进行 PCR 鉴定，但结果不如先提取 DNA 后进行 PCR 可靠。

（1）将菌落加入含适当抗生素的 2mL LB 液体培养基中（例如 12.5μg/mL 氯霉素），37℃下振荡培养（重组菌培养温度为 32℃）过夜。

（2）取 1.5mL 菌液转入微量管中，16 000×g 离心 30s 沉淀菌液，吸弃上清液，用 70μL 的 STET 振荡重悬沉淀，每次用 STET 重悬 4~6 管，不要将未重悬的沉淀长时间置于 STET 溶液中。

（3）加入 200μL 碱性 SDS 涡旋振荡裂解后，立即加入 150μL 7.5M 的乙酸铵中和碱性 SDS 并保持涡旋振荡，继续振荡数秒。

（4）将裂解中和产物置于冰上 5min，然后 4℃ 16 100×g 离心 20min。

（5）将上清液（不要用移液器）倒入新的 1.5mL 离心管，加入 250μL 的常温异丙醇，反复颠倒混匀，9 300×g 离心 8min 沉淀 DNA。使用定向管进行离心可知离心后沉淀的位置。

（6）吸去上清液（沉淀可能是不可见的），然后用 200 μL 70% 的常温乙醇洗涤沉淀。

（7）弃上清液，自然风干沉淀 5~10min，用 50μL 含有 5mg/mL RNaseA 的 TE 重悬 DNA（见注释 16）。

（8）限制性酶切鉴定，15μL 反应体系加入 8~10μL 的产物，随后将全部反应液上样到琼脂糖凝胶（1% 或更低浓度的凝胶）进行电泳（见注释 19）。

（9）PCR 鉴定，将 DNA 进行 1：100 稀释，然后每个反应体系加入 1~5μL。表 3-1 为多重 PCR 筛选痘苗病毒 BAC 克隆的完整引物，如果所有靶点都存在，则产生五个条带，表 3-2 为 PCR 反应体系和条件。

表 3-1　多重 MVA-BAC PCR 完整引物

C19L/B25R[a]	acgggatcgcagtctttatg	ccggagacgtcatctgttct	232bp
F10L	tgccggataaaagtgggata	caaaattgggctccatcagt	525bp
J6R	tacggttttggggtgacatt	cgaccaccatatcctccatc	592bp
A32L	ttcaccttcacaaaatacggagt	ttgctgtcgcacaaaatcat	359bp
BAC identity[b]	atagaacttacgcaaatattagcaaaaat	tggaaagcgggcagtga	444bp

[a] ITR 变异性高，在相应的菌株中检测这些序列；
[b] BAC 插入序列的特异引物，作者构建的 MVA-BAC[6]，其中一条引物位于病毒侧翼（A51R），另一条引物位于 BAC。对于其他的 VAC-BAC 结构，需要设计类似的一对引物，对于其他病毒，也可以采用类似的方法。

表 3-2　筛选完整痘苗病毒 BAC 克隆的 PCR 反应体系和条件　　　　　　　单位：μL

C19L/B25R 引物见表 3-1（储存浓度 10μM）	正向引物 反向引物	0.4 0.4
F10 引物见表 3-1（储存浓度 10μM）	正向引物 反向引物	0.4 0.4
J6R 引物见表 3-1（储存浓度 10μM）	正向引物 反向引物	0.4 0.4
A32L 引物见表 3-1（储存浓度 10μM）	正向引物 反向引物	0.4 0.4
BAC identity 引物见表 3-1（储存浓度 10μM）	正向引物 反向引物	0.4 0.4
dNTP mix（储存浓度 8mM）		0.4
钛缓冲液		2.0
1：100 BAC 小量制备 DNA		2.0
钛 Taq		0.4
水		11.2
总计		22.0

程序：95℃预变性 60s；95℃变性 30s，54℃退火 10s，72℃延伸 60s，35 个循环；72℃再延伸 3min。用 2% 琼脂糖凝胶电泳进行检测。

3.3　BAC 拯救

为了从基因组克隆中获得病毒，需要一种辅助病毒参与，以启动 BAC 转染后痘病毒的转录过程。迄今为止，所有的痘病毒 BACs 都是正痘病毒属的病毒[2,6-8]，它们可以在哺乳动物细胞系中借助禽痘病毒进行便捷拯救，BAC 克隆的病毒可以在该细胞系上增殖，但辅助病毒却不能[11]。可用作辅助病毒的还有：休普氏纤维瘤病毒，一种在哺乳动物细胞内无法繁殖的兔痘病毒[7,15]；温度敏感辅助病毒突变株[16]；拯救仅需病毒早期基因的表达，因此 UV- 补骨脂素灭活的病毒也可能用作辅助病毒[17]。

（1）将含有痘病毒 BAC 克隆的大肠杆菌在 500 mL LB 培养基中过夜。

（2）使用 QIAGEN 大量质粒纯化试剂盒纯化转染的 BAC，操作方法做如下修改：（i）进行裂解时每种缓冲液 P1、P2 和 P3 用两倍体积（20mL）。加入 P3 后用吸头轻轻吹打使混合物分散（可使用任何一种 LyseBlue 试剂）；（ii）在从 Tip-500 柱中洗脱 DNA 前将缓冲液 QF 加热至 65℃；（iii）在 DNA 重悬于约 100μL 的 TE 时，应遵守注释 16 中所述的注意事项。此方法能制备高达 50μg 的 BAC DNA。

（3）在标准培养条件下，T25 细胞瓶中适于痘病毒繁殖的细胞系单层细胞长至 70%~80% 时待用。

（4）以 1 PFU/cell 禽痘病毒感染细胞，使用含有少量血清的培养基（血清通常为 2%，而不是 10%）或使用 2 mL 体积的 OptiMEM，孵育 1~2h（见注释 20）。

（5）同时，准备转染混合液：600μL OptiMEM 中加入 20μL 的脂质体 2000，室温孵育 5min；用 600μL 的 OptiMEM 稀释 8mg 的 BAC DNA；稀释的脂质体加入到稀释的 BAC-DNA 中，轻轻颠倒混匀，室温孵育 20~40min。用截短的吸头将转染混合物加入单层细胞中。摇动培养瓶使液体分布均匀。如果可能，每 1h 左右轻轻摇动培养瓶一次（见注释 21）。

（6）孵育 5h（最佳）或过夜，然后加入 1.2mL 预热的 OptiMEM。

（7）24~48h 后，用荧光显微镜观察（如果痘病毒 BAC 携带有痘病毒荧光报告基因）。此时信号非常微弱，阳性细胞仅仅是转染未必获得了拯救。

（8）5 天后，收获培养物，并反复冻融 3 次。

（9）为了评估拯救效率，将细胞裂解液进行 10 倍倍比稀释至 10^{-5}，然后加入 6 孔板中新制备的单层细胞上，感染 1~2h 后更换培养基。2~5 天后，观察病毒产生的 CPE 和标记基因产生的荧光。用这种方法，如果获得了有效的拯救则裂解液的病毒滴度一般大于 10^4 PFU/mL。随后用 PCR 方法对拯救的病毒进行鉴定（见 3.5）。

3.4　BAC 基因重组

应用 Red 重组进行 BACs 遗传操作的技术与系统越来越多了，Red 重组可以利用噬菌体 exo、bet 和 gam 蛋白基因的瞬时诱导，只要很短的侧翼序列（≥ 50 bp）[4] 就可以进行同源重组。半乳糖激酶系统[14]、抗生素筛选[5,9] 和质粒 rpsLneo 筛选—反向筛选原件[7] 以及 "en passant" 重组技术[8,12] 都已应用于痘病毒的同源重组[6]。在一些文献中也介绍了其他适合的筛选方法[18,19]。此处的操作方法，是利用半乳糖激酶筛选系统，在 SW102 菌株中从 MVA-BAC 中缺失 B15R 开放型阅读框（编码 IL-1b 结合蛋白）为例进行介绍，同时部分采用了 Søren Warming 的重组方法[14]，该方法可从以下链接获得：

http：//web.ncifcrf.gov/research/brb/protocol/。半乳糖激酶或其他细菌筛选标记可保留在病毒基因组内（见注释 22），或在第二次靶向反应中通过反向选择（带有可选的附加突变）去除，以使后续操作可以插入相同的筛选标记（见注释 23）。引入诸如转基因表达盒这样的长序列片段，推荐用串联插入 /en passant 去除方法[8, 12, 20]，而不是效率低的反向筛选方法，至少在 MVA-BAC[6] 中是如此。

（1）首先按 3.1 中步骤 11 所述的电转方法将目标 BAC 转入 SW102 菌株进行基因重组，所需的 SW102 电转化感受态的制备方法如步骤 10 所述。

（2）用多重 PCR、限制酶切（见 3.2）以及 BAC 拯救（见 3.3），从单个菌落中检测 BAC 阳性克隆。

（3）设计用于缺失目标 ORF 的同源臂，订购用于扩增半乳糖激酶及其侧翼序列的凝胶纯化和质谱分析引物。我们以缺失 MVA 的 B15R 基因（编码 IL-1b 结合蛋白）进行举例说明（用于从 MVA 中缺失 B15R 所使用的引物序列见表 3-3）。

表 3-3　*GalK* 重组构建 B15R 缺失的 MVA 所使用的引物

同源左臂	ctcttctcccttccaagaaacaaactttttttacccactataaaataaa
同源右臂	tgaatgtatgttgttacatttccatgtcaattgagtttataagaattttt
GalK 上游引物	ctcttctcccttccaagaaacaaactttttttacccactataaaataaaCCTGTTGACAATTAATCATCGGCA
GalK 下游引物 [a]	aaaaattcttataaactcaattgacatggaaatgtaacaacatacattcaTCAGCACTGTCCTGCTCCTT

[a] 同源右臂反向互补。*GalK* 引物序列（大写字母）引自 Warming 等[14]。

（4）用 PCR 扩增含半乳糖激酶的同源臂的反应条件见表 3-4。

表 3-4　从 MVA 删除 B15R 的 PCR 反应体系及条件　　　　　　　　　　　单位：μL

Phusion 聚合酶 HF 缓冲液	10
Phusion 聚合酶	0.5
dNTP mix（8 mM）	1.25
GalK 同源左臂引物 [a]（储存浓度 1μM）	2.5
GalK 同源右臂引物 [a]（储存浓度 1μM）	2.5
p*GalK* 模板质粒（4ng/μL）	2.5
二甲基亚砜	1.5
水	19.25
总计	50

[a] 引物 10 倍稀释。反应程序：98℃ 预变性 30s；98℃ 变性 5s，68.4℃ 退火 10s，72℃ 延伸 30s，35 个循环；72℃ 再延伸 5min。

（5）PCR 反应结束后，每个反应体系加入 1~2μL *Dpn* I 内切酶，37℃孵育 30~60min，以去除模板 DNA（模板 DNA 为甲基化的，与 PCR 产物不同）。

（6）全部反应产物在 1% 琼脂糖凝胶上进行电泳，切下目的条带（目的片段大约 1.2kb），并进行胶回收纯化。测定 DNA 浓度以及 A260/A280 比值。

（7）32℃过夜培养含有 MVA-BAC 的大肠杆菌 SW102 菌株，次日早上将其按 1∶50 稀释接种于一个装有 100mL 含 12.5 μg/mL 氯霉素的 LB 培养基的 500mL 锥形烧瓶中。在 32℃水浴中振荡将其培养至对数中期（3~5h，OD_{600}=0.5~0.7）。

（8）准备第 2 个水浴设备调节温度至 42℃，并准备好冰水和低温离心机。

（9）取一半的培养物（50mL）置于新的锥形烧瓶中，42℃水浴振荡 15min（另 50mL 培养物置于 32℃），随后立即将热激过的培养瓶和放置于 32℃的对照培养物置于冰水中冷浴（见注释 24 和 25）。

（10）制备电转感受态细胞：将细菌倒入 50mL Falcon 离心管，0℃ 6 000×*g* 离心 5min，在 5mL 冰水中轻摇重悬沉淀（不要旋转振荡或吸打），然后加水至 50mL。重复此洗涤步骤两次。确保所有样品全程都处于低温（在冰水混合物中而不仅仅是在冰上），细菌沉淀洗涤时很容易流失，需谨慎操作，避免细菌沉淀丢失。用少量水（250~500μL）重悬最终获得的沉淀。

（11）将 1~5μL PCR 产物电转入到热诱导 SW102 细胞和未热激诱导的对照细胞中，该细胞携带含半乳糖激酶的 BAC：吸取 50μL 菌液到 1mm 电转杯中，加入 DNA，轻轻混匀，在 1.8 kV/25 μF/200 Ω 条件下进行脉冲电击，随后立即加入 1mL LB 培养基，转移至 14mL 的带盖管中，在 32℃振荡孵育 1h（见注释 17 和 26）。

（12）在进行半乳糖筛选前，将细胞转移至 1.5mL 的离心管中，用 M9 低盐培养基清洗细胞，以最大转数离心 30s 收集细胞沉淀，用 1mL M9 低盐培养基重悬沉淀，重复此操作两次。去除 LB 培养基。未热激诱导的产物会很黏稠（属于正常现象）。

（13）分别取 1μL、10μL（用 100μL M9 低盐培养基稀释）、100μL 诱导的细胞，剩余菌液加 100μL 未诱导细胞作为对照，涂布到 M63 氯霉素/半乳糖的琼脂平板上。32℃培养 3~5 天。

（14）如果诱导与未诱导菌落比例良好，则挑取 3 个单克隆菌落到含 12.5 μg/mL 氯霉素的 MacConkey 半乳糖培养板中，32℃孵育 2 天。挑取一个分离良好的红色克隆菌落。如果 *GalK* 用于病毒拯救，至少需两次划线培养以保证没有杂菌干扰；如果克隆选择目的是反向筛选（去除 *GalK*），则在 MacConkey 半乳糖培养板进行一次划线培养就足够。

（15）通过多重 PCR 检测构建的载体（见 3.2，步骤 9），用鉴定 PCR 检测基因的插入位点，用纯度验证 PCR 检测 BAC 野生型是否缺失（如果要制备含有 *GalK* 的病毒），通过对 BAC 或 PCR 产物进行测序，检查同源臂的序列是否正确（B15R 的引物见表 3-5）。

表 3–5　利用 *GalK* 重组中删除 MVA–BAC B15R 的质控引物

上游鉴定引物	tccctttcccagaaacaaac	*B14R*（缺失区域上游）
下游鉴定引物	acgcgaactttacggtcatc	*GalK*（基因引物）
上游纯化引物	ttctgaacccgacacaatca	*B15R*（缺失区域）
下游纯化引物	ttgtgggaggtctcaacgat	*B15R*（缺失区域）
上游测序引物	tgcgctggacaattgtattc	缺失区域上游
下游测序引物	gtatcgcattccaccctttc	缺失区域下游

鉴定 PCR 设置阳性对照和阴性对照。纯化 PCR 时缺失突变体呈阴性而野生型呈阳性。上游和下游测序引物用于获得通过同源臂读取的序列，使用 BAC DNA 或 Phusion PCR 产物当作模板。

（16）若继续进行病毒拯救（见 3.2）或反向选筛选（如下），则在 32℃条件下培养 SW102 细胞。除非拯救病毒失败，否则不进行限制性图谱分析。对衍生病毒同样需进行 PCR 鉴定（见注释 27 和 3.5）。

（17）反向筛选（移除 *GalK*）：长的寡核苷酸片段通过退火、PCR 扩增或序列合成获得目的线性靶向 DNA（见注释 28）。对于这里的 B15R 的例子，这个序列包含左右相邻的同源臂。

（18）重复步骤 6~10，将该 DNA 电转至含半乳糖激酶 BAC 质粒的热激 SW102 细胞（见注释 29），省略 *Dpn* I 的消化与切胶步骤（见注释 30）。

（19）将回收的细胞涂布至含 M63 氯霉素 / 脱氧半乳糖 / 甘油培养板中（见注释 31）。

（20）不需进行划线培养，但至少要筛选 12 个正确缺失的菌落（见注释 23）。

3.5　PCR 验证拯救的 BAC 衍生病毒中细菌插入序列的缺失

该实验方法是由德国 Martinsreid Bavarian-Nordic GmbH 公司的 Michaela Späth、Kay Brinkmann 和 Jürgen Hausman 友情提供。细菌转座子或插入序列可以跃进 BAC 中，拯救之后便可在病毒基因组中繁殖。如果发生这种转座，虽然只可能影响拯救前 BAC DNA 前体的一小部分，而且通常会在病毒连续传代过程中丢失，但在某些情况下，其可能会固定在病毒群体中。由于前体受到细菌染色体污染，通过 PCR 直接分析 BAC DNA 则没有意义。所以拯救病毒必须在传代繁殖以后，使用表 3-6 中的大肠杆菌插入序列引物进行 PCR 分析。

（1）拯救病毒至少经 2 次细胞系传代后，使用 QIAGEN DNA 血液 mini 提取试剂盒或类似 DNA 纯化试剂盒，从 200 μL 的病毒含量 >10^8 PFU/mL 的拯救病毒细胞中提取病毒基因组。在最后的洗脱步骤中，用 50~100 μL 的水洗脱。

表 3-6　大肠杆菌插入序列（IS）的引物

PCR	片段大小（bp）	正向引物	反向引物	测序引物
IS1	448	atgggcgttggcctcaac	atgactttgtcatgcagctcc	gatatacgcagcgaattgagc
IS2	1165	attggagaacagatgattga	attcccgtggcgagcgataa	gaatggcatccgcatagtg
IS3	238	gtaaaaaaccccgtaaacag	aggatagccagctcttcatc	ctgcgaaattcaggcgaatg
SI4	468	tcgttgccttgccgaatcag	tcgctgttcttcatcgtgcc	ccgagagtggtaaaggagag
SI5	810	tcagcagtaagcgccgt	gccgaactgtcgcttga	aagccagatacaaggggttg
IS10	360	aagcgaactgttgagagtac	gacacggactcattgtcac	tcaagtaaggcgtggcaag
IS30	366	ctcacctgacactgtctgag	cacggctacgaaagtacagc	gctcagctaaacaacagac
IS150	414	ttcaagatcctcaatgcgtc	cgccttgaagtcgtgaatcac	tgccgagatgatcctgtaac
IS186	414	gactggtttggcatacttgc	gttcttaccgcaatccagc	agcggctcaaaagtttgctg

　　这些引物涵盖所有已知公开的大肠杆菌 K12 DH10B 的 IS 原件序列（GenBank 登录号 NC_010473）。片段大小是指使用正向和反向引物扩增的预期产物大小。测序引物用于产物的进一步确定。序列由来自德国 Martinsreid 的 Bavarian-Nordic GmbH 公司的 Michaela Späth，Kay Brinkmann 和 Jürgen Hausman 等提供。

　　（2）按表 3-7 设定的 PCR 反应条件，从 200μL 对数期生长的 DH10B 中提取的 DNA 作为阳性对照，以水或 MDS42 细菌 DNA 作为阴性对照（见注释 32）。

　　（3）用 1% 琼脂糖凝胶电泳分析 PCR 产物（见注释 33）。

表 3-7　缺失细菌插入序列的 BAC 衍生病毒验证 PCR 反应体系和程序　　　　　单位：μL

DNA	1.0
10×（NH$_4$）$_2$SO$_4$ *Taq* 缓冲液	2.0
MgCl$_2$（储存浓度 25mM）	2.6
BSA（20mg/mL）	0.1
表 3-6 中 IS 上游引物（储存浓度 10μM）	0.8
表 3-6 中 IS 下游引物（储存浓度 10μM）	0.8
dNTP mix（10mM）	0.4
Fermentas native *Taq*	0.1
水	13.2
总计	20.0

　　反应程序：94℃预变性 5min；94℃变性 30s，55℃退火 30s，72℃延伸 1min，30 个循环；72℃ 延伸 4min；4℃保存。

4　注　释

　　（1）作者不了解有哪些提供小量 IβT（IβT：1H 吲哚 -2，3- 二酮 -3- 缩氨基硫脲）

的供货商。如果该试剂无法从痘病毒学家处获得，方案之一是请有机化学专家用常规试剂进行合成（在冰醋酸存在下，吲哚满二酮和氨基硫脲进行缩合反应）[21]。因 IβT 的毒性未完全明确，操作时需注意防护。

（2）使用 PhaseLok 凝胶（PLG）可减少苯酚的危害，并使水相易于吸出。我们使用 PLG 2mL 管进行操作（5-PRIME，保存于 VWR），注意凝胶在使用前必须进行短暂的离心沉淀。

（3）即用型苯酚萃取试剂购自 Sigma，置 4℃储存，使用前应检查苯酚溶液，确保苯酚无色。在有安全防护的通风橱中操作。不推荐使用商用 Silica-based 试剂盒（如 QIAGEN）作为苯酚替代品进行操作。

（4）建议使用 14mL 的带盖聚丙烯圆底管进行回收（如 Falcon 离心管，货号 #352095，或者类似的产品）。这样在筛选前可进行充分振荡，并保持良好通气状态，从而促进蛋白表达。使用锥形管或者小离心管则效果不佳。

（5）与 QIAGEN 的缓冲液 P2 的组分相同，使用前检查是否有 SDS 沉淀，同时保持密闭防止酸化。

（6）建议使用锥形瓶培养 BAC。确保瓶内有足够的体积以使通气良好（如比培养液的体积大 5~10 倍），培养时推荐使用振荡水浴。

（7）建议使用 QIAGEN 质粒大量提取试剂盒（货号 12162）提取质粒。不要使用 Plus 或 QIA filter 试剂盒以及 Large Construct 试剂盒进行质粒提取。也可用 Macherey-Nagel NucleoBond BAC 100 试剂盒替代 QIAGEN 质粒大量提取试剂盒。

（8）大多数兽医疫苗制造商提供的任何禽痘病毒疫苗毒株都可以使用。建议使用弱毒株 FP9 或 HP-438 慕尼黑毒株[22]，可从伦敦帝国学院 Michael A. Skinne 博士处获得（E-mail：m.skinner@imperial.ox.ac.uk）。禽痘病毒属其他疫苗毒株也可以使用（如金丝雀痘病毒）。重组病毒最好带有标记基因，以方便验证拯救病毒中是否存在辅助病毒。

（9）脂质体 2000 的转染方法与试剂商的说明书相比略有修改，也有报道使用 Fugene HD（Roche）[7]进行质粒转染。

（10）建议使用 OptiMEM 无血清培养基，也可以使用其他培养基，但可能会降低转染效率。如果细胞不能长时间耐受 OptiMEM，转染混合物可以补充其他的培养基（与孔内已有的 OptiMEM 进行混合）。

（11）从有信誉度的供应商那里订制引物。因质谱不能检测互换碱基，所以在构建完成后必须对同源臂区域进行测序鉴定。

（12）强烈建议使用热启动 Phusion 聚合酶，因在所有商品化的嗜热聚合酶中它出现的错误率最低。

（13）从 Finnzymes 购买的 Phire 聚合酶能快速获得 PCR 筛选结果而且具有很高的灵敏度。

（14）使用天然的而非重组 *Taq* DNA 聚合酶，以避免污染大肠杆菌 DNA 造成假阳性结果。

（15）通常情况下，"发卡解离酶"（A22）在痘病毒基因组复制后，在融合的末端酶切二聚体痘病毒基因组。IβT 可以抑制病毒晚期基因的表达：它与病毒 RNA 聚合酶结合，破坏复制后的转录终止，并由于过度地通读而导致 dsRNA 的积累，导致 2′–5′ 寡腺苷酸合成酶和 RNase L 的激活，所有的这些导致在病毒 DNA 复制阶段病毒生长周期延迟[23]。在这种条件下，A22R（以及其他病毒晚期基因）不被表达，因此 BAC 的生成必须需要多联体。

（16）当进行病毒基因组 BAC DNA 操作时，应注意不能造成 DNA 断裂。操作时要轻柔，禁止振荡，尽量不要用吸头吹打，必要时可截去吸头的前端增大孔径。DNA 可在乙醇沉淀后保存在 4℃或 –20℃。DNA 溶液应避免反复冻融，冻融一次可以使 DNA 沉淀充分溶解同时又不会造成太多的 DNA 断裂。

（17）为确保有效的电穿孔（反应时间 >4.5ms），保持所有试剂以及电转杯处于预冷状态是关键。气泡、高温或盐浓度过高可能造成电弧作用从而影响电转效率。轻轻吸取菌液并尽可能减少操作步骤。

（18）应当对克隆进行测序以获得全序列：通过所谓的"二代测序"技术可降低成本。

（19）我们发现使用限制性内切酶 *Hin*d Ⅲ效果很好，但由于 DNA 的超螺旋结构，一些限制性酶不能有效酶切 BAC DNA。

（20）该拯救操作方法所使用辅助病毒的 MOI 较文献介绍的更高[2]。VAC-BAC 的发明者使用的禽痘病毒 MOI 较低，故周围细胞不被感染，因此 BAC 衍生病毒可感染周围的细胞，导致拯救时在感染—转染细胞周围产生蚀斑。虽然这可能很实用，但是由于细胞并非处于禽痘病毒感染状态，意味着一些重要的 BAC 转染将被浪费，在这里所介绍的方法中，大部分的细胞感染禽痘病毒以使拯救效率达到最高，缺点是降低了拯救病毒在感染—转染细胞周围中的生长。因此，在 3.3 中最后一步操作中，收获拯救病毒并重新接种到新鲜细胞以显示重组的 MVA。

（21）相对于较小质粒而言 BAC DNA 转染效率极低，有的转染试剂不能用于 BAC DNA 转染。用本转染方法进行转染效果比较好，不需要在哺乳动物细胞系中进行优化。

（22）对于大多数体外研究，通常允许构建的载体中带有细菌的选择性标记基因，因此在拯救的病毒中也一直含有完整得 BAC 原件（除了一些用于 BAC 敲除的系统[12, 13]）。应当指出的是，即使没有明确的痘病毒启动子存在，晚期痘病毒非特异性转录终止可能允许基因出现某些程度的表达。如果上述 BAC 衍生病毒用于动物研究，那么这些问题需要加以考虑。

（23）通过反向筛选进行片段插入（以外源性序列替代 *GalK* 或其他的可选标记）是可能的，但对于痘病毒 BAC 效率极低[6]，特别是对于长序列片段。造成这样的原因是，标记基因的缺失是通过大片段的缺失而不是所预期的重组反应。不过它可以用于标记基因的删除，允许"标记循环"（在不同的位置插入相同的标记基因），也可用于小片段的插入和点突变的无缝构建。用 *GalK* 进行串联式阴阳性标记的优点是在阴阳性筛选时所需的酶活性一样，但主要的缺点是（除了需要制备最低限度培养基）需要在指示培养皿上重新划线以保证样品的纯度，因为野生型的菌落可能"搭便车"与 *GalK*+ 菌落一起生长。

（24）在此步骤中，细胞置于冰水混合物中一个午休时间，一些操作人员声称这样做可以增加电转化的效率。

（25）对于非细菌学家来说，应当注意热激步骤对随后的转化没任何影响（不同于化学法制备的感受态细胞），但通过温度敏感抑制子的短暂失活，可诱导噬菌体重组蛋白的表达。未诱导的细菌作为阴性对照：所产生的菌落应该是 *GalK* 质粒（作为 PCR 模板）通过转化得到的（通过电转化），而不是 *GalK* 整合在 BAC 的预期位点。胶回收以及 *Dpn* I 酶切可以尽可能的减小背景的影响（*Dpn* I 只能作用于甲基化的 DNA 质粒，而不能作用于非甲基化的 PCR 产物）。

（26）电转的 DNA 越多效果越好：最小 100ng；最佳 1μg。

（27）通过抗生素筛选 BAC 突变体时需要验证，*GalK* 筛选时更是如此。即使被拯救的病毒是纯的也不一定保险，哪怕是在 BAC 阶段已经用 PCR 鉴定是正确的和纯的，特别是当同时处理多个突变时，或者有生长缺陷或者致死性的突变体时更不能保证。因此，建议对 BAC 衍生病毒进行与常规重组剂相同水平的质量控制（通常在拯救前后使用相同的 PCR 分析）。如果怀疑有轻度污染，可以更方便地进行几次蚀斑纯化，而不是对 BAC 重复分离及拯救。重组工程系统经修饰可同时插入痘病毒标记和细菌筛选原件。

（28）等摩尔数混合后退火，95℃ 预热 1min，室温冷却后置于冰上。长寡核苷酸优势在于高浓度的电穿孔很容易实现，但是长链错配的风险比用 Phusion 聚合酶进行目的 DNA 的 PCR 扩增更高。

（29）在这一阶段，要尽可能多地促进目的 DNA 重组，并防止较大片段的缺失，这一点更为关键（见注释 23）。至少需要 1mg 甚至更多的 DNA，可以通过乙醇沉淀浓缩 DNA 并去除产物中的盐分（见 3.1，步骤 9）。

（30）在阳性筛选时，可以通过将 *GalK* 重组到预期位点，或简单地质粒（PCR 模板）转化得到 *GalK* 阳性细胞。但在移除过程中，去除 BAC 中的 *GalK* 可以使细胞变成 *GalK* 阴性：质粒的转化没有区别。此外，Red 重组的底物是线性 DNA。

（31）在阴性筛选时，脱氧半乳糖对于 *GalK* 阳性克隆是有毒性的。因为 M63 基础培养基中不含碳源，*GalK* 阴性菌需要以甘油作为能源。

（32）也可用 MDS42 细菌（Scarabgenomics）DNA 提取物作为阴性对照。DH10B 衍生菌株经基因工程改造已删除所有的 IS 原件[24]。使用 IS4 引物（见表 3-6）对细菌螺旋酶衍生的 MDS42 细菌 DNA 进行 PCR 后会产生非特异性扩增产物。如果以 MDS42 的

DNA 作阴性对照，需要设计不同的 IS4 引物。阳性对照 DNA 扩增片段大小约 433bp：上游引物 5′-gctggactgctgatgtcgaag-3′；下游引物 5′-ttcgccagaataccgcgatcg-3′。

（33）如果病毒 IS 序列为阳性，根据插入位点的性质（通过测序鉴定），它仍然可能适用于所设计的实验。但是如果要衍生病毒不带 IS，建议可分析病毒蚀斑，使用另一种 BAC 克隆重复拯救或重复重组工程（建议使用甘油来进行这种实验）。

致谢

感谢牛津大学人类遗传学和解剖学系 Richard Wade Martins 博士提供的 3.2 中的试验方法；感谢德国 Bavarian-Nordic GmbH 公司的 Michaela Späth，Kay Brinkmann 和 Jürgen Hausman 提供的 3.4 中的试验方法；感谢伦敦帝国理工大学 Michael Skinner 博士同意提供 FP9；感谢主要研究人员牛津大学詹纳研究所的 Adrian V. S. Hill 教授和 Sarah C. Gilbert 博士。

参考文献

[1] Messerle M, Crnkovic I, Hammerschmidt W, Ziegler H, Koszinowski UH. 1997. Cloning and mutagenesis of a herpesvirus genome as an infectious bacterial artificial chromosome. Proc Natl Acad Sci USA 94：14759–14763.

[2] Domi A, Moss B. 2002. Cloning the vaccinia virus genome as a bacterial artificial chromosome in Escherichia coli and recovery of infectious virus in mammalian cells. Proc Natl Acad Sci USA 99：12415–12420.

[3] Court DL, Sawitzke JA, Thomason LC. 2002. Genetic engineering using homologous recombination. Annu Rev Genet 36：361–388.

[4] Sharan SK, Thomason LC, Kuznetsov SG, Court DL. 2009. Recombineering：a homologous recombination-based method of genetic engineering. Nat Protoc 4：206–223.

[5] Domi A, Moss B. 2005. Engineering of a vaccinia virus bacterial artificial chromosome in Escherichia coli by bacteriophage lambda-based recombination. Nat Methods 2：95–97.

[6] Cottingham MG, Andersen RF, Spencer AJ, Saurya S, Furze J, Hill AV, Gilbert SC. 2008. Recombination-mediated genetic engineering of a bacterial artificial chromosome clone of modified vaccinia virus Ankara（MVA）. PLoS One 3：e1638.

[7] Meisinger-Henschel C, Spath M, Lukassen S, Wolferstatter M Kachekriess H, Baur K, Dirmeier U, Wagner M, Chaplin P, Suter M, Hausmann J. 2010. Introduction of the six major genomic deletions of Modified Vaccinia Virus Ankara（MVA）into the parental vaccinia virus is not sufficient to reproduce an MVA-like phenotype in cell culture and in

mice. J Virol 84：9907–9919.

[8] Roth SJ, Hoper D, Beer M, Feineis S, Tischer BK, Osterrieder N. 2011. Recovery of infectious virus from full–length cowpox virus（CPXV）DNA cloned as a bacterial artificial chromosome（BAC）. Vet Res 42：3.

[9] Domi A, Weisberg AS, Moss B. 2008. Vaccinia virus E2L null mutants exhibit a major reduction in extracellular virion formation and virus spread. J Virol 82：4215–4226.

[10] Osborne JD, Da Silva M, Frace AM, Sammons SA, Olsen-Rasmussen M, Upton C, Buller RM, Chen N, Feng Z, Roper RL, Liu J, Pougatcheva S, Chen W, Wohlhueter RM, Esposito JJ. 2007. Genomic differences of vaccinia virus clones from Dryvax smallpox vaccine：the Dryvax-like ACAM2000 and the mouse neurovirulent Clone-3. Vaccine 25：8807–8832.

[11] Scheiflinger F, Dorner F, Falkner FG. 1992. Construction of chimeric vaccinia viruses by molecular cloning and packaging. Pro Natl Acad Sci USA 89：9977–9981.

[12] Cottingham MG, Gilbert SC. 2010. Rapid generation of markerless recombinant MVA vaccines by en passant recombineering of a self-excising bacterial artificial chromosome. J Virol Methods 168：233–236.

[13] Tischer BK, Kaufer BB, Sommer M, Wussow F, Arvin AM, Osterrieder N. 2007. A self-excisable infectious bacterial artificial chromosome clone of varicella-zoster virus allows analysis of the essential tegument protein encoded by ORF9. J Virol 81：13200–13208.

[14] Warming S, Costantino N, Court DL, Jenkins NA, Copeland NG. 2005. Simple and highly efficient BAC recombineering using galK selection. Nucleic Acids Res 33：e36.

[15] Yao XD, Evans DH. 2004. Construction of recombinant vaccinia viruses using leporipox-virus-catalyzed recombination and reactivation of orthopoxvirus DNA. Methods Mol Biol 269：51–64.

[16] Merchlinsky M, Moss B. 1992. Introduction of foreign DNA into the vaccinia virus genome by in vitro ligation：recombination-independent selectable cloning vectors. Virology 190：522–529.

[17] Tsung K, Yim JH, Marti W, Buller RM, Norton JA. 1996. Gene expression and cytopathic effect of vaccinia virus inactivated by psoralen and long-wave UV light. J Virol 70：165–171.

[18] Wong QN, Ng VC, Lin MC, Kung HF, Chan D, Huang JD. 2005. Efficient and seamless DNA recombineering using a thymidylate synthase A selection system in Escherichia coli. Nucleic Acids Res 33：e59.

[19] DeVito JA. 2008. Recombineering with tolC as a selectable/counter-selectable marker：

remodeling the rRNA operons of Escherichia coli. Nucleic Acids Res 36 ：e4.

[20] Tischer BK，Smith GA，Osterrieder N. 2011. En passant mutagenesis ：a two step marker-less red recombination system. Methods Mol Biol 634 ：421–430.

[21] Bal TR，Anand B，Yogeeswari P，Sriram D. 2005. Synthesis and evaluation of anti-HIV activity of isatin beta-thiosemicarbazone derivatives. Bioorg Med Chem Lett 15 ：4451–4455.

[22] Mayr A，Malicki K. 1966. Attenuation of virulent fowl pox virus in tissue culture and characteristics of the attenuated virus. Zentralbl Veterinarmed B 13 ：1–13.

[23] Cresawn SG，Prins C，Latner DR，Condit RC. 2007. Mapping and phenotypic analysis of spontaneous isatin-beta-thiosemicarbazone resistant mutants of vaccinia virus. Virology 363 ：319–332.

[24] Posfai G，Plunkett G 3rd，Feher T，Frisch D，Keil GM，Umenhoffer K，Kolisnychenko V，Stahl B，Sharma SS，de Arruda M，Burland V，Harcum SW，Blattner FR. 2006. Emergent properties of reduced-genome Escherichia coli. Science 312 ：1044–1046.

（吴　健、吴国华　译）

第 4 章　简便有效重组痘苗病毒 MVA 株的方法

Melanie Kremier，Asisa Volz，Joost H.C.M. Kreijtz，Robert Fux，

Michael H. Lehmann，Gerd Sutter

概　要

改良型痘苗病毒安卡拉株（MVA）是一个高度致弱和复制缺陷型痘苗病毒株，该病毒在实验室已越来越多地用作表达载体用于外源基因表达，在生物医学领域已用于疫苗研发。与其他病毒载体相比 MVA 具有明显的优势，MVA 比较安全，在病毒基因工程领域使用时间比较长，能够在既定的病毒生产程序进行工业规模化生产。MVA 载体可在生物安全一级的条件下进行操作，许多重组 MVA 疫苗已被证明免疫动物或人以后能够产生特异性抗体并具有保护作用。在本章中，我们提供了便捷且最先进的技术流程用于重组MVA 病毒的构建、扩增和纯化。重要的是，我们有严格的质量控制方法，以获得最佳的载体病毒，进行包括临床评价在内的进一步研究。

关键词：病毒载体；载体疫苗；质量控制；遗传稳定性；规模化生产；临床试验

1　引　言

重组痘苗病毒作为一种卓越的研究工具，广泛应用于不同的领域，包括细胞生物学、蛋白质科学、病毒学、免疫学和医学[1]。然而，痘苗病毒可以在人类中复制，因而必须在生物安全二级实验室进行操作。此外，痘苗病毒用作天花疫苗其安全性并不是绝对安全，其在临床上用作载体已成为一个关注点。因此，已经建立的痘病毒载体系统都是基于高度致弱的痘苗病毒，例如改良型痘苗病毒安卡拉株（MVA）或遗传修饰的痘苗病毒 NYVAC株[2,3]。这些病毒在人和大多数哺乳动物细胞都是复制缺陷型的，可以在生物安全一级的条件下进行操作，用作重组疫苗时仍具有基因高效表达及免疫原性良好的优点。目前，MVA 载体已被用于各种传染性疾病和不同类型癌症的预防或治疗的候选疫苗[4-6]。此外，非重组 MVA 已被作为第 3 代天花疫苗，也可以用于那些不能使用复制性痘病毒疫苗的危险人群的免疫接种（例如，诊断为过敏性皮炎患者或 HIV 感染者）[7]。重要的是，MVA 于20 世纪 70 年代在德国用于天花的预防接种，有超过 10 万人进行天花接种免疫，最近在

人类使用 MVA 疫苗的经验与 MVA 临床应用时的良好安全记录一致。

最常用的构建重组 MVA（rMVA）的方法是在病毒感染细胞中采用成熟的 DNA 同源重组[8]，痘苗病毒在复制时发生同源重组的概率约为 0.1%。重组通常由 MVA 转移质粒介导并具有以下特征：①表达单元包括病毒特异性启动子及其后用于外源基因插入的多克隆位点；②携带筛选或非筛选性标记基因，用于重组 rMVA 的克隆分离；在外源基因和标记基因的侧翼有 MVA 基因组序列（1 和 2），用于介导在 MVA 基因组的非必需区的预期位点进行重组。重组 MVA 是通过 MVA 和转移质粒 DNA 同时转染易感细胞获得的，之后再通过组织培养传代和蚀斑纯化分离感染性病毒。另外一种构建重组 MVA 的方法是将整个 MVA 基因组克隆到细菌人工染色体，进而可以用大肠杆菌生产含有外源基因表达原件的 rMVA 基因组[9, 10]。该 rMVA DNA 转染至细胞中被共感染的辅助病毒痘病毒激活从而获得 rMVA。重要的是，适用于 MVA 载体病毒生产的基因工程 MVA 必须能够严格控制其遗传稳定性，并能用于大规模生产（如用于疫苗生产）。一些外源基因产物的表达可能对 MVA 病毒的复制产生抑制作用，最终出现非表达型的突变病毒，典型的例子如构建表达 HIV-1 抗原的 rMVA[11]。

本章我们将介绍一种构建和鉴定重组 MVA 病毒的简便方法，该操作方法包括病毒克隆分离、病毒扩增和病毒滴定以及重组载体病毒的质量控制等。

2　材　料

2.1　细胞培养

（1）DF-1：鸡成纤维细胞系 UMNIAH/ DF1（ATCCCRL-12203）。

（2）BHK-21：幼仓鼠肾细胞（ATCC CCL-10）。

（3）HeLa 细胞（ATCC CCL-2）。

（4）RK-13：兔肾细胞（ATCC CCL-37）。

（5）组织培养板（如 96 孔组织培养板、6 孔组织培养板和 T75、T175 组织培养瓶）。

（6）细胞培养基：MEM 或 DMEM，含有 10% 热灭活胎牛血清（FCS）和 1% 抗生素（青霉素、链霉素）/ 抗真菌素（两性霉素 B）（AB/AM）（见注释 1）。

（7）VP-SFM：无血清培养基。

（8）0.05% 胰酶 /EDTA：0.05% 胰酶和 0.02%EDTA。

2.2　原代鸡胚成纤维细胞制备和培养

（1）10 枚 11 日龄鸡胚。

（2）鸡胚成纤维细胞（CEF）培养基：含 10% FCS 和 1% AB/AM 的 MEM。

（3）0.25% 胰酶 /EDTA：0.25% 胰酶和 0.02% EDTA。

（4）乙醇：实验室级无水乙醇。

（5）50mL 离心管。

（6）直径 10cm 无菌培养皿。

（7）无菌解剖器械（如剪刀、镊子）。

（8）10mL 注射器。

（9）无菌玻璃器皿：1 个锥形瓶，2 个覆盖两层纱布的烧杯（捆扎高压）。

（10）DPBS：无菌磷酸盐缓冲液。

（11）重组胰蛋白酶溶液：50mL 的 TrypLE 加入 150mL DPBS。

2.3　病毒生长和分离纯化

（1）病毒生长培养基：含有 2%FCS 和 1% AB/AM 的 DMEM 或 MEM。

（2）毒株：痘苗病毒株 MVA（如 F6 分离毒[12]在鸡胚成纤维细胞传代至 584 代）。

（3）60mm^2 培养皿，T75 和 T175 组织培养瓶中单层融合状态的 CEF、DF-1 或 BHK-21 细胞。

（4）细胞刮刀。

（5）10mM 的 Tris-HCl，pH 值 9.0，高压灭菌（4℃储存）。

（6）1mM 的 Tris-HCl，pH 值 9.0，高压灭菌（4℃储存）。

（7）超声波破碎仪（如 Sonopuls HD200）。

（8）36% 蔗糖：溶于 10mM 的 Tris-HCl，pH 值 9.0，无菌过滤（4℃储存）。

2.4　MVA 病毒滴定

（1）定影液：丙酮∶甲醇 1∶1 的混合物，−20℃储存。

（2）PBS：磷酸盐缓冲液，pH 值 7.5。

（3）封闭缓冲液：含 3% 牛血清白蛋白的 PBS。

（4）一抗：兔抗牛痘病毒（Lister 株）多克隆抗体［IgG 部分，ACRIS 抗体有限公司（如目录号 BP1076）］，使用时用封闭液 1∶2 000 稀释。

（5）二抗：辣根过氧化物酶标记的山羊抗—兔多克隆抗体［IgG（H + L）］，使用时用封闭液 1∶5 000 稀释。

（6）TrueBlue 辣根过氧化物酶底物（组分 1）。

2.5　重组 MVA 的构建

2.5.1　重组基因的分子克隆、转染和蚀斑纯化

（1）MVA 目的载体质粒。

（2）限制性核酸内切酶。

（3）DNA 修饰酶：如 Klenow DNA 聚合酶、T4 DNA 连接酶。

（4）无血清培养基：含 1% AB/AM 的 MEM（4℃储存）。

（5）FUGENE™ 转染试剂，4℃储存。

（6）1.5mL 离心管。

（7）移液器和无菌吸头。

（8）倒置荧光显微镜（如 Zeiss axiovert 200M）。

（9）2× 培养基：含有 4%FCS，2%AB/AM 的 2×MEM 或 DMEM，4℃储存。

（10）2% 低熔点琼脂糖：用蒸馏水配制 2% 低熔点琼脂糖，在室温下贮存（见注释 2）。

2.5.2 rMVA 基因组 PCR 扩增和病毒基因组 DNA 提取

（1）10×TEN 缓冲液：100mM Tris-HCl，pH 值 7.4，10mM EDTA，1M NaCl。

（2）蛋白酶 K：DNA 级蛋白酶 K，溶解于 1mM 的氯化钙溶液中，制备成 1mg/mL 的储存液，-20℃储存。

（3）20% 的 SDS：溶解于蒸馏水中制成 20% 的十二烷基硫酸钠，无 DNase，无菌过滤。

（4）酚—氯仿：等体积混合物，4℃储存。

（5）3M NaAc：用蒸馏水配制成 3M 醋酸钠。

（6）70% 乙醇。

2.6 rMVA 分离和质量控制

（1）寡核苷酸引物（见表 4-1）。

表 4-1　寡核苷酸引物

引物名称	序列（5′→ 3′）
MVA-Ⅲ-5′	GAATGCACATACATAAGTACCGGCATCTCTAGCAGT
MVA-Ⅲ-3′	CACCAGCGTCTACATGACGAGCTTCCGAGTTCC
MVA-I8R/G1L-5′	ATTCTCGCTGAGGAGTTGG
MVA-I8R/G1L-3′	GTCGTGTCTACAAAAGGAG
K1L-int-1	TGATGACAAGGGAAACACCGC
K1L-int-2	GTCGACGTCAATTAGTCGAGC
MVA_Del1-F	CTTTCGCAGCATAAGTAGTATGTC
MVA_Del1-R	CATTACCGCTTCATTCTTATATTC
MVA_Del2-F	GGGTAAAATTGTAGCATCATATACC

（续表）

引物名称	序列（5′→3′）
MVA_Del2-R	AAAGCTTTCTCTCTAGCAAAGATG
MVA_Del3-F	GATGAGTGTAGATGCTGTTATTTTG
MVA_Del3-R	GCAGCTAAAAGAATAATGGAATTG
MVA_Del4-F	AGATAGTGGAAGATACAACTGTTACG
MVA_Del4-R	TCTCTATCGGTGAGATACAAATACC
MVA_Del5-F	CGTGTATAACATCTTTGATAGAATCAG
MVA_Del5-R	AACATAGCGGTGTACTAATTGATTT
MVA_Del6-F	CGTCATCGATAACTGTAGTCTTG
MVA_Del6-R	TACCCTTCGAATAAATAAAGACG

寡核苷酸溶于无菌蒸馏水中，终浓度至 5 pmol/μL，−20℃储存。

（2）病毒基因组 DNA 的提取见 3.4.8。

（3）质粒 DNA 稀释至终浓度为 100ng/μL。

（4）PCR 预混酶（Roche）（−20℃储存）。

（5）Mastercycler 梯度 PCR 仪。

（6）PCR 缓冲液：pH 值 8.8，10mM Tris–HCl，50mM KCl，0.1% Triton-100，4 种 dNTPs 每种 200μM，1.5mM $MgCl_2$。

（7）聚合酶 Dynastyr™ Ⅱ（Finnzymes）。

（8）噬菌体 X174 DNA-*Hae* Ⅲ内切酶和 λ DNA-*Hind* Ⅲ内切酶。

2.7　免疫组化和免疫印迹检测重组基因的表达

（1）饱和邻联茴香胺溶液：700μL 无水乙醇中添加少量的邻联茴香胺，涡旋混合 2min，在室温下以最大转速离心 30s（见注释 3）。

（2）过氧化物酶染色底物溶液：饱和邻联茴香胺溶液的上清液 240μL 加入装有 12mL PBS 的 15mL 尖底离心管中，涡旋混合（见注释 3）。使用前加入 12μL 过氧化氢（H_2O_2，>30%），再轻轻混匀，立即使用（见注释 4）。

（3）甘油溶液：用蒸馏水配制成 50% 甘油溶液。

（4）RIPA 缓冲液：pH 值 7.6，25mM Tris-HCl，150mM NaCl，1% NP-40，1% 脱氧胆酸钠，0.1% SDS。

（5）蛋白酶抑制剂：蛋白酶抑制剂混合片（例如，罗氏公司产品）。

3 方 法

3.1 细胞培养

在 96 孔板、6 孔板、T75 或 T175 细胞培养瓶中培养 RK-13、DF-1、BHK-21 和 CEF 细胞，培养条件为 37℃、5%CO_2。为了加快临床应用，rMVA 的构建和扩增必须符合法律法规的要求。最重要的是，用无特定病原体的鸡胚和重组胰蛋白酶在无血清培养基中制备 CEF 培养物更安全。

3.1.1 鸡胚成纤维细胞制备

（1）照检鸡胚检查其活性，每个 T175 培养瓶需要半个鸡胚。

（2）将鸡胚钝端即气室朝上。

（3）用乙醇擦拭鸡胚，用剪刀破解蛋壳，并小心地除去蛋壳，注意不要损伤膜。

（4）除去膜并用镊子提起鸡腿，用另一把镊子协助托起胚胎并转移至含有 10mL DPBS 的 Petri 培养皿中。

（5）小心地用镊子去除鸡胚的头部、翅、腿和内脏。

（6）将剩余的胚胎躯干转移至另一个含有 10mL DPBS 的 Petri 培养皿中。

（7）用 10mL 注射器（无针头）将 5 个鸡胚组织匀浆，并转移至锥形瓶中。

（8）加入 100mL 0.25% 胰蛋白酶 /EDTA（预热至 37℃）消化组织，并用磁力搅拌器 37℃剧烈搅拌 10min。

（9）通过纱网制成悬浮细胞，注意不要将剩余胚胎团块转移至烧杯中，随后加入 10mL FBS 灭活胰蛋白酶。

（10）将剩余的胚胎团块放在另一个含 100mL 0.25% 胰蛋白酶 /EDTA（预热至 37℃）的锥形瓶中，37℃快速搅拌 10min。

（11）再次用纱网过滤胰蛋白酶处理过的材料，收集至 250mL 的离心瓶中。

（12）4℃1 800 ×*g* 离心 10min。

（13）弃上清液，用不超过 10mL 的 CEF 生长培养基重悬沉淀，可以用吸头反复吹打（10~15 次），使细胞充分分散，随后加 90mL CEF 生长培养基。

（14）1 800 ×*g* 离心重悬的细胞 10min。

（15）每瓶含有 40mL CEF 生长培养基（0.5 个鸡胚一个培养瓶），制备成 20 个 T175 细胞培养瓶。

（16）用 5mL CEF 生长培养基重悬细胞沉淀（反复吹打 10~15 次），使细胞充分分散，然后转移到 50mL 的 Falcon 管中，补充培养基至 20mL。

（17）每个 T175 培养瓶中加入 1mL 细胞悬液。

（18）37℃孵育 3~4 天，直至细胞单层融合。

（19）按 1：4 的比例将细胞在 6 孔板中（2mL/ 板）或 12 孔板（1mL/ 板）或 T175 培养瓶上传代。

3.1.2　无血清条件下制备鸡胚成纤维细胞

（1）照检鸡胚检查其活性。

（2）将鸡胚钝端即气室朝上。

（3）用乙醇擦拭鸡胚，用剪刀破解蛋壳，并小心地除去蛋壳，注意不要损伤膜。

（4）除去膜并用镊子提起鸡胚腿，用另一把镊子协助托起鸡胚，轻轻地将胚胎转移到含有 3mL DPBS 的 6 孔板的一个孔中。

（5）除去鸡胚头部、翅膀、腿，并转移至 6 孔板第 2 个含有 3mL DPBS 的孔中。

（6）除去鸡胚内脏器官，并小心地转移至 6 孔板第 3 个含 3mL DPBS 孔中。

（7）每个鸡胚重复步骤 4 至步骤 6。每个鸡胚都按上述方式加到含 DPBS 的 3 个孔中。

（8）用 10mL 注射器（无针头）将鸡胚组织匀浆，并转移至锥形瓶中（每个注射器最多可以同时处理 5 个鸡胚）。

（9）加入 100mL 预热的重组胰蛋白酶溶液，室温振荡 20min（150r/min），使胰蛋白酶充分消化鸡胚组织。

（10）将四层无菌纱网固定在预冷的烧杯口。

（11）将胰蛋白酶处理后的细胞悬液经纱网过滤到预冷烧杯，将组织团块留在锥形瓶中。

（12）锥形瓶中加入 100mL 预热的重组胰蛋白酶溶液，室温振荡 20min（150r/min），使胰蛋白酶充分消化剩余的组织。

（13）将胰蛋白酶处理后的细胞悬液经纱网过滤至同一烧杯中。

（14）将 200mL 的细胞悬浮液分装在 4 个 50mL 管中，4℃ 1 200 × g 离心 10min。

（15）弃上清液，用 3mL DPBS 小心地重悬细胞沉淀，如果可能将红细胞沉淀留在管底。

（16）将 4 个 3mL 细胞悬液混合，反复吹打混匀使细胞充分悬浮。用 DPBS 定容至 50mL，4℃ 1 200 × g 离心 10min 收集细胞沉淀。

（17）弃上清液，收集沉淀重悬于 5mL 的 VP-SFM 中，随后移到新的 50mL 管中，反复吹打使细胞充分重悬。

（18）来自一个胚胎的种子细胞在含有 15mL VP-SFM 的 T75 培养瓶（1~2 天融合），或含有 30mL VP-SFM 的 T175 培养瓶（2~3 天融合）中培养。

（19）37℃孵育 1~3 天直至单层细胞融合。

（20）第 1 天用预热的 DPBS 洗涤细胞，并添加新鲜的 VP-SFM。

（21）细胞融合后，按 1：2 的比例将细胞传代于新的培养瓶中，细胞将在 1~2 天融合。如果按 1∶4 的比例传代，细胞将在 3~5 天融合。

3.2 病毒培养

3.2.1 MVA 的增殖

该操作流程不仅可以用于亲本 MVA 的增殖，也可以用于 rMVA 的培养。如果 MVA 起始滴度足够高，可以直接将病毒以 MOI 为 0.1 PFU/cell 的量感染细胞进行 MVA 增殖。CEF、DF-1 或 BHK-21 细胞都可以用于病毒增殖，但用 CEF 细胞培养时病毒产量更高。在无血清条件下制备的 CEF 细胞上增殖的病毒可临床应用。加入病毒前除去细胞培养基，可以提高病毒的感染效率。

（1）每个培养瓶接种 5mL 病毒悬浮液（0.1 PFU/cell），总共接种 10~40 个 175cm² 细胞培养瓶（见注释 5 和 6）。

（2）37℃吸附病毒 1h，每隔 20min 轻轻摇动细胞培养瓶（见注释 6）。

（3）每瓶细胞加 30mL 病毒生长培养基。

（4）37℃孵育 2 天或直至出现明显的细胞病变（CPE）。

（5）刮取细胞并转移到 250mL 的离心管中。

（6）4℃ 38 000 × g 离心 90min。

（7）弃上清液，用 pH 值 9.0 的 10mM Tris-HCl 重悬细胞沉淀。每 5 个 T175 培养瓶使用约 1mL Tris-HCl。

（8）在干冰上冷冻后置于 37℃水浴，如此反复冻融 3 次，随后漩涡振荡。

（9）用杯式超声仪处理细胞冻融液。超声杯中注满冰水混合物（50% 的冰），含病毒材料管置于冰水混合物中，最大功率超声 1min。重复 3 次，注意要及时补充冰块避免样品升温。病毒材料储存于 –80℃或进一步纯化（见 3.2.2，注释 7）。

3.2.2 MVA 纯化

制备的纯化病毒可以应用于体内或一些体外实验（例如，清洁级病毒 DNA 的制备）。MVA 的原液可以通过去除细胞碎片进行半纯化，重组蛋白半纯化则可通过蔗糖垫超速离心。

（1）通过超声处理对病毒液进行匀浆。将含有病毒液的离心管放入装有冰水混合物的小烧杯中，将无菌的超声探头插入病毒悬液中。最大功率超声处理 15s，重复 10 次，注意避免样品过热，在每次超声后需对病毒悬液进行冷却（见注释 8）。

（2）将病毒悬液转移至 50mL 的 Falcon 管中，4℃ 500 × g 离心 5min。

（3）收集上清液置于 50mL Falcon 管，用 10mL pH 值 9.0 的 10mM Tris-HCl 重悬沉淀，然后重复步骤 1~3，收集上清液。

（4）将无菌的 36% 蔗糖溶液注入至超速离心管（如 SW28 管）的一半体积制备蔗糖垫，上层覆盖等体积的病毒悬液。

（5）4℃ 30 000 × g 离心 60min。

（6）弃上清液（细胞碎片和蔗糖），用 pH 值 9.0 的 1mM Tris-HCl 重悬病毒沉淀，每 10 个细胞培养瓶培养物约用 1mL Tris-HCl。病毒置 –80℃保存（见注释 9）。

（7）若病毒需要进行区带纯化，见注释 10。

（8）通过电子显微镜观察对材料进行质量控制，见图 4–1 和注释 11。

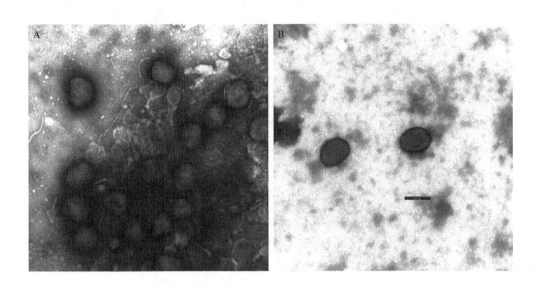

图 4–1　电子显微镜观察控制病毒纯化的质量

（A）未纯化病毒；（B）通过蔗糖垫纯化的病毒。

3.3　MVA 滴定（见注释 12）

MVA 蚀斑形态在 CEF 和 DF-1 细胞中不同（图 4-2）。在 CEF 单层细胞中 MVA 蚀斑呈现大彗星状病灶，而在 DF-1 细胞单层细胞中呈现小圆形病灶。MVA 在 DF-1 细胞的小蚀斑通过肉眼计数有一定困难，但使用点计数软件则很容易进行计数（例如，A.EL. VIS GmbH 公司的 Eli.Analyse 分析软件 V6.0）。

3.3.1　蚀斑形成单位（PFU/mL）数量的测定

MVA 不能像痘苗病毒一样在细胞中形成裂解型蚀斑，且该蚀斑（病毒感染的细胞灶）通常是通过染色方法进行检测。我们选择用抗原特异性免疫过氧化物酶对细胞中的痘苗病毒抗原进行染色的方法使 MVA 蚀斑可视化，从而测定 MVA 存储液的 PFU 滴度（见注释 12）。

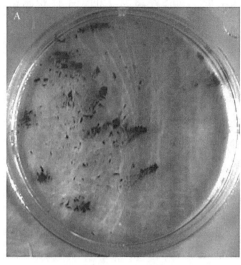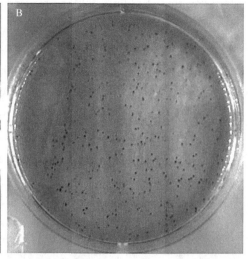

图 4-2　CEF 或 DF-1 单层细胞中不同的 MVA 蚀斑形态

感染 48h 后 免疫染色感染的 MVA CEF 单层细胞（A）或 DF-1 单层细胞（B）。

（1）解冻病毒液，按照 3.2.1 步骤 9 的描述对病毒液进行超声匀浆处理（见注释 13）。

（2）在 3mL 病毒生长培养基中对病毒液进行连续 10 倍的倍比稀释（从 10^{-1} 至 10^{-9}）。

（3）用 10^{-4} 至 10^{-9} 倍倍比稀释的病毒液各 1mL，接种于 6 孔细胞培养板培养的 CEF、DF-1 或 BHK-21 细胞，每个浓度 2 孔。

（4）37℃孵育 2h。

（5）用病毒生长培养基替换接种物。

（6）37℃孵育 48h。

（7）从感染的细胞培养板中除去培养基。在室温条件下用冰预冷的固定液作用 5min，进行固定和通透细胞。

（8）弃去固定液，并风干单层细胞。

（9）每孔加入 1mL 封闭液，室温孵育 30min 或 4℃过夜。

（10）每孔加入 1mL 一抗，室温振荡孵育 1h。

（11）弃去一抗，每孔用 1mL PBS 洗 3 次，每次在室温下振荡 5min。

（12）每孔加入 1mL 二抗，室温振荡孵育 45~60min。

（13）弃去二抗，每孔用 1mL PBS 洗 3 次，每次在室温下振荡 5min。

（14）每孔加入 0.5mL TrueBlue 底物溶液，室温振荡染色 15~30min 至染色的病毒病灶清晰可见。

（15）测定滴度：计算每个稀释度的染色病灶数量。计算每个稀释度的 2 孔平均值。用 PFU/mL 表示效价。每孔病毒数量为 20~100 时得到的结果最准确。

3.3.2 测定半数组织感染剂量

可用特异性免疫过氧化物酶对细胞中的痘苗病毒抗原进行染色，使 MVA 蚀斑可视化来滴定 MVA 储存液的感染性（见注释 12）。

（1）病毒液解冻后，按照 3.2.1，步骤 9 的描述对病毒储存液进行超声匀浆处理（见注释 13）。

（2）在 1mL 病毒生长培养基中对病毒液进行连续 10 倍倍比稀释（从 10^{-1} 至 10^{-11}）。

（3）用多通道移液器将病毒稀释液加至 96 孔板内接近融合的单层细胞中，每孔加 100μL，每个稀释度 8 个重复，37℃培养 48h。

（4）弃去 96 孔板中的细胞培养基，每孔用 200μL 冰预冷的固定液室温下作用 2min，固定并通透细胞。

（5）每孔加 200μL 封闭液，室温孵育 30min 或 4℃过夜。

（6）每孔加 100μL 的一抗，室温振荡孵育 1h。

（7）弃去一抗，每孔用 200μL 的 PBS 洗涤 3 次，每次洗涤时室温振荡 10min。

（8）每孔加入 100μL 的二抗，室温振荡孵育 45~60min。

（9）弃去二抗，每孔用 200μL 的 PBS 洗涤 3 次。

（10）每孔加入 100μL TrueBlue 底物溶液，室温下振荡作用 15~30min，直至出现清晰可见的染色病毒病灶。

（11）在显微镜下对 96 孔板中病毒的阳性病灶孔进行计数。根据 Kaerber 法[16]计算滴度，按照下列方式进行终点计算，计算感染孔中的半数感染量（见注释 14 计算例题）：

$$\log_{10} 50\% \text{终点稀释} = x - d/2 + (d \Sigma r/n)。$$

x = 其中所有 8 个孔（8/8）阳性结果出现的最高稀释倍数。

d = 稀释因子对数值（d = 1 时表示连续 10 倍稀释）。

r = 每个稀释倍数的阳性孔数目。

n = 每个稀释倍数的总孔数量（n=8 时表示该稀释倍数有 8 个重复孔）。

3.4 rMVA 的构建

3.4.1 重组基因序列的分子克隆

将重组基因分别亚克隆至表 4-2 所列的相应 MVA 质粒载体中。将含有目的基因编码序列的 DNA 片段［包含起始密码子（ATG）和终止密码子（TAA/TAG/TGA）］，克隆至相应载体的多克隆位点处，使其置于 VACV 特异性启动子控制之下，构建 MVA 转移载体。通过基因定制合成获得目的基因进行克隆（见注释 15）。克隆序列的方向由特异性启动子的转录方向决定。制备穿梭质粒 DNA（见注释 16）用于进行 MVA 的重组。

表 4-2　MVA 穿梭质粒

载体	插入位点	病毒启动子	选择基因	筛选基因	参考文献
pⅢdHR-P7.5	DelⅢ	P7.5, e/l	Transient HR	—	[2, 13]
pⅥdHR-PH5	DelⅥ	PmH5, e/l	Transient HR	—	[14]
pⅢH5redK1L	DelⅢ	PmH5, e/l	Transient HR	RFP	未发表
pⅢE3redK1L	DelⅢ	PE3L, e	Transient HR	RFP	未发表
pⅢsynⅡred	DelⅢ	PsynⅡ, I	—	RFP	未发表
pLW-73	I8R-G1L	PmH5, e/l	—	GFP	[11]

表达启动子：e/l= 早期 / 晚期，e= 早期，l= 晚期，HR= 宿主范围，RFP/GFP= 红色 / 绿色荧光蛋白

3.4.2　载体质粒转染 MVA 感染的细胞

转移载体转染至 MVA 感染的细胞，使 MVA 与重组质粒 DNA 之间发生同源重组，从而获得重组的病毒。

（1）在 6 孔组织培养板中培养 CEF 或 BHK-21 单层细胞至 80% 融合（见注释 17）。每个转染用 1 孔。

（2）弃去培养基，用 0.01 MOI 的 MVA 感染细胞（每孔细胞数为 1×10^6，加 1mL 含有 1×10^4 PFU MVA 的接种物），37℃孵育 90min。

（3）感染 15~30min 后，准备 FUGENE/ 质粒 DNA 混合物，按照说明书用无血清培养基稀释 3μg 质粒 DNA。

（4）将 FUGENE/ 质粒 DNA 混合物加至含培养基的细胞培养板中，37℃孵育 6~8h。

（5）更换新鲜的病毒生长培养基，37℃孵育 48 h。

（6）用细胞刮刀收获单层细胞，收集细胞和培养基至 1.5mL 微量离心管中。置 –80~–20℃储存。

3.4.3　rMVA 分离

对于任何一种筛选技术需注意，由于 MVA 具有很强的宿主限制性，MVA 不会在哺乳动物细胞中快速产生细胞病变，也不会同痘病毒标准毒株（如 Western Renserve 株，Copenhagen 株）那样破坏哺乳动物细胞单层。MVA 只能在 CEF、DF-1、BHK-21 细胞或者表达 K1L 的 RK-13 细胞中形成蚀斑[13, 15]。另外，挑取 rMVA 蚀斑时，最好从最高稀释度的感染孔选取分离良好的病毒灶。这将极大地减少分离克隆纯化过程中 rMVA 的传代次数。

3.4.4　瞬时宿主范围筛选

该技术原理基于野生型 MVA 不能在兔肾 RK-13 细胞上生长，但可以在表达 K1L 的

重组 RK-13 细胞上生长（流程见图 4-3）。目的载体质粒含有痘苗病毒 K1L 基因（以及外源目的基因）和 MVA-DNA 侧翼序列，通过 MVA-DNA 侧翼序列将外源基因整合到痘病毒一个自然断裂的 MVA 基因的位点（例如，缺失Ⅲ）[12]，通过选择感染 RK-13 细胞的典型集落，在 RK-13 细胞上进行连续多轮的病毒蚀斑纯化可以分离得到表达外源重组抗原和 K1L 基因的 rMVA。K1L 表达原件中设计有重复的 DNA 序列，当病毒在非选择性生长条件下进一步纯化时（即通过在 CEF 或 BHK-21 细胞上进行另外几轮蚀斑纯化），该序列可从重组 MVA 基因组中缺失。

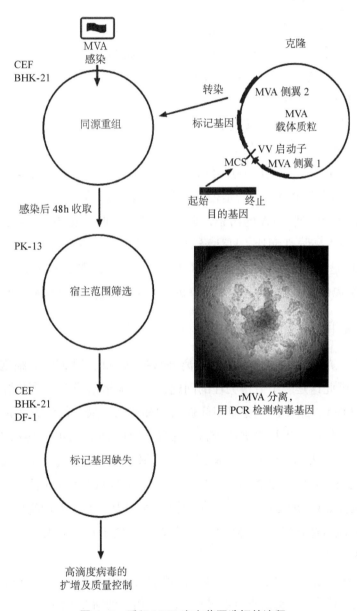

图 4-3　重组 MVA 宿主范围选择的流程

（1）转染产物反复冻融 3 次，置杯式超声仪中进行超声处理（见注释 5）。

（2）用病毒生长培养基对病毒悬液进行 4 次 10 倍系列稀释（$10^{-1} \sim 10^{-4}$）。起始稀释是将 200μL 转染产物（或菌斑收集物）稀释于 1.8mL 的培养基中，随后进行连续 10 倍稀释。

（3）弃去 6 孔板中生长到亚融合状态 RK-13 单层细胞的生长培养基，每孔用 1mL 病毒稀释液进行感染，37℃下孵育 48~72h。

（4）在显微镜下选择 MVA/K1L 感染 RK-13 细胞形成的典型细胞集落。在培养板孔底部用标记笔标记病灶（见注释 18）。

（5）在无菌微量离心管中加入 0.5mL 病毒生长培养基。

（6）用排气移液管抽吸 20μL 体积标记的病灶。将细胞与培养基一起抽吸，并将材料转移到含有 0.5mL 培养基的试管中。选择 5~15 个病灶，每次使用新的吸头，并将吸出物分别放置在不同的试管中。

（7）冻融，超声处理，重新接种从上述挑取的蚀斑中获得的病毒材料（或 -80℃下储存，直至准备好继续进行菌斑纯化）。

（8）重复步骤 1~7，直到获得克隆纯化的 rMVA/k1L。通常需要 2~4 轮蚀斑纯化。用 PCR 分析纯化后的病毒 DNA，检测是否存在野生型 MVA（见 3.4.7）。

（9）如果没有野生型 MVA 的污染，继续在 CEF、DF-1 或 BHK-21 细胞单层进行菌斑纯化，选择 rMVA 特异性病灶（见注释 19）。在其中一个细胞系中重复步骤 1~7。PCR 分析病毒 DNA 中是否存在 K1L 选择原件（见 3.4.7）。通常需要 3~5 轮蚀斑纯化。

（10）扩增分离的病毒（见 3.4.9）并分析（见 3.5）克隆的 rMVA（见注释 20）。

3.4.5 瞬时荧光报告基因的筛选

应用瞬时宿主范围选择能够有效地分离 rMVA，但没有用 RK-13 细胞制备 rMVA 临床应用的记录。因此这是一个值得关注的问题，在无血清培养基条件下制备的 CEF 细胞中很容易产生 rMVA。此外，不能使用筛选药物和底物。最方便的方法是在培养基中不再添加其他试剂，使用荧光报告进行 rMVA 筛选。通过 CEF、DF-1 或 BHK-21 单层细胞连续的蚀斑纯化获得表达重组抗原和瞬时共表达绿色荧光蛋白（GFP）或红色荧光蛋白（RFP）（rMVA/GFP、rMVA/RFP）的 rMVA。通过显微镜筛选绿色或红色荧光细胞病灶。荧光表达原件包含重复 DNA 序列，该段序列可以使其从 rMVA 基因组中缺失。因此，需要再进行多轮的蚀斑纯化以除去 rMVA 的报告基因，便于筛选出无荧光的病毒感染细胞克隆。流程见图 4-4。

（1）转染产物反复冻融 3 次，置杯式超声仪中进行超声处理（见注释 5）。

（2）用病毒生长培养基对病毒悬液进行 4 次 10 倍系列稀释（$10^{-4} \sim 10^{-1}$）。起始稀释是将 200μL 转染产物（或菌斑收集物）稀释于 1.8mL 的培养基中，随后进行连续 10 倍稀释。

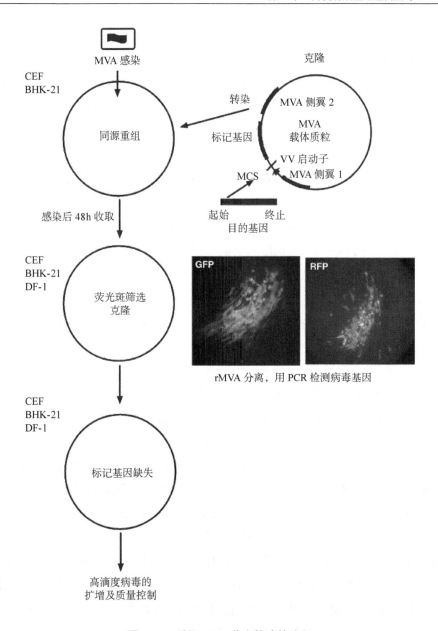

图 4-4　重组 MVA 荧光筛选的流程

（3）弃去 6 孔板中生长到融合状态单层细胞的培养基，每孔用 1mL 病毒稀释液进行感染，37℃下孵育 2h。

（4）熔化 2% 的 LMP 琼脂糖，37℃恒温保存备用；2 × 培养基 37℃预热备用。

（5）单层细胞感染 2h 后，将 2% 的 LMP 琼脂糖和 2 × 培养基等量混匀。

（6）弃去感染细胞上的病毒液，将 1mL 的 2 × 培养基 / LMP 琼脂糖的混合物平铺于 6 孔板中。在室温下使琼脂凝固，然后 37℃孵育 48h。

（7）在荧光显微镜下选择绿色或红色荧光病毒灶。用标记笔在培养板孔底部标记病灶位置（见注释21）。

（8）加0.5mL病毒生长培养基至无菌离心管中。

（9）将无菌棉塞住巴斯德移液管，将移液管的尖端穿过琼脂糖插入标记的荧光病毒灶中，选择标记的细胞。将细胞与琼脂糖一起刮吸到巴斯德移液管尖端，通过挤压巴斯德移液管上的橡胶球将内容物转移到含有0.5 mL培养基的试管中。选择5~15个病灶，每次使用新的吸头，并将吸出物分别放置在不同的试管中。

（10）按照步骤1~6中所述，冻融并超声处理从蚀斑中获得的病毒材料或将病毒材料置−80℃保存。

（11）重复步骤1~9直至获得纯的rMVA/GFP或rMVA/RFP，通常需要5~10轮蚀斑纯化（见注释21）。用PCR检测纯化后的病毒DNA中是否存在野生型MVA（3.4.7）。

（12）继续进行蚀斑纯化选择非荧光病毒灶。重复步骤1~9直至所有的病毒分离株不能产生任何荧光灶。

（13）扩增分离的病毒（3.4.9）和分析（3.5）克隆的rMVA（见注释20）。

3.4.6 瞬时宿主范围选择与荧光报告筛选方法的结合

已经建立了选择和筛选结合的方法，可以严格和快速分离rMVA[2, 16, 17]。当存在K1L时情况下，在RK-13细胞上进行瞬时宿主范围选择和瞬时共表达RFP与靶基因可以非常方便地选择和筛选组合，无须添加抗生素、化疗药物或底物。载体质粒包含RFP基因（与外源基因串联在一起），其两侧是MVA-DNA片段序列，该序列可以精确地介导外源片段整合到MAV基因组中自然断裂的位点（例如，删除基因Ⅲ[12]）。此外，在侧翼MVA-DNA序列之外有K1L表达原件。在同源重组过程中可以形成不稳定的中间体使rMVA在RK-13细胞中生长。通过在RK-13细胞单层中连续两轮的菌斑纯化，选择感染RK-13细胞的红色荧光聚落，分离出表达重组抗原、RFP和K1L编码序列的rMVA。这种选择大大减少了转染后产物中非重组MVA的含量。作为选择性标记的K1L表达原件不能稳定地整合在重组MVA基因组中，它将在非选择性生长条件下的蚀斑纯化过程中自动丢失。因此，表达重组抗原和瞬时共表达RFP编码序列的rMVA（rMVA/RFP）在CEF、DF-1或BHK-21细胞中经过3次连续蚀斑纯化即可分离到病毒克隆。在显微镜下可以观察到红色荧光细胞病灶。RFP的表达原件含有重复DNA序列，可以使其从rMVA基因组中删除。因此，要获得最终的无标记rMVA，需要挑取病毒感染细胞的非荧光病灶，并再进行2次蚀斑纯化。流程见图4-5。

（1）转染产物反复冻融3次，置杯式超声仪中进行超声处理（见注释5）。

（2）用病毒生长培养基对病毒悬液进行4次10倍系列稀释（10^{-4}~10^{-1}）。起始稀释是将200μL转染产物（或菌斑收集物）稀释于1.8mL的培养基中，随后进行连续10倍稀释。

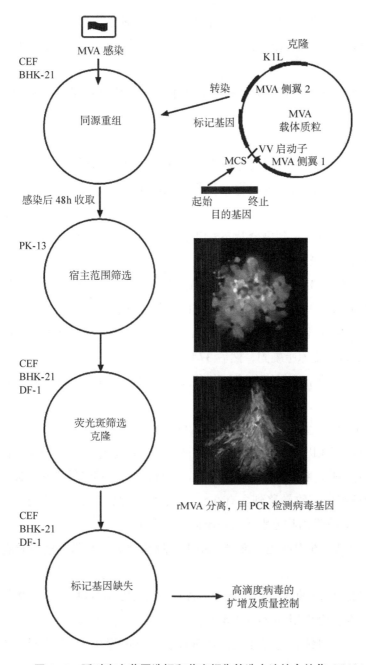

图 4-5 瞬时宿主范围选择和荧光报告筛选方法结合纯化 rMVA

（3）弃去 6 孔板中生长到亚融合状态 R 单层 K-13 细胞的生长培养基，每孔用 1mL 病毒稀释液进行感染，37℃下孵育 48~72h。

（4）在荧光显微镜下选择 MVA/K1L 感染 RK-13 细胞形成的红色荧光细胞集落。在培养板孔底部用标记笔标记病灶位置（见注释 18 和 21）。

（5）无菌微量离心管中加入 0.5mL 的病毒培养基。

（6）用排气移液管抽吸 20μL 体积标记的病灶。将细胞与培养基一起抽吸，并将材料转移到含有 0.5mL 培养基的试管中。选择 5~15 个病灶，每次使用新的吸头，并将吸出物分别放置在不同的试管中。

（7）冻融，超声处理，重新接种从上述挑取的蚀斑中获得的病毒材料，或 −80℃下储存。

（8）重复步骤 1~6。

（9）用病毒生长培养基对病毒悬液进行 4 次 10 倍系列稀释（10^{-1}~10^{-4}）。起始稀释是将 200μL 转染产物（或菌斑收集物）稀释于 1.8mL 的培养基中，随后进行连续 10 倍稀释。

（10）弃去 6 孔板中生长到融合状态 CEF、DF-1 或 BHK 单层细胞的培养基，每孔用 1mL 病毒稀释液进行感染，37℃下孵育 2h。

（11）熔化 2% 的 LMP 琼脂糖，37℃恒温保存备用；2× 培养基 37℃预热备用。

（12）单层细胞感染 2h 后，将 2% 的 LMP 琼脂糖和 2× 培养基等量混匀。

（13）弃去感染细胞上的病毒液，将 1mL 的 2× 培养基 / LMP 琼脂糖的混合物平铺于 6 孔板中。在室温下使琼脂凝固，然后 37℃孵育 48h。

（14）在荧光显微镜下选择绿色或红色荧光病毒灶。用标记笔在培养板孔底部标记病灶位置（见注释 21）。

（15）加 0.5mL 病毒生长培养基至无菌离心管中。

（16）将无菌棉塞住巴斯德移液管，将移液管的尖端穿过琼脂糖插入标记的荧光病毒灶中，选择标记的细胞。将细胞与琼脂糖一起刮吸到巴斯德移液管尖端，通过挤压巴斯德移液管上的橡胶球将内容物转移到含有 0.5 mL 培养基的试管中。选择 5~15 个病灶，每次使用新的吸头，并将吸出物分别放置在不同的试管中。

（17）按照步骤 9~16 中所述，冻融并超声处理从蚀斑中获得的病毒材料或将病毒材料置 -80℃保存。

（18）重复步骤 9~17 直至获得纯的 rMVA/GFP 或 rMVA/RFP。用 PCR 检测纯化后的病毒 DNA 中是否存在野生型 MVA（3.4.7）。

（19）继续进行蚀斑纯化选择非荧光病毒灶。重复步骤 9~17 直至所有的病毒分离株不能产生任何荧光灶。

（20）扩增分离的病毒（3.4.9）和分析（3.5）克隆的 rMVA（见注释 20）。

3.4.7　重组 MVA 基因组的 PCR 鉴定

用 PCR 对 MVA-DNA 进行分析，设计的寡核苷酸引物（见表 4–1）用于扩增 MVA 基因组特定插入位点的外源 DNA 片段。应用这种方法，从感染细胞提取的 DNA 中可很容易地对 rMVA 和野生型 MVA 进行鉴定和区别，在 rMVA 蚀斑纯化过程中也可检测野生型 MVA 是否清除（见注释 22）以及验证外源 DNA 是否正确插入 MVA 基因组中。以 MVA 缺失基因Ⅲ位置作为插入位点并通过瞬时表达 K1L 筛选或 RFP 筛选构建重组病毒 的 PCR 分析为例进行说明。引物 MVA-III-5′和 MVA-III-3′（表 4-1）通过退火结合到模 板 MVA-DNA 插入位点Ⅲ的相邻序列，通过 PCR 扩增可产生野生型 MVA、表达 K1L 标记基因的 rMVA/ K11 或表达 RFP 标记基因的 rMVA/RFP，或者最终的 rMVA 的特异 性片段。预期目的片段大小见表 4-3。若野生型 MVA 的扩增产物大小为 0.8kb，则表 明基因Ⅲ位点没有外源 DNA 插入。将重组插入片段的大小计算在内，则 rMVA/K1L 或 rMVA/RFP 的 PCR 产物预期大小分别为 2.2kb（空 MVA 和 K1L 标记原件）或 1.9kb（空 的 MVA 和 RFP 标记原件）。用从野生型 MVA 感染细胞中提取的 DNA 和转移载体的质 粒 DNA 作为对照。由于 K1L 或 RFP 报告基因序列的缺失，源自于 rMVA/K1L 或 rMVA/ RFP 的最终重组病毒 rMVA 的特异性 PCR 片段大小减少了 1.36kb 或 1.1kb。也可以进一 步通过 PCR 验证 K1L 的丢失（见注释 23）。

表 4-3　用引物 MVA-III-5′和 MVA-III-3′从 rMVA PCR 扩增的片段大小

	预期的 PCR 产物大小
Wild-type MVA	0.8kb
rMVA/K1L	2.2kb（*Del* Ⅲ +K1L）+X kb（X= 插入序列）
rMVA/RFP	1.9kb（*Del* Ⅲ +RFP）+X kb（X= 插入序列）
rMVA	0.8kb（rMVA 标记基因）+ X kb（X= 插入序列）

3.4.8　病毒基因组 DNA 提取

（1）用 1mL 最后一次蚀斑纯化的 10^{-1} 病毒稀释液感染 6 孔或 12 孔板一个单层细胞 孔，37℃孵育 3 天（见注释 24 和 25）。

（2）弃去培养基，收获的细胞单层溶于 400μL 蒸馏水，并转移到 1.5 mL 微量离心 管中。

（3）加 50μL 的 10×TEN，反复冻融 3 次。

（4）涡旋混合，室温 1 800×g 离心 5min 除去细胞碎片。

（5）上清液转移到新的 1.5mL 微量离心管中，加 50μL 蛋白酶 K 和 23μL 20% 的 SDS。

（6）涡旋混匀，56℃孵育 2h。

（7）用等体积苯酚 – 氯仿萃取 DNA 两次，混合并在室温条件下以高速离心 5min， 将上清液转移到新的 1.5mL 微量离心管中。

（8）加入 1/10 体积的 3M 醋酸钠，随后加入两倍体积冰无水乙醇，轻轻摇匀后

置 –80℃ 15min 或 -20℃ 静置 30min，在 4℃ 条件下高速离心 15min。

（9）弃上清液，用 1mL 70% 乙醇洗涤 DNA 沉淀，4℃ 高速离心 15min。

（10）弃上清液乙醇，并在空气中干燥 DNA 沉淀至少 10min，用 50μL 蒸馏水溶解 DNA 沉淀（见注释 26）。

（11）在冰上制备 PCR 反应混合液，包括 39μL 蒸馏水、5μL 引物 1、5μL 引物 2、1μL 模板 DNA 和 50μL PCR 预混液，PCR 反应混合液总体积为 100μL。

（12）按表 4-4 条件进行 PCR（见注释 27）。

（13）每个 PCR 反应取 20μL 样品进行琼脂糖凝胶电泳验证扩增的 DNA 片段，并与 DNA 标准对照比对（如 1kb 的 DNA Marker）（见注释 28~30）。

表 4-4　鉴定克隆的 rMVA 分离株的 PCR 反应条件

步骤	循环	程序	温度（℃）	时间
1		变性	94	2mim
2	1~30	变性	94	30s
		退火	55	40s
		延伸	72	3min
3		延伸	72	7min
		储存	4	

3.4.9　单个蚀斑分离的病毒增殖（见注释 31）

（1）CEF、DF-1 或 BHK-21 细胞在直径 35mm 平皿中生长至单层融合状态，将最终蚀斑纯化获得的 rMVA 重悬于 250μL 培养基中，并感染上述细胞，37℃ 孵育 2 天，或直至出现 CPE。

（2）弃去培养基，收获单层细胞，加 1mL 的病毒生长培养基，转移至 1.5mL 微量离心管中，冻融，并进行超声处理。收获的第一代 rMVA 继续传代或置于 –80~-20℃ 储存。

（3）0.5mL 第 1 代 rMVA 病毒悬液与 1mL 培养基混合后感染 60mm 平皿中的单层融合状态的细胞，病毒于 37℃ 吸附 1h 后，加 2mL 病毒生长培养基，37℃ 孵育 2 天，或直至出现 CPE。

（4）刮取细胞，并转移至 15mL 尖底离心管中，500×g 离心 5min，弃培养基，用 2mL 病毒生长培养基悬浮细胞，冻融和超声处理。收获的第 2 代 rMVA 继续传代或置 –80~-20℃ 储存。

（5）0.5mL 第二代 rMVA 病毒悬液与 1.5mL 培养基混合以后感染 75cm² 培养瓶中的单层融合状态的细胞，病毒于 37℃ 吸附 1h 后，每隔 20min 晃动一次（见注释 11），加 10mL 病毒生长培养基，37℃ 孵育 2 天，或直至出现 CPE。

（6）刮取细胞，并转移至 15mL 尖底离心管中，500×g 离心 5min，弃培养基，用 2mL 病毒生长培养基悬浮细胞，冻融和超声处理。第 3 代 rMVA 继续传代或置于 −80~−20℃储存。

（7）2mL 第 3 代 rMVA 病毒悬液感染 175cm² 培养瓶中的单层融合状态的细胞，病毒于 37℃吸附 1h 后，每隔 20min 晃动一次（见注释 11），加 30mL 病毒生长培养基，37℃孵育 2 天，或直至出现 CPE。

（8）刮取细胞，并转移至 50mL 尖底离心管中，500×g 离心 5min，弃培养基，用 15mL 病毒生长培养基悬浮细胞，冻融和超声处理。第四代 rMVA 或继续传代或于 −80~−20℃储存。此时病毒滴度大约为 10^9IU，一个孔的 T175 培养物可以感染 10 个 T175 培养瓶细胞。

（9）按照 3.2 所述程序生产出高滴度的病毒培养物（见注释 32）。

3.5　rMVA 质量控制

3.5.1　MVA 的 PCR 鉴定

通过 PCR 对 MVA DNA 的 6 个主要缺失区域进行扩增，从而对 MVA 进行遗传鉴定[12]。设计 MVA-DNA 分析的 PCR 引物（表 4-1），用于扩增 MVA 基因组内 6 个主要缺失位点的特定 DNA 片段。因此，通过 PCR 方法可以轻易的鉴别 rMVA 和野生型 MVA 的基因组，并且在感染细胞培养物制备的 DNA 中也可以区分出来。野生型 MVA 的 PCR 产物分别为 291bp、354 bp、447 bp、502 bp、603 bp 和 702 bp（图 4-6a）。也可以鉴定 MVA 基因组内外源基因是否正确插入。例如，PCR 扩增 MVA-GFP[15]就用于鉴定 GFP 基因是否正确插入 MVA 基因组中基因Ⅲ缺失区域（图 4-6b）。该 PCR 方法扩增出的缺失基因Ⅰ、Ⅱ、Ⅳ、Ⅴ和Ⅵ的产物大小与野生型相同。可通过将重组插入的片段大小和各自插入位点产物的大小之和来计算 rMVA 的 PCR 产物的预期分子量，如在基因Ⅲ缺失部位的 PCR 产物大小约为 447bp，则 MVA-GFP 基因Ⅲ缺失部位 PCR 产物大小约为 1 488bp。

（1）按照 3.4.8 描述的方法提取病毒基因组 DNA。

（2）在冰上制备 25μL 的 PCR 反应混合液，含有 PCR Buffer，200nM MVA 基因缺失Ⅰ-Ⅵ区域的特异型引物（见表 4-1），50ng 病毒 DNA 和 0.2U 的 DyNAzyme™ Ⅱ。

（3）按照表 4-5 的条件进行 PCR 反应。

（4）PCR 产物用 1.7% 的琼脂糖凝胶电泳验证。用噬菌体 X174 DNA-Hae Ⅲ和 λDNA-Hind Ⅲ消化产物作为分子量标记。

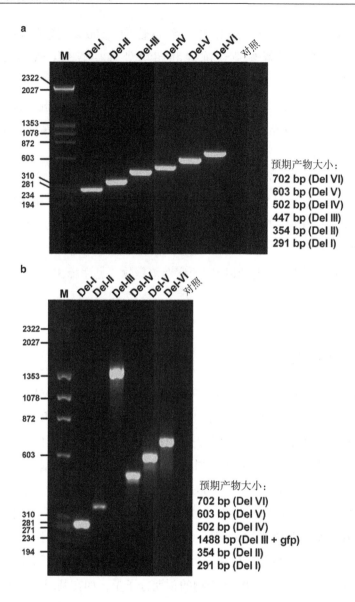

图 4-6 MVA 的 PCR 鉴定

基因 I 至基因 VI 删除区域特异性引物用于（a）野生型 MVA 或（b）MVA-GFP 的 PCR 扩增。对照组没有 DNA。

表 4-5 rMVA 克隆的 PCR 鉴定条件

步骤	循环	程序	温度（℃）	时间
1		变性	95	3mim
2	1~35	变性	95	30s
		退火	57	45s
		延伸	72	45s
3		延伸	72	5min
		储存	4	

3.5.2　免疫组化法检测重组基因的表达

（1）用病毒培养液将重组 MVA 稀释至 MOI 0.01，随后转染 6 孔板中的融合（80%~90%）CEF 细胞层（见注释 33）。

（2）37℃孵育 2h，弃去接种液，加 2mL 新鲜病毒生长培养基。

（3）孵育 2~3 天，直至可见小的蚀斑。

（4）细胞用 PBS 洗一次，用 2mL 冰冷的固定液固定 3min。

（5）除去固定液，让细胞在空气中完全干燥（见注释 34）。

（6）每孔加 2mL 封闭液，室温孵育 1h 或 4℃过夜（见注释 35）。

（7）用封闭缓冲液稀释一抗（目的蛋白的直接抗体，例如兔抗 HA 抗体；如果抗体是兔源，稀释倍数一般为 1∶5 000~1∶10 000）。

（8）每孔用 1mL 抗体稀释溶液替换封闭液，室温孵育 1h（轻摇）。

（9）弃去一抗稀释液，用 2mL 封闭缓冲液洗涤细胞 3 次。

（10）用封闭缓冲液稀释二抗（针对一抗的抗体，如抗兔 HRP），每孔加入 1 mL 的二抗稀释液，室温孵育 45min（轻摇）。

（11）弃去二抗稀释液，用 2mL 封闭缓冲液洗涤细胞 3 次。

（12）每孔加 0.5mL TrueBlue 底物，边轻轻晃动边观察颜色变化。

（13）弃去底物溶液，每孔加 2mL 蒸馏水（如需长时间保存，每孔可加入 2mL 甘油溶液）。

（14）抗原特异性染色。

3.5.3　双重免疫染色检测 rMVA 均一性

（1）按 3.5.2 步骤 1~12 进行免疫组化。步骤 7 中使用的抗体为痘苗病毒抗体。然后进行重组病毒表达抗原的染色。

（2）弃去底物溶液，用 2mL 封闭缓冲液洗涤细胞 2 次。

（3）每孔加 2mL 封闭液，室温孵育 1h 或 4℃过夜（见注释 35）。

（4）每孔用 1mL 一抗稀释液替换封闭液，室温孵育（轻摇）1h（见注释 36）。

（5）弃去一抗稀释液，用 2mL 封闭缓冲液洗涤细胞 3 次。

（6）用封闭缓冲液稀释二抗（一抗的抗体，如抗兔 HRP），每孔加入 1 mL 的二抗稀释液，室温孵育（轻摇）45min（见注释 36）。

（7）弃去二抗稀释液，用 2mL 封闭缓冲液洗涤细胞 3 次。

（8）准备过氧化物酶染色的新鲜底物溶液（见注释 3）。

（9）每孔加入 1mL 底物溶液，观察病毒灶的颜色变化。

（10）抗原特异性染色，目的蛋白和抗痘病毒染色的蚀斑阳性率 > 95%。

3.5.4 蛋白质印迹检测重组基因的表达

（1）用培养基将重组 MVA 稀释至 MOI 为 0.01，随后转染 6 孔板中融合的（80%~90%）BHK-21 单层细胞（见注释 33）。

（2）37℃孵育 2h，弃去培养液，加 2mL 新鲜制备的病毒生长培养基。

（3）孵育 2~3 天直至出现 90%~100% 的 CPE。

（4）细胞用 PBS 洗一次。

（5）加入 1mL PBS 并用细胞刮子刮取细胞。

（6）4℃ 500×g 离心 5min，收集细胞沉淀。

（7）用 200μL 含有蛋白酶抑制剂的 RIPA 缓冲液悬浮细胞沉淀。

（8）冰上孵育 20min，4℃快速离心 10min。

（9）收集上清液至新的微量离心管中。

（10）按照参考文献[18, 19]对裂解物的重组蛋白进行免疫印迹分析。使用的蛋白量为处理样品的 1/10。

3.5.5 重组基因表达稳定性检测

有时，重组外源基因的表达会抑制 rMVA 的复制。对病毒生长的高度抑制会导致非表达病毒突变体的产生，该突变体可能比 rMVA 生长更快。为了检测重组基因表达的稳定性，在以低 MOI 的量进行系列细胞传代后，应对 rMVA 的初始毒液对维持目的蛋白合成的能力进行评估。

（1）用病毒生长培养基将重组 MVA 稀释至 MOI 为 0.05，随后转染 6 孔板中融合的（80%~90%）CEF 单层细胞（见注释 33）。

（2）孵育 48h，收获细胞和上清液。

（3）反复冻融 3 次（冻融间隙涡旋混匀）。

（4）超声处理 3 次（超声间隙涡旋混匀）。

（5）从 1∶1 000 开始连续 10 倍稀释病毒液，最终体积为 1mL。

（6）用 1mL 的 1∶1 000 稀释的病毒稀释液转染六孔板亚融合（80%~90%）的 CEF 单层细胞。

（7）孵育 48h，重复步骤 3~6 3 次。

（8）通过 PCR 分析起始到连续传代 5 次以后 MVA 的 DNA，从而检测基因的稳定性（见 3.5.1）。

（9）通过免疫组化（见 3.5.2）或双免疫染色（见 3.5.3）检测重组基因表达产物。

3.5.6　复制缺陷分析

MVA 的一个重要特征是不能在人源细胞系中进行复制，在实验室条件下操作该病毒对实验室人员和环境的潜在危害十分小。因此，通常在人 HeLa 细胞上测试含有外源基因的 rMVA 的生长特性。用低 MOI 的 MVA 和重组 MVA 感染单层细胞 72h。在易感细胞上培养具有复制能力的痘苗病毒或 MVA 作为阳性对照。在感染后 0h 和 72h 分别收获细胞和上清液，并在 CEF、DF-1 或 BHK-21 细胞上测定其感染力。

（1）用 0.01 PFU/cell 的病毒感染 6 孔板上的 HeLa 单层细胞，每孔加 1mL 病毒生长培养基，每个时间点和每个病毒稀释度感染两孔。

（2）37℃，5% CO_2 条件下培养 1h。

（3）弃去培养物，用新鲜培养基洗涤细胞 2 次。

（4）感染后立即刮取单层细胞，连同培养基转移至新的离心管中，-80℃ 保存。

（5）在 37℃，5%CO_2 孵育 72h，如步骤 4 中描述的收获细胞和上清液。

（6）如 3.3 所述，在 6 孔板 CEF、DF-1 或 BHK-21 单层细胞上测定上述培养物滴度。

（7）以 $t72/t0$ 的比率计算每种病毒的复制效率，使用每个时间点的平均滴度（4 个值：每个时间点两个样品，重复滴定）。

4　注释

（1）用 DMEM 培养 DF-1 细胞。

（2）注意并不是所有低熔点琼脂糖均适用于该实验，一些琼脂糖对细胞有毒性。我们发现 Life Technologies 的琼脂糖产品与通常使用的细胞系具有很好的适应性。

（3）由于联茴香胺具有毒性且使用量极小，我们通常不去称量，仅用小刀刀尖挑取少量即可。通过 0.2μm 滤膜过滤可以除去 PBS/ 联茴香胺溶液中的小团块，将过滤后的液体转移至新离心管中，之后加入 H_2O_2>30%。

（4）此配方可满足 2 个 6 孔平板的试剂量。

（5）对于所有步骤都应注意，当使用冻存的病毒储存液时，解冻以后需要在杯式超声仪中超声处理 30s，来打碎病毒结块。

（6）当接种生长在大培养瓶中的细胞单层时（例如，175cm^2 培养瓶），每隔 20min 用手轻轻摇动细胞瓶来防止细胞干燥。

（7）未经纯化的病毒通常滴度为每个培养瓶 3×10^9IU。

（8）为了更有效地分散增殖后的病毒材料，建议使用针式超声仪替代杯式超声仪。将含病毒样品的小管放置于装有冰的小烧杯中，将无菌超声针头插入病毒悬液中。以最大功率超声 4 次，每次 15s。注意避免样品过热。

（9）经纯化的病毒通常的滴度为每个培养瓶 1×10^9IU（浓缩后病毒材料的滴度约为

10^{10} IU/mL）。

（10）为了获得高度纯化的病毒（条带），将从 3.2.2 步骤 6 中得到的材料置于 25%~40% 蔗糖梯度柱上，4℃ 28 000×g 离心 50min。在管中下部位置收获病毒条带。为除去残留的蔗糖和更进一步地浓缩病毒，将样品加入超过 3 倍体积的 1mM pH 值 9.0 的 Tris-HCl 的超速离心管中，4℃ 38 000×g 离心 1h 沉淀病毒。用上述 Tris 缓冲液重悬病毒沉淀，-80℃ 保存。

（11）如果条件具备，可以通过显微镜观察以确保细胞碎片是否完全除去。负染可以快速地对病毒纯化的质量进行检测。将少量的病毒（1~3μL）滴于铜网上（300 目，Plano GmbH 公司），30s 后用 20μL 的磷钨酸（2% 水溶液，Merck 公司）染色 1min，然后用滤纸吸除多余的染液，在用电子显微镜检测之前使铜网自然干燥。

（12）我们描述了两种不同方法来测定病毒滴度。第一种方法（3.3 中的 PFU/mL 计量法）的优点是在 6 孔板中操作比在 96 孔板中操作相对容易，而且培养、病毒稀释液接种和免疫染色等操作都比较简单。不过，测定病毒半数感染剂量（$TCID_{50}$）时（3.2.2），可能由于感染或不感染孔蚀斑数目的选择导致滴度重复测定。

（13）滴定前，病毒材料必须用超声波处理，如 3.2.1 中步骤 9 所述，超声处理的最大病毒悬液量为 1.5mL。

（14）$TCID_{50}$ 的计算举例：如果所有 8 个孔在稀释度 10^{-7} 时都为阳性，则 x=7。如果稀释度为 10^{-8} 出现 5 个感染孔，稀释度为 10^{-9} 的感染孔数量（出现阳性结果的最高稀释度）为 2，那么 50% 终点稀释的 log 值为：7−1/2+（8/8+5/8+2/8）=7−0.5+（1.875）= 7+1.375=8.375。因此，半数感染孔为 $10^{-8.375}$。该数的倒数为单位体积的感染剂量。由于单个孔的接种液体积为 0.1mL，病毒悬浮液的滴度为：$10^{8.375}$ $TCID_{50}$ /0.1mL=$10^{9.375}$ $TCID_{50}$ /mL。

（15）如果目的基因含有病毒转录终止信号（TTTTTNT）或连续超过 4 个 G 或 C 时，序列可能要进行沉默突变以提高外源基因的表达。可以通过基因公司进行全基因合成来获取目的基因。

（16）为了获得最佳转染效率，需要通过氯化铯梯度离心或者质粒纯化试剂盒（例如，QIAGEN 公司产品）获得较高纯度的超螺旋 DNA。

（17）在一般情况下，BHK-21 细胞的转染效率很高。为了生成可临床使用的 rMVA，用于 MVA 转染的细胞应该是无血清条件下培养的 CEF 细胞。

（18）为了区别 rMVA 特异性 RK-13 聚集，使用野生型 MVA 感染孔作为对照孔以便比较。

（19）为了实现最有效的蚀斑克隆，建议在琼脂培养基上进行蚀斑传代（见 3.4.5 琼脂覆盖）。

（20）rMVA 病毒的获得，推荐使用下列程序：

1）建议使用第一代病毒作为种毒存储液（约 10 个 T175 培养瓶的病毒培养液），种毒用于 rMVA 的病毒扩增。这样做是为了最大限度地减少病毒的传代次数。

2）在 CEF、DF-1 或 BHK-21 单层细胞上测定病毒滴度（见 3.3）。

3）通过病毒 DNA 的 PCR 鉴定克隆纯度和 rMVA 基因组（见 3.5.1）。

4）重组抗原的特性检测（见 3.5.2）。

5）检测重组基因表达的稳定性（见 3.5.5）。

6）评估 rMVA 在人源细胞上的生长特性（见 3.5.6）。

（21）由于表达框中含有 GFP 或 RFP 标记基因，所以可以有效地从 rMVA 基因组中删除，在蚀斑纯化过程中，甚至在所有野生型 MVA 被成功清除之后也可以观察到未被染色的 MVA 病灶。为了避免不必要地蚀斑传代，通过 PCR 分析确定是否存在亲本 MVA 很重要。

（22）为了监控在蚀斑纯化过程中是否存在野生型 MVA，在蚀斑传代中，从感染了 10^{-1} 稀释的病毒悬浮液的细胞单层中萃取出足以进行 PCR 分析的病毒 DNA。

（23）使用 K1L-int-1 和 K1L-int-2（表 4-1）引物进行 K1L 特异性 PCR，从而鉴定 K1L 标记表达元件是否从病毒基因组中删除，反应的退火温度为 55℃。如果 K1L 仍存在于病毒基因组中，PCR 产物大小约 290 bp。如果 K1L 被删除掉，将不会有任何的 PCR 产物。PCR 反应时应设置对照组（例如，穿梭质粒和野生型 MVA），对特定插入位点的 PCR 应设置平行实验确保模板 DNA 的存在。

（24）以 10 IU/cell 的感染复数接种 6 孔或 12 孔板单层细胞，24h 后收获的病毒材料的 DNA 足够用于 PCR 或 Southern blot 分析。如果病毒感染性低，则需进行第二轮扩增，将收获的扩增产物经冻融并超声处理后接种细胞单层。

（25）感染细胞后，避免对已感染的将用于 DNA 提取的组织培养物进行超声处理，因为未包装的病毒 DNA 可能会在超声过程中降解丢失。

（26）小心地风干 DNA 材料，除去所有乙醇。

（27）通常使用野生型 MVA 和相应的质粒 DNA 作为 PCR 分析的对照模板。

（28）DNA 模板中可能含有不同数量的病毒 DNA，因此需要对用于 PCR 扩增的模板 DNA 的量进行优化。

（29）PCR 反应条件（温度和循环数）要根据目的片段的大小进行优化。在程序中规定的反应条件用于 MVA 基因组中长达 4kb 的插入片段的扩增。

（30）如果 DNA 模板是从 rMVA/K1L、MVA/RFLP 和野生型 MVA 3 种病毒的混合物中提取的，PCR 反应可能会优先扩增野生型 MVA 片段，这是由于野生型的片段较小，因此 rMVA/K1L 或 rMVA /RFP 可能无法检测出来。但 rMVA 的信号（已经缺失 K1L 或 RFP 基因）仍可以被检测到，这是由于 K1L/ RFP 标记表达元件被设计成可以有效地从重组基因组中删除，且这一过程在 RK-13 细胞也可以发生。

（31）从单个蚀斑克隆中扩增病毒的关键在于病毒在细胞上逐级扩大培养。如果将滴度比较低的病毒接种于大量的细胞，将会存在病毒丢失的风险。

（32）该病毒材料的效价应大约为 10^9 IU。一般来说一个 T175 培养瓶中的病毒材料可用于感染 10 个 T175 培养瓶的细胞。

（33）记录野生型 MVA 感染孔和未感染孔作为对照。

（34）如果固定后不立即进行染色，每孔细胞加 2 mL PBS 后于 4℃保存（应在固定 2 天内进行染色）。

（35）对重组蛋白进行染色可能会出现背景染色深的现象。为了减少非特异染色，封闭时应在 37℃孵育 1h，而非室温。转染前细胞密度过高也会导致高背景值（尤其是在无血清培养条件下），因此应确保使用亚融合的细胞单层。

（36）建议封闭缓冲液的稀释范围为 1 : 5 000 至 1 : 10 000。

致谢

感谢欧盟对该工作的支持（FP7 2010；VECTORIE grant No.251466）。

参考文献

[1] Moss B. 1996. Genetically engineered poxviruses for recombinant gene expression，vaccination，and safety. Proc Natl Acad Sci USA 93 : 11341–11348.

[2] Sutter G, Moss B. 1992. Nonreplication vaccinia vector efficiently expresses recombinant genes. Proc Natl Acad Sci USA 89 : 10847–10851.

[3] Tartaglia J et al. 1992. NYVAC : a highly attenuated strain of vaccinia virus. Virology 188 : 217-232.

[4] Acres B, Bonnefoy J-Y. 2008. Clinical development of MVA-based therapeutic cancer vaccines. Expert Rev Vccines 7 : 889–893.

[5] Gomez CE，Najera JL，Krupa M，Esteban M. 2008. The poxvirus vectors MVA and NYVAC as gene delivery systems for vaccination against infectious disease and cancer. Curr Gene Ther 8 : 97–120.

[6] Rimmelzwaan GF, Sutter G. 2009. Candidate influenza vaccines based on recombinant modified vaccinia virus Ankrar. Expert Rev Vaccines 8 : 447–454.

[7] Kennedy JS，Greenberg RN. 2008. IMVAMUNE® : modified vaccinia Ankara strain as an attenuated smallpox vaccine. Expert Rev Vaccines 8 : 13–24.

[8] Mackett M，Smith GL，Moss B. 1984. General method for production and selection of infectious vaccinia virus recombinants expressing foreign genes. J Virol 49 : 857–854.

[9] Cottingham MG，Gilbert SC. 2010. Rapid generation of markerless recombinant MVA

vaccines by en passant recombineering of a self-excising bacterial artificial chromosome. J Virol Methods 168：233-236.

[10]　Domi A, Moss B. 2005. Engineering of a vaccinia virus bacterial artificial chromosome in Escherichia coli by bacteriophage [lambda]-based recombination. Nat Met 2：95-97.

[11]　Wyatt LS et al. 2009. Elucidationg and minimizing the loss by recombinant vaccinia virus of human immunodeficiency virus gene expression resulting from spontaneous mutations and positive selection. J Virol 83：7176-7184.

[12]　Meyer H, Sutter G, Mayr A. 1991. Mapping of deletions in the genome of the highly attenuated vaccinia virus MVA and their influence on virulence. J Gen Virol 72：1031-1038.

[13]　Staib C et al. 2000. Transient host range selection for genetic engineering of modified vaccinia virus Ankara. Biotechniques 28：1137-1142.

[14]　Antonis AFG et al. 2007. Vccination with recombinant modified vaccinia virus Ankara expressing bovine repiratory syncytial virus (bRSV) proteins protects calves against RSV challenge. Vaccine 25：4818-4827.

[15]　Staib C, Lowel M, Erfle V, Sutter G. 2003. Improved host range selection for recombinant modified vaccinia virus Ankara. Biotechniques 34：694-696, 698, 700.

[16]　Staib C, Drexler I, Sutter G. 2004. Construction and isolation of recombinant MVA. Methods Mol Biol 269：77-100.

[17]　Wong YC, Lin LC, Melo-Silva CR, Smith SA, Tscharke DC. 2011. Engineering recombinant poxviruses using a compact GFP-blasticidin resistance fusion gene for selection. J Virol Methods 171：295-298.

[18]　Renart J, Reiser J, Stark GR. 1979. Transfer of proteins from gels to diazobenzyloxyethyl-paper and detection with antisera：a method for studying antibody specificity and antigen structure. Proc Natl Acad Sci USA 76：3226-3120.

[19]　Towbin H, Staehelin T, Gordon J. 1979. Electrophoretic transfer of proteins from poluacrylamide gels to nitrocellulose sheets：procedure and some applications. Proc Natl Acad Sci USA 76：4350-4354.

（赵银龙、吴国华　译）

第 5 章 应用 *F*13*L* 筛选重组 MVA 病毒

Juana M. Sánchez-Puig，María M. Lorenzo，Rafael Blasco

概　要

改良型痘苗病毒安卡拉株（MVA）已成为疫苗和实验室研究广泛使用的载体。尽管重组 MVA 技术取得了重大进展，但重组病毒的分离仍是一个烦琐而困难的过程。本章介绍了一种适用于 MVA 高效、易用的筛选系统。该系统的原理是病毒基因 *F*13*L* 在细胞培养时能有效促进病毒扩散，而当 *F*13*L* 基因缺失时则导致病毒扩散受阻（Blasco R，Moss B. J Virol 65：5910-5920，1991；Blasco R，Moss B. J Virol 66：4170-4179，1992）。携带外源基因和 *F*13*L* 基因的转染质粒与敲除 *F*13*L* 的病毒基因组通过重组实现外源基因插入 MVA 基因组。随后，通过连续传代或病毒蚀斑纯化筛选 *F*13*L* 基因恢复的重组病毒。

关键词：重组病毒；痘苗病毒 MVA；基因筛选；*F*13*L* 基因

1　引　言

已证实改良型痘苗病毒安卡拉株（MVA）是一种有效的疫苗载体，具有良好的免疫原性和安全性。MVA 可在生物安全一级条件下进行操作（而大多数痘苗病毒株需要在生物安全二级条件下操作），因此它不仅在疫苗的应用上，还在实验室蛋白表达进行功能研究等其他许多方面都具有优势。

MVA 在生物学上的一个主要特点是宿主范围受限，这是病毒在鸡胚成纤维细胞（CEFs）长期传代的结果。在实验室中，MVA 不仅可在某些禽类细胞中复制，如原代 CEFs，而且也可在一些哺乳动物细胞系，如幼仓鼠肾细胞系 BHK-21 中复制[1，2]。MVA 受限的宿主范围和生长特性提高了该载体的安全性，但同时对重组病毒的分离带来了不利因素，导致 MVA 重组病毒的分离相对缓慢和低效。MVA 操作困难的主要因素是能够适应的细胞系数量有限以及病毒蚀斑生长缓慢、难以识别。

在过去几年里，出于构建 MVA 疫苗的目的，已经设计出一些筛选程序来促进 MVA 的筛选。一种方法是对表达 β - 半乳糖苷酶或 β - 葡萄糖醛酸酶的病毒集落进行染色筛选来分离重组 MVA[3-5]；另一种方法包括插入胸苷激酶或血凝素基因（A56）[6，7]，或插入选择性标记物如大肠杆菌 *gpt* 基因编码的黄嘌呤—鸟嘌呤磷酸核糖转移酶、博来霉素，或杀稻瘟菌素抗性基因[4, 8-10]。在用于 MVA 筛选的遗传标记中，通过宿主范围进行筛选已经广泛应用，此内容已在本书前面的章节进行了专题介绍[11]。这种方法基于这样一个发现，即插入 K1L 基因（该基因在 MVA 中部分缺失）的病毒可在兔细胞系 RK13 中生长[12-14]。因此，在转染质粒进入 MVA 基因组后，K1L 基因可以用来筛选生长在 RK13 细胞上的重组病毒[14]。为了保留 K1L 基因缺陷型重组病毒，以保留最终的缺失 K1L 基因型重组病毒，K1L 直接重复序列侧翼已经设计包含了随后的消除基因[15, 16]。

除了宿主范围筛选方法或与之相结合的筛选方法，近年来已报道了许多新的技术，例如，用细菌人工染色体技术来构建重组 MVAs[17, 18]。此外，应用荧光蛋白通过显微镜或细胞分选可使筛选过程更容易[9, 19, 20]。

尽管有上述的技术改进，但与其他痘苗病毒毒株相比，分离 MVA 重组病毒仍旧是一个问题，费时且低效。本章将应用另外一种筛选标记，以 *F13L* 基因为手段，对重组 MVA 的分离进行研究。

2　材　料

（1）组织培养板：6孔、24孔以及96孔组织培养板。

（2）组织培养瓶：25cm²、75cm² 和 150cm² 组织培养瓶。

（3）BHK-21 细胞系（ATCC-CCL10）。

（4）BHK 完全培养基：BHK 培养基含 3μg/mL 胰蛋白磷酸盐肉汤，10mM HEPES，2mM 谷氨酰胺，0.1μg/mL 青霉素以及 0.1μg/mL 链霉素。

（5）胎牛血清（FBS）。

（6）BHK/5% FBS：含 5%FBS 的 BHK 完全培养基。

（7）BHK/2% FBS：含 2%FBS 的 BHK 完全培养基。

（8）CO_2 培养箱：加湿的 37℃，5% CO_2 培养箱。

（9）MVA-ΔF13L 缺失突变体。

（10）质粒 pMVA-rsGFP（见注释 1 和图 5-1）。

（11）质粒 pMVA-βGus（见注释 2 和图 5-1）。

（12）TE 缓冲液：10mM Tris–HCl，pH 值 8，1mM EDTA。

（13）Fugene 6 转染试剂（Roche）。

（14）水浴超声破碎仪。

（15）一次性无菌橡皮刮刀。

（16）聚丙烯管：1.5mL、5mL、15mL 以及 50mL 聚丙烯管。

（17）倒置荧光显微镜。

（18）2 × EMEM：添加 4mM 谷氨酰胺，0.2μg/mL 青霉素，0.2μg/mL 链霉素以及

4%FBS 到 2×EMEM。

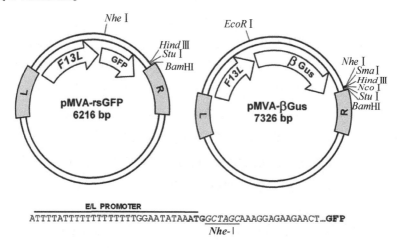

E/L PROMOTER
ATTTTATTTTTTTTTTTTTGGAATATAAAT**ATG***GCTAGC*AAAGGAGAAGAACT...**GFP**
Nhe-I

E/L PROMOTER
ATTTTATTTTTTTTTTTTTGGAATATAAATAAG*GAATTC*T**ATG**TTACGTCC...**βGus**
*Eco*R I

图 5-1　用于 *F*13*L* 筛选的质粒

示意图显示了质粒 pMVA-rsGFP 和 pMVA-βGus 的相关特征和 *F*13*L* 编码序列以及单一限制性酶切位点的相应位置。左（L）和右（R）的 MVA 重组侧翼序列显示为灰色框。下部是启动子序列以及限制性位点用于插入外源基因的 5′ 端位置。外源基因可以通过：（1）无须 ATG 起始密码子通过替换 GFP 基因亚克隆到 pMVA-reGFP；（2）亚克隆在 pMVA-rsGFP 框中的 *Nhe* I 位点使外源蛋白与绿色荧光蛋白融合；或（3）与带有起始密码子 ATG 的基因亚克隆至 pMVA-βGus 质粒中并替换 *βGus* 基因。图改编自参考文献 [25] ©2011 生物科学技术（BioTechniques）并经许可使用。

（19）2%LMP 琼脂糖：2%（*W/V*）低熔点琼脂糖加入水中并高压灭菌。

（20）荧光显微镜。

（21）无菌巴氏吸管。

（22）四甲基异硫氰酸罗丹明（TRITC）滤光片组（激发波 515~560nm；二向色镜 575nm；发射波大于 590nm）。

（23）离心机。

（24）结晶紫溶液：0.5%（重量 / 体积）结晶紫，20% 的乙醇，加入蒸馏水中。

3　方　法

在本丛书前面的章节中已经详细介绍了操作和改进痘苗病毒 MVA 的常规方法 [11]。此处所介绍的系统利用了病毒在细胞—细胞间传播需要 *F*13*L* 基因参与这一原理 [21, 22]，并由一个之前用于痘苗病毒 WR 株克隆的系统改造而来 [23, 24]。依靠将 *F*13*L* 基因导入蚀斑形成严重受损的 MVA-Δ*F*13*L* 敲除突变体可进行重组病毒的筛选 [25]。伴随着 *F*13*L* 基因下游外源基因的插入，结果使病毒恢复正常的蚀斑表型。

这个系统的优点是整个过程可以在 BHK-21 细胞系中完成，且不需使用药物或抗生素。另外，由于可以进行批量传代来进行筛选，该系统还可能用于复杂群体（如基因文库）的筛选。此外，由于最终获得的 MVA 重组病毒遗传背景与正常的 MVA 病毒是相同的，所以不需去除筛选基因。

MVA-Δ*F*13*L* 是通过将含有红色荧光蛋白基因的表达盒替换大部分 *F*13*L* 编码序列获得的，它极大地方便了病毒的分离过程[25]。由于红色荧光蛋白的表达，可以很容易的通过红色荧光识别 MVA-Δ*F*13*L* 蚀斑。另外，在病毒分离过程中，红色荧光蛋白基因的存在可以作为重组病毒遗传结构的指示（图 5-2）。

为了使外源基因插入，我们开发了共同包含 MVA *F*13*L* 基因，重组侧翼序列以及驱动外源基因表达的早 / 晚期人工合成启动子的质粒（见图 5-1 和注释 1、2）。这些质粒类似于质粒 pRB21 及其衍生质粒（见注释 3），并且可以在痘苗病毒启动子下游插入外源基因。这些质粒用于转染之前已感染 MVA-Δ*F*13*L* 缺失突变体的细胞进行 MVA 重组病毒的分离。

3.1　MVA-Δ*F*13*L* 病毒原液的培养

MVA-Δ*F*13*L* 病毒在获取病毒外层囊膜和病毒的释放时受严格限制。由于 MVA-Δ*F*13*L* 不易释放进入培养基中或在细胞间传播，病毒的有效扩增需要将细胞内复制的病毒通过机械释放，还需要经连续的数轮病毒扩增。因此，需要用足量病毒感染培养的细胞进行扩增（见注释 4）。以下操作程序通过连续传代增加细胞数量对少量病毒进行连续扩增。如果已有大量的病毒原液，可直接进行步骤 6、8、10 或 12 操作。

（1）将 BHK-21 细胞接种于含 5% FBS 的 BHK 培养基的 24 孔组织培养板，并在 CO_2 培养箱中培养直至细胞达到约 50% 融合。

（2）解冻一小管病毒原液或重悬的 MVA-Δ*F*13*L* 病毒的蚀斑溶液，在冰水浴中超声处理至少 3 次，每次 15 s，或直至病毒悬浮液中的团块分散开来（见注释 5）。

（3）去除培养基，在 24 孔板中用 200 μL 病毒原液接种单层细胞，置 CO_2 培养箱中吸附 2 h。

（4）病毒吸附 2 h 后，去除病毒接种液，添加 0.5 mL 含 2% FBS 的 BHK 培养基，置于 CO_2 培养箱中直至细胞完全出现病变（通常是 48~72 h）。

（5）在单层细胞上部反复吹打分散细胞，将细胞悬液转移至 1.5 mL 聚丙烯管中。反复冻融 3 次并超声处理，使细胞均匀裂解。

（6）在 1 mL 含 2% FBS 的 BHK 培养基中稀释细胞裂解液，感染 6 孔板中的一孔 BHK-21 细胞。在 CO_2 培养箱中吸附 2 h 后，去除病毒接种液，加入 2 mL 含 2% FBS 的 BHK 培养基培养直至细胞出现完全病变（通常为 48~72 h）。

（7）在细胞上部反复吹打分散细胞，细胞悬液转移至 15 mL 聚丙烯管中，1 800×*g*

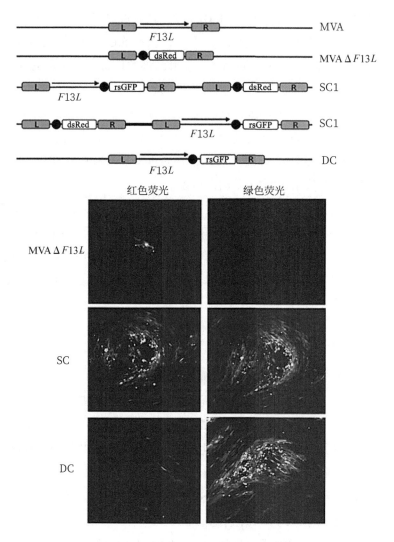

图 5-2　MVA 病毒不同的基因型以及表型

上图：代表不同的重组产物。在 MVA 病毒相应位置的不同元件，产物通过 MVAΔ*F*13*L* 和质粒 pMVA-rsGFP 的重组获得。SC1 和 SC2 都是单个杂交（SC）的产物，通过两个 *F*13*L* 侧翼序列中的一个重组产生。双杂交（DC）是稳定的双向交换，从两个 *F*13*L* 侧翼序列重组产生。L 和 R 是 MVA 的 *F*13*L* 侧翼序列用于同源重组。

下图：重组病毒通过蚀斑表型及荧光鉴定。如下所示由亲代病毒 MVAΔ*F*13*L*，SC 重组以及 DC 重组形成蚀斑。如果图片是彩色的，蚀斑处出现的是红色或绿色的荧光。

图片改编自参考文献 [25] ©2011 生物学技术（BioTechniques），经许可使用。

离心 5min，弃上清液，用 1mL 2%FBS 的 BHK 培养基重悬细胞。反复冻融 3 次并超声处理。

（8）使用一半的细胞裂解物，超声处理并用 2mL 2%FBS 的 BHK 培养基稀释，在 25cm² 培养瓶中感染融合的 BHK-21 单层细胞。在 CO_2 培养箱中吸附 2h 后，去除病毒接种液，加入 5 mL 的 2% FBS 的 BHK 培养基，置 CO_2 培养箱中培养直至细胞完全出现病变（通常 48~72h）。

（9）用一次性刮刀分离培养瓶中感染的细胞，转移至 15mL 的离心管中，$1\,800 \times g$ 离心 5min，弃上清液，用 2 mL 含 2%FBS 的 BHK 培养基重悬细胞。冻融 3 次并超声处理。

（10）使用一半的细胞裂解物，超声处理并用 4mL 含 2%FBS 的 BHK 培养基稀释，在 $75\,cm^2$ 培养瓶中感染 BHK-21 细胞，在 CO_2 培养箱中吸附 2h 后去除病毒接种液，加入 12mL 含 2%FBS 的 BHK 培养基，置 CO_2 培养箱中培养直至细胞完全出现病变（通常为 48~72h）。

（11）用一次性刮刀分离培养瓶中感染的细胞，转移至 15 mL 的离心管中 $1\,800 \times g$ 离心 5 min，弃上清液，用 4mL 含 2%FBS 的 BHK 培养基重悬细胞。冻融 3 次并超声处理。

（12）使用一半的细胞裂解液，超声处理后用 9mL 含 2%FBS 的 BHK 培养基稀释，感染在 $150\,cm^2$ 培养瓶中的融合 BHK21 单层细胞，在 CO_2 培养箱中吸附 2h 后去除病毒接种液，加入 20mL 含 2%FBS 的 BHK 培养基放置于 CO_2 培养箱中培养直至细胞完全出现病变（通常为 48~72h）。

（13）用一次性刮刀分离培养瓶中感染的细胞，转移至 50mL 的离心管中，$1\,800 \times g$ 离心 5min，弃上清液，用 4mL 含 2%FBS 的 BHK 培养基重悬细胞。冻融 3 次并超声处理。置 –80℃ 长期储存。

（14）测定病毒原液滴度（见注释 4 ）。

3.2　通过感染 / 转染构建 MVA 重组病毒

通过质粒与 MVA-$\Delta F13L$ 病毒的 DNA 之间的重组将外源基因插入 MVA 基因组中。为此，携带痘病毒启动子下游的 $F13L$ 基因和外源基因的质粒通过转染已感染 MVA-$\Delta F13L$ 病毒的细胞。在整个复制周期，可通过替换图 5–1 所示的 GFP 或 β - 葡萄糖醛酸苷酶基因获得组成性表达外源基因的质粒。

（1）感染前 24h，按 1∶5 分培养瓶中融合的 BHK-21 细胞，接种到 6 孔细胞培养板，每孔加入 2mL 含 5% FBS 的 BHK 培养基，然后在 CO_2 培养箱中孵育 20~24h，使细胞生长达到 60%~80% 时融合备用（见注释 6 ）。

（2）用含 2%FBS 的 BHK 培养基将 MVA-$\Delta F13L$ 病毒液稀释，制备病毒接种液，将病毒量调整至 MOI 为 0.05 PFU/cell。

（3）移除含 5%FBS 的 BHK 培养基，立即添加病毒接种物（1mL/ 孔），置 CO_2 培养箱中吸附 1~2h。

（4）在病毒吸附结束前 45min，在 1.5mL 聚丙烯管中准备转染混合物。每个转染用 100μL 的无血清培养基稀释 10μL FUGENE 6 并在室温孵育 5min。将培养基—FUGENE

混合物与含 2μg 质粒的 TE 缓冲液于管中混合，轻柔地上下抽吸 2~3 次混匀。置室温 30min。

（5）从 BHK-21 细胞培养物中吸去病毒接种液，用 1mL 无血清 BHK 完全培养基洗涤一次，最后加入 2mL 含 2% FBS 的 BHK 培养基。

（6）立即在培养基上逐滴加入 DNA-FUGENE 溶液，水平轻轻晃动培养板使之均匀，在 CO_2 培养箱中孵育 72h。

（7）用一次性刮刀分离细胞或用移液器反复吹打分散细胞，收集细胞悬浮液并在无菌的 15mL 聚丙烯管中离心沉淀细胞。

（8）用 1mL 含 2%FBS 的 BHK 培养基重悬细胞，在干冰 / 乙醇浴中裂解细胞后，放入 37℃水中融解，振荡混匀。反复冻融 3 次。细胞裂解物储存于 –80℃直至下次使用。

3.3 MVA 重组病毒的分离

感染 / 转染后，重组病毒的比例约是群体总数的 10^{-4}~10^{-3}。用含不同基因型病毒的培养物制备的细胞裂解液，包括绝大多数亲代 MVA-$\Delta F13L$ 病毒（>99%）以及相对不稳定的单重组病毒（$F13L^+$, dsRed$^+$）和相对稳定的双重组病毒（F13L$^+$, dsRed$^-$）。图 5-2 描述了混合物中病毒蚀斑不同的基因型及表型。可应用不同的方法富集或分离混合物中的重组病毒。F13L$^+$ 重组病毒在易感细胞内形成大型蚀斑，在低 MOI 感染条件下，相对于 MVA-$\Delta F13L$，F13L$^+$ 重组病毒也具有竞争优势。我们已经成功的对 $F13L$ 病毒采取了更好更有利的分离步骤，如图 5-3 所示。

可以通过对病毒混合液反复传代，从感染 / 转染的子代病毒中富集 F13L$^+$ 病毒。在正常条件下，通过这种方法（见 3.3.1）连续传 3~5 代后，病毒液中的重组病毒可占大多数（见图 5-4 示例）。病毒富集后，当需要外源蛋白表达时可以直接使用病毒液进行。然而，在大多数情况下，对富集群体进行克隆纯化才是确保病毒种群纯粹的方法。

一种代替传代富集的方法，是直接从感染 / 转染混合物中进行蚀斑纯化（见 3.3.3）。在这种情况下，首先分离出 SC 产物（鉴别出大的、红的荧光蚀斑，见图 5-2），随后通过病毒传代和对

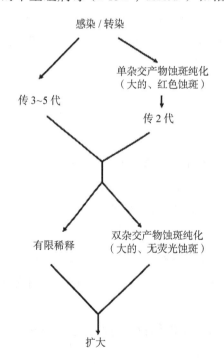

图 5-3　分离重组 MVA 的策略

通过转染质粒与 MVA$\Delta F13L$ 之间的重组构建重组 MVA。F13L$^+$ 病毒可以通过富集或蚀斑纯化分离。展示的两种策略均可成功分离重组 MVA。

病毒克隆进行蚀斑分离或有限稀释获得稳定的 DC 重组病毒。

3.3.1　通过在 BHK-21 细胞上连续传代富集病毒

（1）接种 BHK 细胞于 6 孔培养板，培养直至细胞达到 80% 融合。

（2）稀释 100μL 从 3.2，步骤 8 产生的病毒液，制备病毒接种液，用 BHK/2% FBS 培养基补充至终体积 1mL。

（3）移除一孔中的培养基，直接加入病毒接种液，置 CO_2 培养箱中使病毒吸附。

（4）经过 1h 吸附后，移除病毒接种液，加入 2mL 新鲜的 BHK/2%FBS 培养基。在 CO_2 培养箱中培养 48h 或 72h，直到产生明显 CPE。

（5）反复吹打单层细胞培养基使细胞分散，将细胞悬液转移至 15mL 聚丙烯管中。反复冻融 3 次使细胞裂解。

（6）用 20μL 的传代病毒重复步骤 1~4，以制备下次传代的病毒接种液。

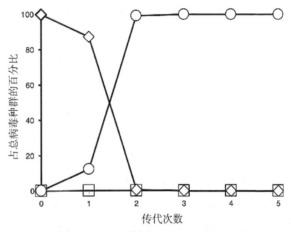

传代次数	亲代	SC	DC	% DC
0	$1.0\ 10^6$	$2.0\ 10^2$	$1.0\ 10^3$	0,1
1	$4.2\ 10^5$	$1.1\ 10^3$	$6.0\ 10^4$	12,5
2	$4.0\ 10^4$	$1.1\ 10^4$	$6.0\ 10^6$	99,2
3	$1,8\ 10^4$	$1.0\ 10^4$	$3.6\ 10^7$	99,9
4	$< 10^3$	$1.0\ 10^4$	$9.0\ 10^6$	99,9
5	$< 10^3$	$5.0\ 10^3$	$1.1\ 10^7$	100,0

图 5-4　通过连续传代富集重组病毒

按 3.3.1 所述，质粒 pMVA-βGus 传代 5 次感染 / 转染获得病毒。每次通过蚀斑纯化以及 βGus 染色对传代获得的子代病毒进行分析。"0"指感染 / 转染获得的病毒原液。

鉴定不同病毒的表型：亲代病毒产生小的、红色荧光的感染斑；SC 病毒呈现红色荧光、βGus 阳性染色的大型斑；DC 病毒形成大型斑、βGus 染色阳性但无红色荧光。

下图：亲代 MVA△*F*13*L* 病毒（菱形），SC（正方形），DC（圆圈）。每代病毒后的数值表示为占总病毒种群的百分比。

3.3.2　应用蚀斑分离法分离 MVA 重组子

系统中产生的不同重组病毒的基因型和表型如图 5-2 所示。质粒与痘苗病毒 MVA-△*F*13*L* 基因重组，可形成显示红色荧光（F13L⁺，dsRed⁺）或不显示红色荧光（F13L⁺，dsRed⁻）大蚀斑的重组体。在这些重组病毒中，用倒置荧光显微镜可以轻易地识别出单重组病毒（F13L⁺，dsRed⁺）的结果。直接观察标记的荧光阳性蚀斑的位置，就可以分离。我们通常使用标准的罗丹明滤波器组（激发波：515~560nm；二向色镜：575nm 发射波，BA590）识别红色荧光。

3.3.3 荧光显微镜筛选蚀斑分离单重组病毒

（1）在6孔组织培养板中培养BHK细胞，至80%融合。

（2）解冻感染/转染（3.2步骤8）的细胞，在冰/水浴中超声处理至少3次，每次15s，直至病毒悬浮液中的团块分散开来（见注释5）。

（3）用含2% FBS的BHK培养基对细胞裂解液进行10倍系列稀释（见注释7）。吸弃BHK单层细胞孔的培养基，每孔加入1mL相应的稀释液（至少使用10^{-2}、10^{-3}和10^{-4}的稀释液）。置CO_2培养箱中孵育1~2h。

（4）在微波炉中加热熔化2%的LMP琼脂糖，置37℃水浴中冷却；2×EMEM培养基37℃预热备用。

（5）即将使用前，将2%的LMP琼脂糖和2×EMEM培养基等量混匀制备铺板用的EMEM–琼脂液。

（6）弃去每孔中的病毒接种液，加3mL温的EMEM-琼脂糖覆盖，在室温下使琼脂凝固（见注释8）。

（7）待琼脂凝固后，将板置CO_2培养箱中培养72h，至MVA蚀斑形成。

（8）用倒置荧光显微镜识别大的、红色荧光的病毒蚀斑，用标记笔标记其位置。

（9）选择4~6个分离良好的蚀斑，将无菌巴斯德移液管穿过琼脂糖/培养基插到塑料板壁上，轻轻摇动移液管尖端，划破琼脂糖，分离板壁上的感染细胞。将移液管尖端的小琼脂糖块，转移到含有0.5mL BHK/5%FBS培养基的微量离心管中。冻融3次然后超声处理。

（10）重复步骤1~9，使用2~3个蚀斑材料进行第二次蚀斑纯化。

3.3.4 单杂交产物的增殖

让不稳定的单重组病毒（图5–2中的SC1或SC2）在BHK-21细胞上传代，以发生分子内重组并产生双杂交重组病毒。在传代过程中，这种单重组病毒可以通过分子内重组产生亲本MVA-$\Delta F13L$病毒和稳定的双重组病毒（图5–2中的DC）。由于MVA-$\Delta F13L$在细胞间的传递受到严重限制，连续传代将导致双重组病毒的累积。

（1）BHK-21细胞在6孔组织培养板上培养，至细胞达到80%融合。

（2）解冻并超声处理3.3.3步骤9中产生的细胞裂解液，在冰水浴中超声处理至少3次，每次15s，或直至病毒悬浮液中的团块分散开来。

（3）稀释200μL细胞裂解液制备病毒接种液，用BHK/2% FBS培养基补充至终体积1mL。

（4）吸出BHK-21细胞单层的培养基，加入病毒接种液，CO_2培养箱中孵育1~2h。

（5）移除每孔中的病毒接种液，加入2mL BHK/2% FBS培养基。将培养板置CO_2培养箱中孵育 48~72h，直至完全产生明显的 CPE。

（6）用移液器反复吹打，将细胞从板壁上分离，转移到 15mL 聚丙烯管。

（7）冻融 3 次裂解细胞。

（8）用 200 μL 细胞裂解液重复步骤 1~7 进行下一轮感染。经 2~3 轮增殖后，双杂交重组病毒将占整个病毒群体的大多数。

3.3.5 增殖的病毒储液的有限稀释

MVA 蚀斑通常难以识别。我们使用了另一种蚀斑分离的方法，即有限稀释法。无论之前是否分离出单杂交的蚀斑，应用该方法在 F13L⁺ 病毒群富集后，都可以对病毒重组体进行克隆分离（见注释 9）。在这一程序中，病毒储液稀释后感染细胞，每个稀释度感染多孔（参见图 5-5 中的示例）。为了鉴定合适的重组克隆（F13L⁺，dsRed⁻），选择有 CPE 但没有任何红色荧光的细胞孔。注意，若细胞孔有红色荧光存在，则表明存在亲本或单杂交病毒，应舍弃该孔。

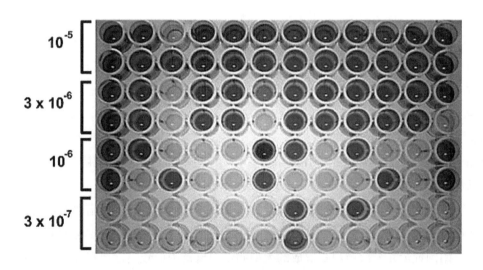

图 5-5 有限稀释克隆举例

质粒 pMVA βGus 在感染／转染过程中获得病毒储液，反复传代进行扩增，然后通过有限稀释进行克隆（见 3.3.5）。为此，每孔用 100 μL 不同稀释的病毒感染 96 孔板上的 BHK-21 细胞。图左侧显示的是使用稀释液浓度，每个稀释度感染 24 孔（两排孔）。感染 72h 后，加入一种 βGus 的显色底物 X-Gluc，可观察到 βGus 阳性孔。在本例中，βGus 染色后，选择底部 2 行的 3 个阳性孔（最大稀释的样品）进行扩增。当插入其他基因时，在没有特异性荧光染色的情况下，将选择显示细胞病变但没有任何红色荧光细胞的孔。

（1）在 96 孔组织培养板培养 BHK-21 细胞，至细胞达到 50% 融合。

（2）解冻 3.3.1 或 3.3.4 中最终获得的细胞裂解液，在冰／水浴中超声处理至少 3 次，每次 15s，直至病毒材料中的团块分散开来。

（3）病毒储液 2~3 倍系列稀释，起始是用 BHK/2% FBS 培养基稀释成 10^{-3} 的浓度（见注释 10）。吸出细胞单层上的培养基，每孔加 100μL 相应稀释的病毒液。每个稀释度感染 12~24 孔。在 CO_2 培养箱中孵育 1~2 h 令病毒吸附。

（4）吸出病毒接种液，每孔加 0.2mL BHK/2% FBS 培养基。培养板置 CO_2 培养箱培养 72h。

（5）在倒置荧光显微镜下检查细胞孔。若被检孔中有大量细胞产生 CPE，则表明存在 F13L+ 病毒。检查孔是否有荧光，并舍弃含有任何红色荧光的细胞孔。从有细胞感染但无红色荧光的最大稀释度的细胞孔中筛选病毒克隆。

（6）从选定的孔中回收感染的细胞，并将其转移到 1.5mL 聚丙烯管中。冻融 3 次制备少量储液。

3.3.6　通过蚀斑纯化分离 DC 重组病毒

（1）BHK 细胞于 6 孔组织培养板中培养，至细胞达到 80% 融合。

（2）解冻通过富集（见 3.3.1）或单重组蚀斑扩增（见 3.3.4）获得的细胞裂解液，超声处理至少 3 次，每次 15s，或直至悬液中物质分散。

（3）在 BHK/2% FBS 培养基中对裂解液进行 10 倍系列稀释。从 BHK 单层细胞孔中吸弃培养基，每孔加入 1mL 相应稀释度的裂解液（至少需添加 10^{-4} 至 10^{-7} 这几个稀释度）。在 CO_2 培养箱中培养 1~2h。

（4）在微波炉中加热熔化 2% LMP 琼脂糖，置 37℃ 水浴中冷却，2×EMEM 培养基预热至 37℃。

（5）即将使用前，将 2×EMEM 和 2% LMP 琼脂糖溶液等体积混合，制备 EMEM-琼脂糖覆盖培养基。

（6）移除培养板孔中的接种液，每孔加入 3mL 预热的 EMEM 琼脂糖覆盖培养基。室温下使琼脂凝固（见注释 8），置 CO_2 培养箱中培养 72h 以形成痘苗 MVA 蚀斑。

（7）用倒置荧光显微镜观察形成的大型病毒蚀斑，用记号笔标记其位置（并通过荧光观察确保无亲本病毒污染，见注释 11）。

（8）用无菌的巴斯德吸管插入琼脂糖培养基中直达底部，挑取分离良好的蚀斑，轻轻摇晃划破琼脂，分离感染细胞。吸出琼脂糖碎块并转移至含 0.5mL BHK/5% FBS 培养基的 1.5mL 微量离心管中。反复冻融 3 次并超声处理。

（9）用 4~6 个蚀斑的病毒悬液重复步骤 1~8 来进行下一轮蚀斑纯化。

3.4　病毒扩增

（1）接种 BHK 细胞于 6 孔组织培养板，置 CO_2 培养箱中培养直至细胞达到 50% 融合。

（2）解冻蚀斑纯化（见 3.3.6）或有限稀释（见 3.3.5）最终的细胞裂解物，超声处理 3 次，每次 15s，或直至悬液中物质分散。

（3）向 100μL 有限稀释法获得的裂解液或 250μL 重悬的蚀斑悬液中加 BHK/2% FBS 培养基至终体积 1mL，作为病毒接种液。

（4）移除 6 孔板中的培养基并加入病毒接种液，置 CO_2 培养箱中 2h 使病毒吸附细胞。

（5）2h 吸附完成后，移除病毒接种液，加入 2mL BHK/2% FBS 培养基。置 CO_2 培养箱中培养 48~72 h 直至出现明显 CPE。

（6）反复吹打分散细胞，细胞悬液转移至 1.5mL 聚丙烯管中，反复冻融 3 次并超声处理。

（7）使用一半的细胞裂解液，超声处理并用 BHK/2%FBS 稀释至 2mL，加入到 $25cm^2$ 的培养瓶中，感染融合的 BHK-21 单层细胞。在 CO_2 培养箱中吸附 2h 后，移除接种病毒，加入 5mL 的 BHK/2% FBS 培养基，置 CO_2 培养箱中至完全产生 CPE（通常是 48~72h）。

（8）用一次性刮刀分离培养瓶中的感染细胞并转移至 15mL 离心管中，1 800 × g 离心 5min，弃上清液，用 2mL BHK/2% FBS 培养基重悬细胞。反复冻融 3 次并超声处理。

（9）使用一半的细胞裂解液，超声处理并用 BHK/2% FBS 培养基稀释至 9mL 后加入到 $150cm^2$ 的培养瓶中，感染融合的 BHK-21 单层细胞。在 CO_2 培养箱吸附 2h 后移除病毒接种液，加入 20 mL BHK/2%FBS 培养基，置 CO_2 培养箱中至完全产生 CPE（通常是 48~72h）。

（10）用一次性刮刀分离培养瓶中的感染细胞并转移至 50mL 离心管中，1 800 × g 离心 5min，弃上清液，并用 4mL BHK/2% FBS 培养基重悬细胞，反复冻融 3 次并超声处理。对病毒液进行滴度测定[11]（见 3.5 和注释 4）。

3.5　通过结晶紫染色测定病毒滴度（见注释 12）

在很多情况下，很难通过检查培养物识别 MVA 蚀斑。因此，病毒的准确滴度应通过免疫荧光来测定[11]。然而，我们发现在 BHK-21 单层细胞上用结晶紫染色来测定病毒的滴度 / 感染性也是可行的（见注释 2）。

（1）感染前 24h，在 6 孔组织培养板上接种 BHK-21 细胞，每孔加 2mL BHK/5% FBS 培养基。置 CO_2 培养箱中培养直至细胞达到 60%~80% 融合。

（2）解冻病毒液，在水浴中超声处理直至毒液中物质完全分散（见注释5）。

（3）用 BHK/2% FBS 培养基对病毒液进行 10 倍倍比稀释，制备病毒接种液（见注释 10）。

（4）从培养板孔中移除 BHK/5% FBS 培养基，立即加入倍比稀释的病毒接种液，从稀释倍数最大的病毒接种液开始添加。将培养板置 CO_2 培养箱中孵育 1~2h。

（5）移除病毒接种液，加入 2mL 的 BHK/ 2%FBS 培养基。培养板置 CO_2 培养箱中培养 72h。

（6）每孔添加 0.5mL 结晶紫染色液对细胞进行染色。在室温孵育 5~10min。

（7）移除孔中培养基，风干后进行蚀斑计数。

4　注　释

（1）pMVA-rsGFP 用于介导 *F13L* 基因以及 GFP 盒（rsGFP；Quantum Biotechnologies）插入痘苗病毒 MVA 的 *F13L* 位点。*GFP* 基因位于痘苗病毒启动子下游，可以通过 NheI（紧随起始密码子 ATG 之后），*Hind*III 或 *Stu*I（见图 5-1）限制性位点将其替换。另外，也可将基因读码框克隆到 *Nhe*I 位点，使 GFP 与蛋白的 C 末端融合。

（2）pMVA-βGus 用于介导 *F13L* 基因和 β 葡萄糖醛酸苷酶基因的插入。在该质粒中，β 葡萄糖醛酸苷酶基因插入至痘苗病毒启动子下游，使用 *Eco*R I和在 3′端的限制性酶切位点能将其与外源基因（记住外源基因需携带 ATG 密码子）进行替换。

（3）这里介绍的质粒序列完全来于 MVA，如重组侧翼序列以及 *F13L* 基因都是从 MVA 基因组中扩增而来。我们已经用痘苗病毒 WR 株检测了相似的质粒如 pRB21 及其衍生质粒[23, 24, 27]，发现他们可以在 MVA 中成功获得重组病毒。但是，如果用来源于 WR 株序列质粒，MVA 重组病毒将含有 WR 的 *F13L* 基因序列并可能还有部分侧翼重组序列。

（4）尽管病毒蚀斑较小，MVA-Δ*F13L* 的滴度也很容易通过红色荧光蛋白的表达来测定。为了测定病毒滴度，稀释病毒液并感染 BHK-21 单层细胞。2 天后，在显微镜下对红色荧光细胞或小的细胞蚀斑进行计数，计算出病毒滴度。

（5）我们发现，超声处理最好在小体积的硬壁管内进行，例如将 0.5mL 液体放在 5mL 聚丙烯管中。

（6）在细胞形成单层融合后若继续培养 1~2 天就成为过度融合的细胞。细胞变得更加拥挤，数量可能是单层融合细胞的 2 倍。此时按 1∶5 的比例对过度融合的细胞进行传代可使接种于培养板的细胞恰好适中。

（7）当直接从感染/转染的毒液中分离重组病毒时，第一轮蚀斑筛选是关键的一步，通常情况下，大型蚀斑是清晰可见的，但要记住，多数细胞是被亲代病毒感染的，也存在于细胞中并进行复制。如果亲代病毒数量过高，将产生弥散性 CPE，从而影响重组病毒形成野生型大小的蚀斑。因此，强烈建议在第一轮蚀斑筛选中对毒液进行 2~3 倍的稀释。

（8）培养板可置 4℃ 10~15min 以确保琼脂凝固。

（9）通过有限稀释获得成功克隆的关键取决于重组病毒占初始病毒种群的百分比。因此，有限稀释应在 F13L⁺ 病毒富集之后进行或重组病毒在病毒种群中占大多数的条件下才能进行。

（10）当确定用于感染用病毒的稀释度时，初始病毒的滴度至关重要。预期从蚀斑分离的初始病毒的感染单位是 10^2~10^4，扩大培养后的初始病毒单位是 10^5~10^7。当用蚀斑毒液进行操作时，建议在 10^{-3}~10^{-5} 的范围内进行稀释；当用扩增的毒液进行操作时，建议在 10^{-6}~10^{-8} 的范围内进行稀释。

（11）MVA 蚀斑有时很难辨别，这要视单层细胞的状态而定。然而，在多数情况下，专业人员可以从倒置显微镜下看到 CPE 来定位病毒蚀斑。另外，对病毒蚀斑进行分离可借助免疫染色定位病毒蚀斑[11]。

（12）我们用 BHK-21 细胞可粗略估算病毒的滴度 / 感染性，获得 MVA 滴度的标准方法是对 CEF 细胞进行免疫染色。在 BHK-21 细胞中，MVA 形成长的彗星状蚀斑，会给蚀斑准确计数造成一定困难。

致谢

本项工作得到了西班牙国家投资委员会（Nacional de Investigación Científicay Técnica, Spain）项目（BIO2008-03713）、马德里地区项目（S2009/TIC-1476）以及欧盟委员会（European Commission）项目（CT2006-037536）的支持。感谢 Stuart Isaacs 的审稿，感谢 Maite Ostalé 提供了有力的技术支持。

参考文献

[1] Carroll MW，Moss B. 1997. Host range and cytopathogenicity of the highly attenuated MVA strain of vaccinia virus：propagation and generation of recombinant viruses in a nonhuman mammalian cell line. Virology 238：198–211.

[2] Drexler I，Heller K，Wahren B，Er fl e V，Sutter G. 1998. Highly attenuated modi fi ed vaccinia virus Ankara replicates in baby hamster kidney cells，a potential host for virus propagation，but not in various human transformed and primary cells. J Gen Virol 79：347–352.

[3] Carroll MW，Moss B. 1995. E. coli beta-glucuronidase（GUS）as a marker for recombinant vaccinia viruses. Biotechniques 19（352–354）：356.

[4] Sutter G，Moss B. 1992. Nonreplicating vaccinia vector efficiently expresses recombinant genes. Proc Natl Acad Sci USA 89：10847–10851.

[5] Drexler I，Antunes E，Schmitz M，Wolfel T，Huber C，Er fl e V，Rieber P，Theobald M，

Sutter G. 1999. Modified vaccinia virus Ankara for delivery of human tyrosinase as melanoma-associated antigen : induction of tyrosinase- and melanoma-specific human leukocyte antigen A*0201-restricted cytotoxic T cells in vitro and in vivo. Cancer Res 59 : 4955–4963.

[6] Scheiflinger F, Falkner FG, Dorner F. 1996. Evaluation of the thymidine kinase (tk) locus as an insertion site in the highly attenuated vaccinia MVA strain. Arch Virol 141 : 663–669.

[7] Antoine G, Scheiflinger F, Holzer G, Langmann T, Falkner FG, Dorner F. 1996. Characterization of the vaccinia MVA hemagglutinin gene locus and its evaluation as an insertion site for foreign genes. Gene 177 : 43–46.

[8] Scheiflinger F, Dorner F, Falkner FG. 1998. Transient marker stabilisation : a general procedure to construct marker-free recombinant vaccinia virus. Arch Virol 143 : 467–474.

[9] Garber DA, O'Mara LA, Zhao J, Gangadhara S, An I, Feinberg MB. 2009. Expanding the repertoire of Modified Vaccinia Ankara-based vaccine vectors via genetic complementation strategies. PLoS One 4 : e5445.

[10] Wong YC, Lin LC, Melo-Silva CR, Smith SA, Tscharke DC. 2010. Engineering recombinant poxviruses using a compact GFP-blasticidin resistance fusion gene for selection. J Virol Methods 171 : 295–298.

[11] Staib C, Drexler I, Sutter G. 2004. Construction and isolation of recombinant MVA. Methods Mol Biol 269 : 77–100.

[12] Perkus ME, Limbach K, Paoletti E. 1989. Cloning and expression of foreign genes in vaccinia virus, using a host range selection system. J Virol 63 : 3829–3836.

[13] Sutter G, Ramsey Ewing A, Rosales R, Moss B. 1994. Stable expression of the vaccinia virus K1L gene in rabbit cells complements the host range defect of a vaccinia virus mutant. J Virol 68 : 4109–4116.

[14] Smith KA, Stallard V, Roos JM, Hart C, Cormier N, Cohen LK, Roberts BE, Payne LG. 1993. Host range selection of vaccinia recombinants containing insertions of foreign genes into non-coding sequences. Vaccine 11 : 43–53.

[15] Staib C, Drexler I, Ohlmann M, Wintersperger S, Er fl e V, Sutter G. 2000. Transient host range selection for genetic engineering of modified vaccinia virus Ankara. Biotechniques 28 : 1137–1142, 1144–1146, 1148.

[16] Zhu LX, Xie YH, Li GD, Wang Y. 2001. High frequency of homologous recombination in the genome of modified vaccinia virus ankara strain (MVA) . Sheng Wu Hua Xue Yu Sheng Wu Wu Li Xue Bao (Shanghai) 33 : 497–503.

[17] Cottingham MG, Andersen RF, Spencer AJ, Saurya S, Furze J, Hill AV, Gilbert SC. 2008. Recombination-mediated genetic engineering of a bacterial artificial chromosome

clone of modified vaccinia virus Ankara（MVA）. PLoS One 3：e1638.

[18]　Cottingham MG, Gilbert SC. 2010. Rapid generation of markerless recombinant MVA vaccines by en passant recombineering of a selfexcising bacterial artificial chromosome. J Virol Methods 168：233–236.

[19]　Di Lullo G, Soprana E, Panigada M, Palini A, Agresti A, Comunian C, Milani A, Capua I, Erfle V, Siccardi AG. 2010. The combination of marker gene swapping and fluorescence-activated cell sorting improves the efficiency of recombinant modified vaccinia virus Ankara vaccine production for human use. J Virol Methods 163：195–204.

[20]　Di Lullo G, Soprana E, Panigada M, Palini A, Erfle V, Staib C, Sutter G, Siccardi AG. 2009. Marker gene swapping facilitates recombinant Modified Vaccinia Virus Ankara production by host-range selection. J Virol Methods 156：37–43.

[21]　Blasco R, Moss B. 1991. Extracellular vaccinia virus formation and cell-to-cell virus transmission are prevented by deletion of the gene encoding the 37, 000-Dalton outer envelope protein. J Virol 65：5910–5920.

[22]　Blasco R, Moss B. 1992. Role of cell-associated enveloped vaccinia virus in cell-to-cell virus spread. J Virol 66：4170–4179.

[23]　Blasco R, Moss B. 1995. Selection of recombinant vaccinia viruses on the basis of plaque formation. Gene 158：157–162.

[24]　Lorenzo MM, Galindo I, Blasco R. 2004. Construction and isolation of recombinant vaccinia virus using genetic markers. Methods Mol Biol 269：15–30.

[25]　Sanchez-Puig JM, Blasco R. 2005. Isolation of vaccinia MVA recombinants using the viral F13L gene as the selective marker. Biotechniques 39：665–666, 668, 670 passim.

[26]　Sanchez-Puig JM, Blasco R. 2000. Puromycin resistance（pac）gene as a selectable marker in vaccinia virus. Gene 257：57–65.

[27]　Galindo I, Lorenzo MM, Blasco R. 2001. Set of vectors for the expression of histidine-tagged proteins in vaccinia virus recombinants. Biotechniques 30（524–526）：528–529.

（吴　健、吴国华　译）

第 6 章　筛选痘苗病毒释放抑制因子：
IMV，IEV 和 EEV 的分离

Chelsea M. Byrd，Dennis E. Hruby

概　要

人们对于天花病毒可能作为生物学武器的关注以及对痘病毒自然感染或免疫接种引起的并发症的治疗或预防需求，引发了对痘病毒复制小分子抑制因子的探索。抑制病毒释放是抗病毒药物研发中一个独特且引人注目的焦点。对于病毒释放抑制因子如何决定不同病毒颗粒形成的作用机制还不完全了解。所形成的不同病毒颗粒可以通过浮力密度离心来确定。

关键词：痘苗病毒；正痘病毒；释放抑制因子；抗病毒药物；胞外病毒；胞内病毒；ST-246；特考韦瑞（译者注：英文名 Tecovirimat，一种高活性抑制剂）；浮力密度离心

1　引　言

天花病毒作为一种潜在的生物威胁因子近年来备受关注。为了应对这一威胁，同时也为给自然感染痘病毒或疫苗接种引起的并发症提供对策，已经开展了大量研究以鉴定和研发针对正痘病毒复制的小分子抑制因子。

痘苗病毒（VACV）是一种在细胞质内复制的大型 DNA 病毒，是正痘病毒属的一员，可安全用于实验室筛选正痘病毒抑制因子。其他正痘病毒（包括牛痘病毒、猴痘病毒、骆驼痘病毒、鼠痘病毒以及浣熊痘病毒）都与痘苗病毒在形态上很相似。

VACV 能够产生 4 种感染性病毒粒子，包括胞内成熟病毒（IMV）、胞内有包膜病毒（IEV）、细胞相关包膜病毒（CEV）以及胞外包膜病毒（EEV）（见图 6-1）[1-5]。这些病毒粒子具有相同的核心结构，但在病毒生命周期中具有不同的包膜、位置和作用，并且可以通过其浮力密度进行分离。

为了促进病毒复制小分子抑制因子的研发，需要充分了解这些分子的作用机制。一种有吸引力的方法是筛选能够抑制病毒从细胞中释放的化合物。ST-246 是 SIGA Technologies 公司研发的一种治疗和预防人类正痘病毒感染的小分子正痘病毒释放抑制因子，本章以其作为模型阐述 [6, 7]。

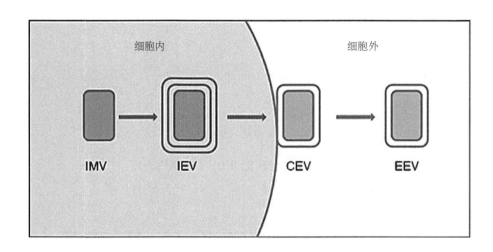

图 6-1　VACV 病毒生命周期所产生的 4 种感染性病毒粒子示意

IMV 为胞内成熟病毒，IEV 为胞内有包膜病毒，CEV 为细胞相关包膜病毒，EEV 为胞外包膜病毒。

　　当一种抗病毒化合物能够在体外抑制病毒蚀斑形成，并能在体内防止病毒的全身性扩散，若发现有此迹象，则表明这种化合物可以抑制胞外病毒的释放，而这两种活动都依赖于 EEV。为了确定阻断 EEV 释放是否由于病毒早期病毒粒子类型如 IEV、CEV 缺乏或 IMV 老化造成的，可以在有抑制剂和没有抑制剂的情况下，用氚化胸腺嘧啶对病毒增殖进行放射性标记并用平衡离心进行分离。在没有抑制剂的情况下，细胞裂解液中的放射性标记的细胞相关病毒可以分为 3 个明显的峰，分别对应于 1 种包膜的 IMV、2 种包膜的 CEV 和 3 种包膜的 IEV。从细胞培养基中分离的放射性标记的胞外病毒，能形成一个明显的与 EEV 相对应的独特峰值。在有抑制剂存在的情况下，通过分析放射性峰的形态可以判定病毒增殖在哪个阶段受到阻滞。

2　材　料

2.1　细胞和病毒

（1）病毒：VACV-IHDJ（痘苗病毒 IHDJ 株，见注释 1）。

（2）细胞：RK13（兔肾上皮细胞系；ATCC#CCL-37，见注释 2）。

（3）细胞生长培养基：最低基础培养基（MEM）加入 10% 胎牛血清（FBS），2mM l- 谷氨酰胺，10μg/mL 庆大霉素。

（4）细胞感染培养基：MEM 加入 5%FBS，2mM l- 谷氨酰胺，10μg/mL 庆大霉素。

（5）病毒抑制化合物：在本例中 ST-246 的浓度为 10μM。

2.2 病毒代谢放射性标记

（1）[甲基 -^{3}H] 胸腺嘧啶。

（2）无胸腺嘧啶 MEM。

2.3 浮力密度离心

（1）10mM Tris–HCl，pH 值 8.0。

（2）低渗缓冲液：50 mM Tris–HCl，pH 值 8.0，10 mM KCl。

（3）磷酸盐缓冲液（PBS）（见注释 3）。

（4）杜恩斯匀浆器。

（5）36% 蔗糖溶液：36g 蔗糖加入 pH 值 8.0，10mM Tris-HCl，至终体积为 100mL。

（6）Beckman 超速离心管（例如，Cat#344060）。

（7）超速离心机。

（8）氯化铯（CsCl）溶液，密度分别为 1.20 g/mL、1.25 g/mL 和 1.30g/mL（见注释 4）。

（9）Whatman 21mm 玻璃纤维滤膜。

（10）闪烁液（例如，Microscint 20）。

（11）闪烁计数器。

2.4 蛋白免疫印迹分析

（1）预先制备的 4%~12% bis-tris 聚丙烯酰胺凝胶。

（2）电泳缓冲液。

（3）预染分子质量标准。

（4）硝酸纤维素膜。

（5）转移缓冲液。

（6）TBS 缓冲液（TBS）：20mM Tris-HCl，pH 值 7.5，500mM NaCl。

（7）含吐温的 TBS 缓冲液（TTBS）：20 mM Tris-HCl，pH 值 7.5，500 mM NaCl，0.05% 吐温 20。

（8）封闭缓冲液：含 3% 明胶的 TBS。

（9）抗体缓冲液：含 1% 明胶的 TTBS。

（10）一抗血清：例如，抗 -L4（核心）和抗 -B5 抗体。

（11）二抗：抗小鼠 -HRP 或抗兔 -HRP。

3 方 法

这里的方法介绍了如何利用放射性标记病毒粒子的浮力密度离心来分离不同类型（IMV、IEV 和 EEV）的 VACV，来确定抑制剂化合物是否能够阻断一些类型病毒粒子的形成。

3.1 代谢放射性标记的病毒培养

（1）将 RK13 细胞接种于 $150cm^2$ 的组织培养皿中，每个培养皿接种 1×10^7 个细胞，加入细胞生长培养基。在 37℃ 5% CO_2 培养箱中培养过夜。

（2）在添加或不添加抑制剂化合物的情况下，将 VACV-IHDJ 以 10PFU/cell 感染复数（MOI）的量接种于细胞，加入 10mL 感染培养基。

（3）37℃ 孵育。

（4）感染 3h 后（3hpi），将培养基吸出，不论孔中是否存在抑制剂，均加入 10mL 含 $12\mu Ci/mL[$ 甲基 $-^3H]-$ 胸腺嘧啶的无胸腺嘧啶 MEM。

（5）37℃ 培养 24h。

3.2 胞内病毒粒子和胞外病毒粒子的分离

（1）紧接上述步骤 5，吸取细胞培养的上清液（此样品中包含大部分胞外病毒），低速离心除去细胞碎片（25℃ 4 000 ×g 离心 5min）。

（2）将上清液平铺到 7mL 36% 的 PBS 蔗糖垫上，4℃ 40 000 ×g 离心 80min。

（3）通过适当的处理去除上清液（见注释 5）。

（4）用 1mL PBS 重悬沉淀（含有胞外病毒），置冰上保存。

（5）用 PBS 轻轻洗涤细胞单层，开始处理感染细胞（见注释 3）。

（6）刮下并收获感染的细胞，如步骤 1 进行低速离心沉淀细胞（但这次要弃去上清液，保留沉淀的细胞）。

（7）用 1mL 低渗缓冲液重悬细胞（此样品包含细胞相关的病毒类型）。

（8）将样品置于冰上 10 min，使细胞膨胀。

（9）将样品置于干冰中冻结然后放到 37℃ 下融化，冻融细胞两次（见注释 6）。

（10）用杜恩斯匀浆器 A 型碾槌匀浆 20 次（见注释 6）。

（11）匀浆后，在 4℃ 下 700 ×g 离心 10min 去除细胞碎片。

（12）将上清液铺到 7mL 36% 的 PBS 蔗糖垫上，4℃ 40 000 ×g 离心 80min。

（13）通过适当的方法除去上清液（见注释 5）。

（14）用 1mL PBS 重悬沉淀（含有细胞相关病毒），置于冰上保存。

（15）在用平衡离心分离病毒的前一夜，制备 CsCl 梯度。梯度制备的方法是将下述溶液按顺序轻轻加入超速离心管中：首先加 1.30 g/mL 的 CsCl 溶液 3.5 mL，其次是 1.25 g/mL 的 CsCl 溶液 4.0 mL，最后加 1.20 g/mL 的 CsCl 溶液 3.5 mL（见注释 4 和注释 7）。

（16）将胞外病毒样品（步骤 4）和细胞相关病毒样品（步骤 14）铺到 CsCl 梯度上，方法是轻轻地用吸管将含有病毒的样品加到步骤 15 制备的含 CsCl 的超速离心管顶部。

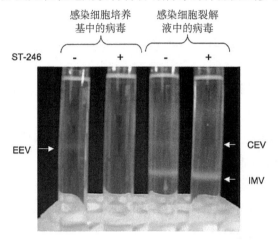

图 6-2　用 CsCl 梯度从感染细胞的培养基或感染
细胞裂解液中分离不同形式的 VACV
（加或不加 ST-246）

（17）确保离心管平衡。

（18）15℃ 100 000 × g 离心 3h。

（19）轻轻地从离心机中取出离心管，寻找与各类型病毒相符的白色条带。IMV 条带在 1.27 g/mL 处，EEV 条带在 1.23 g/mL 处 [8]（见图 6-2 和注释 8）。

（20）每 0.5 mL 一个级分，从离心管底部逐滴吸出溶液。每一级分的密度可以通过称重获得（参见注释 9）。

（21）每一级分取 50 μL 加到 What-man 纸上，干燥过夜。

（22）用液体闪烁计数法定量 CPM（/min 内的放射计数）。

（23）图 6-3 为用此方法获得的结果。

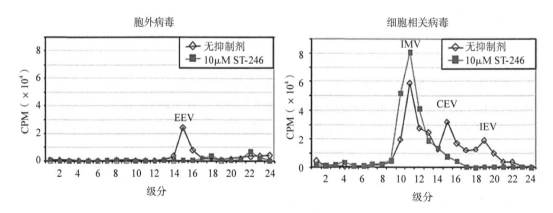

图 6-3　液体闪烁计数法定量平衡离心的放射性标记病毒

空心菱形图为不加抑制剂的样品，实心矩形图为加入抑制剂的样品。

本图得到生物医学中心期刊（BioMed Central）许可，改编自参考文献 [6]。

3.3　IEV 和 IMV 蛋白的免疫印迹分析

为了确定处于峰值各级分中病毒粒子的类型，可以利用不同病毒颗粒特异性蛋白的抗血清，对平衡离心后的各级分进行免疫印迹分析。有多种蛋白与 IEV、CEV 和 EEV 相关，但是 IMV 中没有特异的相关蛋白。IEV 蛋白包括 A33R、A34R、A36R、A56R、B5R、F13L 和 F12L[5]。在此例中，我们利用抗 –L4 抗血清来检测病毒核心（存在于所有形式的病毒颗粒中），利用抗 –B5 抗血清来检测 B5 蛋白（仅出现在有囊膜病毒上）。

（1）取 3.2 中获得的含有病毒的级分，加入样品缓冲液至 20μL。

（2）将样品 100℃煮沸热激 3min。

（3）上样到 SDS-PAGE 胶上，125V 电泳 90min（见注释 10）。

（4）预先将硝酸纤维素膜浸泡在甲醇中 20min，将胶转移到硝酸纤维素膜上。

（5）在 Western blot 转印仪中以 400mA 作用 1h，将蛋白转移到硝酸纤维素膜上。

（6）用封闭缓冲液封闭 2~4h。

（7）用 TTBS 洗膜 2 次。

（8）加入含一抗的抗体缓冲液（在此例中，加入抗 -L4 或抗 -B5 抗体），作用至少 2h。

（9）用 TTBS 洗膜 2 次。

（10）加入含二抗的抗体缓冲液作用 1h。

（11）用 TTBS 洗膜 2 次。

（12）用 TBS 洗膜 1 次。

（13）按常规方法显色。

（14）图 6-4 所示为应用本操作程序获得的 Western blot 结果。

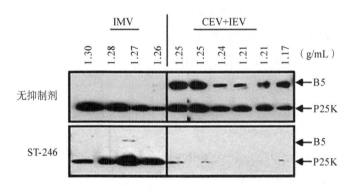

图 6-4　放射性标记病毒的平衡离心

通过免疫印迹分析，利用抗 L4（P25K）和 B5 蛋白的抗血清，检测处于不同级分［基于该级分中 CsCl 的密度（in g/mL）］中的病毒蛋白。

本图得到生物医学中心期刊（BioMed Central）许可，复制自参考文献[6]。

4　注　释

（1）从感染细胞中释放 EEV 的量显著与所用痘苗病毒的毒株有关。IHD-J 病毒株产生的 EEV 的量比 WR 株产生的多将近 40 倍[9]。

（2）可用其他能使 VACV 生长良好的细胞系代替 RK-13，例如 Vero 或 BSC40 细胞。人们认为 RK13 细胞"黏性"较低，因此能释放较多的 EEV 到培养基中。这种能产生较多 EEV 的 IHD-J 表型，有利于释放足够多的 EEV 到培养基中，便于检测和与其他形式的病毒粒子分离开。

（3）确保 PBS 中无钙离子和镁离子。

（4）注意列出的"g/mL"为 CsCl 溶液浓度。在制备密度梯度中所需的 CsCl 溶液时，每 100mL 溶液按下述方法操作。1.30g/mL 的 CsCl 溶液：称取 31.15g CsCl 溶于 68.85mL pH 值 8.0，10mM Tris-HCl 中；1.25g/mL 的 CsCl 溶液：称取 26.99g CsCl 溶于 73.01mL pH 值 8.0，10mM Tris-HCl 中；1.20g/mL 的 CsCl 溶液：称取 22.49g CsCl 溶于 77.5mL pH 值 8.0，10mM Tris-HCl 中。对溶液进行过滤除菌。可以利用折射计测定所制备溶液的折光率，来验证溶液的密度（见注释 9）。

（5）请与所在机构的环境卫生和放射物安全办公室讨论，采用适当的方法处理放射性并有感染性的废弃物。由于 VACV 是一种有囊膜病毒，可以在放射性废弃物中加入清洁剂使其失去感染性。放射感染性废弃物禁止用高压蒸汽处理。

（6）冻融使细胞破碎，杜恩斯匀浆有助于病毒从细胞中释放出来。

（7）在使用的前一夜制备梯度，并于 4℃保存，使各分层进行平衡。

（8）在离心管后面放置一张黑色卡片有助于观察条带。

（9）另外，还可以用折射计来测定各级分的密度。利用折射计测定出 CsCl 溶液的折光率后，再利用标准表格将折光率换算成密度。

（10）有多种胶和缓冲液系统可用于 SDS-PAGE。

参考文献

[1]　Blasco R，Moss B .1992. Role of cell-associated enveloped vaccinia virus in cell-to-cell spread. J Virol 66：4170–4179.

[2]　Moss B .1996. Poxviridae：the viruses and their replication. In：Fields BN, Knipe DM, Howley PM（eds）Fields virology, 3rd edn. Lippincott-Raven, Philadelphia, PA，pp 2637–2671.

[3]　Moss B .2001. Poxviridae and their replication. In：Knipe B，Howley P（eds）Fields virology, 4th edn. Raven, New York, NY, pp 2849–2884.

[4]　Moss B .2006. Poxvirus entry and membrane fusion. Virology 344：48–54.

[5]　Smith GL, Vanderplasschen A，Law M .2002. The formation and function of extracellular enveloped vaccinia virus. J Gen Virol 83：2915–2931.

[6]　Chen Y, Honeychurch KM, Yang G et al .2009. Vaccinia virus p37 interacts with host proteins associated with LE-derived transport vesicle biogenesis. Virol J 6：44.

[7]　Yang G, Pevear DC, Davies MH et al .2005. An orally bioavailable antipoxvirus compound（ST246）inhibits extracellular virus formation and protects mice from lethal orthopoxvirus challenge. J Virol 79：13139–13149.

[8]　Payne LG, Norrby E .1976. Presence of haemagglutinin in the envelope of extracellular vaccinia virus particles. J Gen Virol 32：63–72.

[9]　Blasco R, Sisler JR, Moss B .1993. Dissociation of progeny vaccinia virus from the cell membrane is regulated by a viral envelope glycoprotein, effect of a point mutation in the lectin homology domain of the A34R gene. J Virol 67：3319–3325.

（赵银龙、吴国华　译）

第 7 章　痘苗病毒入侵 HeLa 细胞的实时成像分析

Cheng-Yen Huang，Wen Chang

概　要

　　最近开发了一种成熟的活细胞成像技术已经得到了广泛的应用，包括检测病毒在活细胞内的活动。为了监测病毒的活动性，将病毒或细胞的蛋白与荧光标记融合，然后用时移荧光显微镜进行监测。这种技术能够对处于入侵过程中的单个病毒粒子进行动力学分析，也能够对病毒和细胞结构之间的动态相互作用进行实时监测。本章介绍的方法包括：如何构建重组痘苗病毒，使之表达的 A4L 核心蛋白与 mCherry 荧光蛋白融合，以及如何在表达肌动蛋白 -EYFP 的 HeLa 细胞上检测病毒运动。

　　关键词：痘苗病毒；mCherry（一种红色荧光染料）；肌动蛋白 -EYFP；时移；荧光显微镜

1　引　言

　　病毒入侵是一个复杂的过程，需要病毒和细胞结构之间复杂的和动态的相互作用。因此，建立一种足够灵敏的，用于监测单个病毒颗粒入侵过程以及病毒和细胞蛋白之间动态相互作用的实验方法非常重要。利用免疫荧光显微镜和共聚焦显微镜对固定的感染细胞样本进行成像分析技术，已经被广泛地应用于病毒学研究，它可以用来研究病毒怎样与细胞表面受体结合以及如何通过不同的途径在细胞内运动[1-18]。最近，成像技术的仪表化分析和特异性荧光探针技术的发展为病毒感染过程的动力学研究揭开了新的一页[19, 20]。然而，如何从众多的成熟技术中挑选适当的方法，用于解决特定的研究课题是一个非常重要的问题。

　　痘苗病毒的宿主范围广泛，成熟痘苗病毒颗粒（MV）通过不同的途径侵入细胞[21]，包括膜融合[5, 22-24]和大胞饮 / 液相内吞作用[3, 7, 25, 26]。痘苗病毒的 MVs 与氨基葡聚糖[27, 28]和胞外基质层粘连蛋白[29]结合后，通过液相内吞作用 / 大胞饮作用进入 HeLa 细胞[3, 7]。在这里，介绍了我们用于产生荧光重组痘苗病毒 McHerry VV 的实验方案，该病毒表达一种融合到红色荧光蛋白 mCHerry[30] 的病毒 A4 核心蛋白。同时，也介绍了我们如何应用

mCherry-VV 进行实时成像分析，使痘苗病毒 MV 颗粒和肌动蛋白运动可视化[3]，以确定痘苗病毒的入侵过程。

2　材　料

2.1　细胞培养

（1）完全杜氏改良伊格尔培养基（DMEM）：DMEM 中加入 10% 胎牛血清（FBS）或 10% 小牛血清（CS）。

（2）无酚红 DMEM 培养基：DMEM 中加入 100 mM HEPES，然后加入 FBS 至终浓度 2%（见注释 1）。

（3）圆形显微镜盖玻片，42mm×0.17mm（例如，Carl Zeiss）。

（4）能够实现"开放"和"封闭"灌流培养的细胞培育系统（POC-R）（例如，Carl Zeiss）。

2.2　病毒和细胞

（1）痘苗病毒 WR 株，mCherry-VV 株。

（2）HeLa 细胞。

（3）293T 细胞。

（4）BSC40 细胞。

2.3　重组病毒的构建

（1）痘苗病毒 WR 株基因组 DNA。

（2）质粒 pmCherry[30]。

（3）为重叠 PCR 设计的寡核苷酸（见表 7-1 和图 7-1）。

（4）GeneAmp PCR 系统 9700。

（5）QIAquick 胶提取试剂盒。

（6）TOPO pCDNA3.1 质粒。

表 7-1　用于构建表达 mCherry-A4 融合蛋白重组痘苗病毒的 PCR 反应引物

引物名称	序列	作用
寡核苷酸 1	5'-CTC CGT TGA ATT CGA TGA CTA TAG GAC AAG AAC CCT CCT C-3'	用于制备位于 A4L 基因开放阅读框（ORF）上游的 463bp 的 PCR 产物（片段 a）。下画线标记的为一个 EcoR I 限制性酶切位点
寡核苷酸 2	5'-ATC CTC CTC GCC CTT GCT CAC CAT TTA AGG CTT TAA AAT TGA ATT GCG-3'	

（续表）

引物名称	序列	作用
寡核苷酸3	5′-GGC ATG GAC GAG CTG TAC AAG GAC TTC TTT AAC AAG TTC TCA CAG GGG-3′	用于制备 1 215bp 的 PCR 产物（片段 b），包含 A4L 基因 ORF 及其下游 346bp 的片段。下画线标记的为一个 *Hind* Ⅲ 限制性酶切位点
寡核苷酸4	5′-CGT ACT CC<u>A AGC TT</u>G TGT AGA TGC TAC TTC GTC GAT GG-3′	
寡核苷酸6	5′-ATG GTG AGC AAG GGC GAG GAG GAT-3′	用于制备 711bp 的 PCR 产物（片段 c），包含 *mCherry* 基因
寡核苷酸7	5′-CTT GTA CAG CTC GTC CAT GCC-3′	

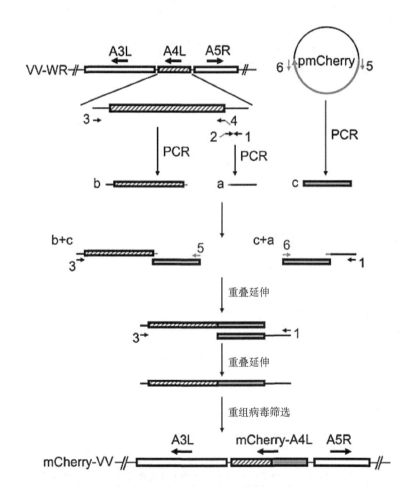

图 7-1　mCherry-VV 的构建

通过重叠延伸 PCR 将 mCherry 的编码序列融合到痘苗病毒 ORF 的 N-末端。黑色箭头指示每个 ORF 的翻译方向，小箭头指示 PCR 反应引物。

2.4　高滴度病毒纯化

（1）磷酸盐缓冲液（PBS）。

（2）TM 缓冲液：10mM Tris，pH 值 7.4，5mM $MgCl_2$。

（3）杜恩斯匀浆器，容量 50mL。

（4）36% 蔗糖溶液：称取 36g 蔗糖，加水至 100mL。

（5）Optima L-90K 超速离心机和 SW28 转子。

（6）SONIFIER 450 超声波破碎仪。

2.5　瞬时转染

（1）CMV 启动子驱动的 pEYFP-actin 质粒（例如，Clontech）。

（2）脂质体转染试剂。

2.6　活细胞成像

（1）宽视野倒置荧光显微镜：带 63×plan-NEOFluar 油镜的 Zeiss Axiovert 200M 显微镜，1.25NA 物镜。

（2）细胞观察：XL S1 温箱，XL S1 加热单元，S1 温度模块，S1 CO_2 模块，CO_2 封盖 PMS1，S1 温湿度控制装置。

（3）过滤装置：YFP shift-free Ex 500/20，Em 535/30；mCherry shift-free Ex 531/40，Em 593/40。

（4）Zeiss AxioVision Rel. 4.6 软件。

3　方　法

3.1　细胞培养

（1）用含 10% FBS 的 DMEM，在 100mm 组织培养皿中培养 HeLa 细胞和 293T 细胞单层，生长至 80% 融合。

（2）用含 10% CS 的 DMEM，在 100mm 组织培养皿中培养 BSC-40 细胞单层，生长至 80% 融合。

3.2　融合表达 A4L 核心蛋白与 mCherry（mCherry-VV）荧光重组痘苗病毒的构建

以痘苗病毒 WR 株基因组 DNA 和 pmCherry 质粒为模板（见表 7-1 和图 7-1），利用重叠延伸 PCR[31]，将 mCherry 融合到 A4L 蛋白的 N 末端。

（1）寡核苷酸 1 和 2 产生 463bp 的 PCR 产物（片段 a），位于 *A4L* 基因开放阅读框

（ORF）上游，包含 *mCherry* 基因的 5′ 端（24bp）。寡核苷酸 3 和 4 产生一个 1 215bp 的 PCR 产物（片段 b），包含 *mCherry* 基因的 3′ 端（21bp）、*A4L* 基因 ORF，以及 *A4L* 基因 ORF 下游的 346bp 片段。寡核苷酸 5 和 6 产生一段 mCherry 基因 711bp 的 PCR 片段（片段 c）。每个 PCR 反应的条件均为 94℃ 1min，50℃ 1min，72℃ 3min，反应 25 个循环。然后用 QIAquick 胶提取试剂盒对 PCR 产物进行纯化。

（2）随后对 3 种 PCR 产物进行装配和成对延伸（b+c 和 a+c），PCR 扩增（见注释 2），并进行胶回收纯化。获得的 2 个片段再次进行延伸，最终获得 2 389bp 的 PCR 片段（见注释 2）。重叠延伸 PCR 反应条件：92℃ 1min，50℃ 2min，72℃ 7min，5 个循环。

（3）将最终产物进行胶回收纯化，然后克隆到 TOPO pCDNA3.1 质粒中构建 pA4L-mCherry-N（见注释 3）。

（4）重组病毒的构建：首先将痘苗病毒（WR 株）以 5PFU/cell 的感染复数接种 293T 细胞，然后利用脂质体将 *Eco*R I 和 *Hind* Ⅲ 消化的 pA4L-mCherry-N DNA 片段转染到感染的细胞（见注释 4）。

（5）感染 24h 后收集细胞单层，利用荧光鉴定表达 mCherry 的重组病毒。

（6）随后在 BSC-40 细胞上对重组病毒进行 3 轮蚀斑纯化。

3.3　病毒纯化（见注释 5）

按以前介绍的方法[28, 32]对重组病毒 mCherry-VV 进行纯化。

（1）用 mCherry-VV 以 0.05PFU/cell 的感染复数接种 100 块 100mm×100mm 培养皿中的 BSC40 细胞。

（2）细胞完全病变后，收获感染的细胞（见注释 6）。

（3）收获的培养液 850×g 离心 15min，沉淀细胞。

（4）除去培养基，用 PBS 洗涤细胞沉淀 3 次。

（5）用 20mL TM 缓冲液重悬细胞，用杜恩斯匀浆器匀浆 20 次使细胞破碎。

（6）通过 850×g 的低速离心法离心 10min 除去细胞核，收集上清液。

（7）重复步骤 5 和步骤 6 共 3 次，将每次收集的上清液合并在一起。

（8）将收集的含有病毒的上清液（通常约 20mL）置于 16mL 36% 的蔗糖溶液上，使用 Beckman SW28 转子 45 000×g 离心 80min。

（9）用 3mL TM 缓冲液重悬病毒粒子，超声处理，用 33mL 25%~40% 的连续蔗糖梯度，以 Beckman SW28 转子 27 500×g 离心 40min，进行进一步纯化。

（10）从蔗糖梯度顶部缓慢收集级分，将含有病毒的级分用 TM 缓冲液稀释 5 倍（见注释 7）。

（11）将含有病毒（MV）的级分在 TM 缓冲液中离心，洗去蔗糖。

（12）通过蚀斑形成分析病毒粒子的感染性，用电子显微镜对 MV 粒子进行计数（见注释 8)。

3.4　瞬时转染

为了使感染细胞内的肌动蛋白可视化，我们将表达 YFP- 肌动蛋白融合蛋白的质粒转染细胞。

（1）用胰酶消化融合的 HeLa 细胞，以 6×10^5 个细胞 / 平皿的密度接种 100mm 培养皿，培养 24h 使细胞达到 60%~70% 融合。

（2）将 3μg pEYFP-actin 质粒 DNA 稀释至 900μL DMEM 中，与含 30μL 脂质体的 900μL DMEM 混合，室温孵育 20min。

（3）在准备 DNA- 脂质体混合物的同时，将 HeLa 细胞培养基更换为 7.2mL 新鲜的 DMEM（无 FBS），放置 20min。

（4）将 DNA 和脂质体的混合物逐滴加入 HeLa 细胞，37℃孵育 4h。

（5）吸去培养基，加入 10mL 完全 DMEM。将细胞进行过夜培养，或生长到足够的细胞数。

3.5　痘苗病毒感染细胞的时移显微镜检测

（1）在显微镜检测的前 1d，将表达 pEYFP-actin 的 HeLa 细胞（提前 1d 转染，见 3.4）用胰酶消化，以 2×10^5 个细胞的密度接种 60mm 培养皿，加无菌盖玻片，过夜贴壁培养使细胞达到 70% 融合（见注释 9 和注释 10 ）。

（2）用镊子将盖玻片取出，置于含 1mL 无酚红 DMEM 培养基（见注释 12 ）的 POC-R 上（见注释 11 ）。

（3）将所有盖玻片上的细胞置于细胞观察系统的显微镜载物台上，37℃平衡 1h（见注释 13 ）。

（4）将纯化的表达 VV-mCherry 的 MV 超声处理，37℃接种于 POC-R 上的 HeLa 细胞，接种密度为每个细胞 50~100 个 MV 病毒颗粒（见注释 14 ）。

（5）在 37 ℃ 下，用 Zeiss Axiovert 200 M 显微镜，以 63 ×plan-NEOFluar 油镜，1.25NA 物镜对细胞进行观察。

（6）用 Zeiss AxioVision Rel. 4.6 软件获取荧光图像并进行处理，此软件可用于相位对比与荧光标记病毒的叠加，也可用于荧光标记的 actin-EYEP 和 mCherry 的叠加（见图 7-2 ）。

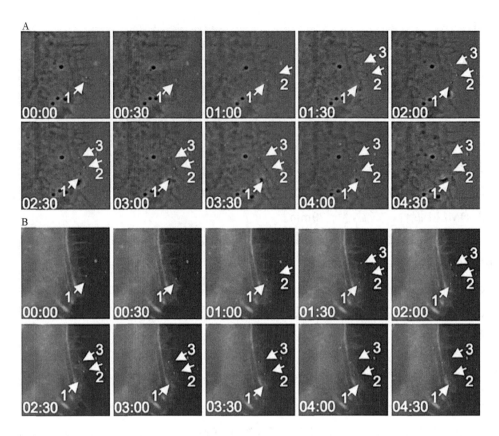

图 7-2 痘苗病毒 MV 侵入 HeLa 细胞

用时移免疫荧光显微镜对 mCherry-VV 的运动进行实时成像。将纯化的 mCherry-VV 的 MV 接种于表达 EYFP-actin 的 HeLa 细胞，立即开始采集时间序列图像，采集时间间隔为 30s。（A）为相位对比与 mCherry 荧光叠加的图像，（B）为 EYFP 和 mCherry 荧光叠加的图像。由图中可见，在进入细胞之前，mCherry-VV 粒子（白点）沿着肌动蛋白突起的细胞表面移动。带编号的箭头指示了单个病毒粒子向细胞表面移动的轨迹。此图的彩色部分（可从本章的电子版中获得），EYFP-actin 显示为绿色，mCherry-VV 显示为红色。由图中可见，mCherry-VV 粒子（红点）在内化进入细胞之前，沿着细胞表面肌动蛋白的突起（绿色）移动。

3.6 图像的获取

（1）在细胞接种病毒之前设定好图像获取的条件。条件设定后，将放置有 HeLa 细胞的 POC-R 置于显微镜的载物台上，打开 Zeiss AxioVision Rel. 4.6 软件。

（2）通过荧光显微镜调整焦距：寻找一个荧光标记的细胞或病毒，将其调整到视野中央，调整焦距旋钮。

（3）将纯化的 mCherry-VV 滴在一块盖玻片上作为对照，以调整 mCherry 荧光采集的曝光时间。

（4）随后选择"Multidimensional acquisition"功能，之后选择"Channel definition"

和 ph3，YFP 以及 mCherry 按钮。选择 "Fixed mode" 并通过检查 "Measure" 按钮调整曝光时间。然后，调整曝光时间并点击 "OK" 来确定三个通道的条件。

（5）确保 "Hardware settings" 正确。当 ph3 通道打开时，"During acquisition" 设置必须为 ph3，且 "After acquisition" 设置为 TL 关闭。当 YFP 或 mCherry 通道打开时，"During acquisition" 设置必须为 YFP 或 mCherry，且 "After acquisition" 设置为 RL 关闭。

（6）可以选择 "Autofocus" 功能，以避免在图像采集过程中焦距不合适。

（7）获取图像的时间间隔及总时间的设定，选择 "Time lapse"，设置 "Time interval" 到 30s 且 "Duration" 为 30min（见注释 15）。

（8）当所有设置完成后，将病毒加入到细胞，然后点击 "Start" 按钮来采集图像。

3.7　数据处理

（1）用 Zeiss AxioVision Rel. 4.6 软件进行处理数据。通过选择 "Edit" 功能和 "Define ROI." 可以从所选区域中剪切连续的图像。当选择了目的区域后，点击 "Copy ROI" 并粘贴来获得所选区域图像。

（2）当需要从全部时间段里提取连续的时间点时，选择 "Gallery view" 功能，选择 "Time region"，然后点击 "Extract selection" 按钮。

（3）通过选择 "Annotations" 然后点击 "Draw annotations"，可以添加文本或箭头。

（3）需要在图像中添加连续的时间点时，点击 "Annotations" 选择 "Frequent annotations" 然后选择 "Relative time"。

（4）图像能够以 jpg、tif 格式输出，也能以视频文件输出。

4　注　释

（1）避光，在 4℃ 下可保存数月。

（2）若有必要，重叠延伸的产物可再次用 PCR 进行扩增，但 PCR 扩增过程可能会引起更多的突变。

（3）插入后应当对最终获得的质粒进行测序分析，确保没有引入无义突变的错误。我们通常每次转化选择 10 个克隆，从中至少能够找出一个没有错误的克隆。

（4）转染线性 DNA 而不是完整的质粒，以防止分离的单杂交重组病毒又将整个质粒插入病毒基因组中。这种单杂交重组导致的结果是产生一种串联重复序列，这种序列最终会重组出病毒，产生野生型病毒或所预期的重组病毒。

（5）收获病毒感染细胞之后，病毒纯化的所有过程都在 4℃ 进行。

（6）对于这种重组病毒，大约需要 3d。

（7）含有病毒的级分看上去有 1 条白色带，位于梯度柱中间附近。

（8）将纯化的病毒与2%乙酸铀酰等体积混合，室温放置30s。用TM缓冲液作10倍系列稀释。超声处理后点样到金属网（400 mesh N-FC）上，电镜下进行颗粒计数。同样的病毒处理方法也被用于测定蚀斑形成单位。对于这种重组病毒（mCherry-VV），我们通常得到的病毒粒子为11PFU/cell。

（9）转染后将HeLa细胞进行重新接种，这样在获取图像时能减少由转染时所用的脂质体导致的非特异性背景荧光。

（10）经过YFP-actin瞬时转染后的细胞最多可用至转染后3d。

（11）为了避免培养基的损失，POC-R系统必须关紧，培养基的损失会降低细胞的生存能力，并且在获取图像时会使焦平面不稳定。

（12）无苯酚DMEM可以减少非特异性荧光背景，但是若目标荧光蛋白在细胞中大量表达，则没有必要用无苯酚DMEM。

（13）为了在实验时能够更好地平衡，细胞观察系统应该至少提前1天调整到37℃。

（14）将病毒接种至细胞时，手必须稳且动作要迅速。或者，也可以使用注射管将病毒注射到POC-R，但是这种方法会浪费大量病毒。

（15）为了避免来自光源的毒性作用以及荧光漂白，应当通过选择适当的间隔时间将总的曝光时间最小化。

参考文献

[1] Forzan M，Marsh M，Roy P. 2007. Bluetongue virus entry into cells. J Virol 281：4819–4827.

[2] Helenius A，Kartenbeck J，Simons K，Fries E. 1980. On the entry of Semliki forest virus into BHK-21 cells. J Cell Biol 84：404–420.

[3] Huang CY，Lu TY，Bair CH，Chang YS，Jwo JK，Chang W. 2008. A novel cellular protein，VPEF，facilitates vaccinia virus penetration into HeLa cells through fluid phase endocytosis. J Virol 82：7988–7999.

[4] Iyengar S，Hildreth JE，Schwartz DH. 1998. Actin-dependent receptor colocalization required for human immunode ficiency virus entry into host cells. J Virol 72：5251–5255.

[5] Locker JK，Kuehn A，Schleich S et al. 2000. Entry of the two infectious forms of vaccinia virus at the plasma membrane is signalingdependent for the IMV but not the EEV. Mol Biol Cell 11：2497–2511.

[6] Marechal V，Prevost MC，Petit C，Perret E，Heard JM，Schwartz O. 2000. Human immunode ficiency virus type 1 entry into macrophages mediated by macropinocytosis. J

Virol 75：11166-11177.

[7] Mercer J, Helenius A. 2008. Vaccinia virus uses macropinocytosis and apoptotic mimicry to enter host cells. Science 320：531–535.

[8] Patterson S, Russell WC. 1983. Ultrastructural and immuno fluorescence studies of early events in adenovirus-HeLa cell interactions. J Gen Virol 64：1091–1099.

[9] Pernet O, Pohl C, Ainouze M, Kweder H, Buckland R. 2009. Nipah virus entry can occur by macropinocytosis. Virology 395：298–311.

[10] Superti F, Derer M, Tsiang H. 1984. Mechanism of rabies virus entry into CER cells. J Gen Virol 65：781–789.

[11] Vanderplasschen A, Smith GL. 1997. A novel virus binding assay using confocal microscopy：demonstration that the intracellular and extracellular vaccinia virions bind to different cellular receptors. J Virol 71：4032–4041.

[12] Vanderplasschen A, Hollinshead M, Smith GL. 1998. Intracellular and extracellular vaccinia virions enter cells by different mechanisms. J Gen Virol 79：877–887.

[13] Wang QY, Patel SJ, Vangrevelinghe E et al. 2009. A small-molecule dengue virus entry inhibitor. Antimicrob Agents Chemother 53：1823–1831.

[14] Chazal N, Gerlier D. 2003. Virus entry, assembly, budding, and membrane rafts. Microbiol Mol Biol Rev 67：226–237（table of contents）.

[15] Helle F, Dubuisson J. 2008. Hepatitis C virus entry into host cells. Cell Mol Life Sci 65：100–112.

[16] Lakadamyali M, Rust MJ, Zhuang X. 2004. Endocytosis of in fluenza viruses. Microbes Infect 6：929–936.

[17] Marsh M, Helenius A. 2006. Virus entry：open sesame. Cell 124：729–740.

[18] Sieczkarski SB, Whittaker GR. 2002. Dissecting virus entry via endocytosis. J Gen Virol 83：1535–1545.

[19] Brandenburg B, Zhuang X. 2007. Virus traf ficking—learning from single-virus tracking. Nat Rev Microbiol 5：197–208.

[20] Greber UF, Way M. 2006. A superhighway to virus infection. Cell 124：741–754.

[21] Bengali Z, Townsley AC, Moss B. 2009. Vaccinia virus strain differences in cell attachment and entry. Virology 389：132–140.

[22] Armstrong JA, Metz DH, Young MR. 1973. The mode of entry of vaccinia virus into L cells. J Gen Virol 21：533–537.

[23] Chang A, Metz DH. 1976. Further investigations on the mode of entry of vaccinia virus into cells. J Gen Virol 32：275–282.

[24] Doms RW, Blumenthal R, Moss B. 1990. Fusion of intra- and extracellular forms of vaccinia virus with the cell membrane. J Virol 64：4884–4892.

[25] Dales S, Kajioka R. 1964. The cycle of multiplication of vaccinia virus in Earle's Strain L cells. I. Uptake and penetration. Virology 24：278–294.

[26] Townsley AC, Weisberg AS, Wagenaar TR, Moss B. 2006. Vaccinia virus entry into cells via a low-pH-dependent endosomal pathway. J Virol 80：8899–8908.

[27] Chung CS, Hsiao JC, Chang YS, Chang W. 1998. A27L protein mediates vaccinia virus interaction with cell surface heparan sulfate. J Virol 72：1577–1585.

[28] Hsiao JC, Chung CS, Chang W. 1999. Vaccinia virus envelope D8L protein binds to cell surface chondroitin sulfate and mediates the adsorption of intracellular mature virions to cells. J Virol 73：8750–8761.

[29] Chiu WL, Lin CL, Yang MH, Tzou DL, Chang W. 2007. Vaccinia virus 4c（A26L）protein on intracellular mature virus binds to the extracellular cellular matrix laminin. J Virol 81：2149–2157.

[30] Shaner NC, Campbell RE, Steinbach PA, Giepmans BN, Palmer AE, Tsien RY. 2004. Improved monomeric red, orange and yellow fluorescent proteins derived from Discosoma sp. red fl uorescent protein. Nat Biotechnol 22：1567–1572.

[31] Ho SN, Hunt HD, Horton RM, Pullen JK, Pease LR. 1989. Site-directed mutagenesis by overlap extension using the polymerase chain reaction. Gene 77：51–59.

[32] Jensen ON, Houthaeve T, Shevchenko A et al. 1996. Identification of the major membrane and core proteins of vaccinia virus by two-dimensional electrophoresis. J Virol 70：7485–7497.

（高顺平、吴国华　译）

第8章　评估传染性软疣病毒感染性的新方法

Sμbμhi Sherwani, Niamh Blythe, Laμra Farleigh, Joachim J. Bμgert

概　要

传染性软疣病毒（MCV）是一种能够引起人类疾病的痘病毒，在人体皮肤内可良好复制，但在体外不能在常规单层细胞上复制。为了明确病毒在体外复制缺陷的性质，必须逐步地研究常规培养方法中 MCV 的感染过程。本章中介绍的方法是在常规培养细胞中感染已知数量的 MCV 或痘苗病毒，使用荧光素酶或绿色荧光蛋白（GFP）报告基因来测定感染细胞中痘病毒 mRNA 的转录活性。简单地说就是用 PCR 对从人体组织标本中分离的 MCV 进行定量，然后用于感染人 HEK293 细胞，该细胞为 MCV 病毒易于转染的细胞。随后转染合成的早 / 晚期痘病毒启动子控制下的编码荧光蛋白酶报告基因的质粒和真核启动子控制下的编码荧光素酶报告基因的质粒。16h 后收获细胞检测荧光素酶的表达。用靶向 MCV 和痘苗病毒基因组保守区域建立的 PCR 方法定量 MCV 的基因组单位。使用 GFP 报告质粒，进一步感染一系列来源于人与动物的上皮细胞和成纤维细胞系，显微镜下观察 MCV 感染细胞，以评估晚期启动子的活性；使用这些参数，去优化 MCV 在更复杂的真核细胞模型中的感染和基因表达。

关键词：传染性软疣病毒；荧光素酶报告基因构建；真核细胞；感染；转染；定量PCR

1 引　言

传染性软疣病毒（MCV）感染常规的细胞组织，既不产生可定量的细胞病变作用，也不产生病毒后代。但可以检测到少量的病毒 mRNA 和蛋白表达，这表明 MCV 病毒粒子具有转录活性[1-3]。许多研究人员已经观察到在痘病毒感染的细胞中，痘病毒转录复合物可以驱动质粒中痘病毒启动子控制的荧光素酶报告基因的表达。最近有一篇论文使用该方法进行了正痘病毒感染的诊断[4]。

本章介绍的方法基于同样的原理。我们引入了一个反式表达的荧光素酶报告基因作为 MCV 感染和基因表达的一种新的替代标记。为了比较 MCV 和其他痘病毒的感染性[11]，必须确定病毒粒子的数量。可通过电子显微镜或 OD_{300} 定量 [5]，但需要较大量的梯度纯化的病毒粒子。然而，目前 MCV 只能从临床标本中分离，因此很难获得足够量的病毒进行梯度纯化 [5]。PCR 是定量分析临床标本中少量痘病毒的一种替代方法，它对单个痘病毒既可靠又具有高度特异性。本章所述的 PCR 方法靶向 MCV 和牛痘病毒株 WR（VACV-WR）之间 DNA 同源性（约 65%）很高的区域。MCV 基因是 mc129R，与 VACV-WR 144（也被称为 *A24R* 基因，编码 RPO132，DNA 依赖性 RNA 聚合酶的大亚基）同源。该方法提供了一种定量同种病毒培养物中痘病毒基因组单位的手段，可用来比较 MCV 和 VACV-WR 感染的转录活性和感染性。

2　材　料

2.1　MCV 荧光素酶报告实验

2.1.1　细胞培养物的感染 / 转染

（1）OPTIMEM 培养基，4℃保存。

（2）质粒（见 2.3 和注释 1）。

（3）脂质体 2000，4℃保存备用。

（4）人 HEK 293 细胞（ATCC CRL 1573）（见注释 2）。

（5）杜氏改良 Eagle 培养基：DMEM，高浓度葡萄糖和谷氨酰胺，4℃保存。

（6）胎牛血清：FCS，分装小瓶后 –70℃保存备用。

（7）细胞生长培养基：含 10% 胎牛血清的 DMEM。

2.1.2　荧光素酶实验（Promega 公司双荧光素酶报告检测系统）

（1）双荧光素酶检测底物（冻干），–20℃保存可达 6 个月。

（2）10mL 荧光素酶检测缓冲液Ⅱ，分装成 1mL，–20℃可保存 6 个月。

（3）终止液和 Glo 底物（50×），–20℃保存。

（4）10mL 的终止液和 Glo 缓冲液，分装成 1mL，–20℃可保存 6 个月。

（5）30mL 被动裂解缓冲液（5×），–20℃保存，用无菌水稀释至 1×，4℃保存备用。

（6）透明封板膜（防止液体从孔板中蒸发）。

（7）FLUOStar 光度计。

2.2　MCV 和 VACV 定量 PCR 实验

（1）引物序列见表 8-1，用注射用水稀释至终浓度 100pmol/μL，–20℃保存。

表 8-1　MCV-VACV 定量 PCR 实验引物

引物序列号	引物序列（nhb）	引物长度	产物大小（核酸位置），GenBank 登录号
Mcv129 1-2F149275	5′-CCGCACTAC TCCTGGATGCAGAA-3′	23	576 bp（149 275~149 850），U60315
Mcv129 1-3R149850	5′-CTGGATGTC GGAGAAGGTCATG-3′	22	
VACV-WR 1-2F132482	5′-CCTCACTAT TCATGGATGCAGAA-3′（3）	23	573 bp（132 482~122 054），AY243312
VACV-WR 1-3R133054	5′-CTGAATGTC AGAGAATGTCATG-3′（3）	22	

引物序列中下画线的为非同源碱基（错配的数量）。

用 BLAST2 设计引物（NCBI：http：//blast.ncbi.nlm.nih.gov/），MCV（GenBank 登录号 # U60315）和 VACV-WR（GenBank 登录号 # AY243312）基因组序列和载体 NTI vs. 4.0（来自 1994—1996 InforMax Inc.）。

（2）如前所述[5]从人皮肤活检材料中分离出 MCV 保存于 PBS 中，100μL 分装，-70℃ 冻存（见注释 3）。

（3）VACV-WR 株（B. Moss 赠送），感染 HeLa 细胞并纯化，用 BSC-1 细胞进行病毒滴度测定，保存于 PBS 中，100μL 分装，-70℃冻存（见注释 3）。

（4）DNAse，浓度 1mg/mL。

（5）DNAse/BamHI 缓冲液：78μL 水，2μL DNAse，20μL 的 10× 缓冲液（购自 New England Biolabs）。

（6）高纯度病毒核酸（HPVNA）提取试剂盒（例如，Roche）。

（7）Nanodrop 分光光度计。

（8）Image J 图像处理工具［Wayne Rasband（wayne@codon.nih.gov），美国国家心理卫生研究所研究服务部，Bethesda，马里兰州，美国］。

（9）注射用水。

（10）AmpliTaq 360 聚合酶（5 U/μL）。

（11）dNTPs（0.2mM）。

（12）10×PCR 缓冲液。

（13）2% 琼脂糖凝胶。

（14）溴化乙啶溶液：储存液为 10mg/mL 的无离子水溶液，使用时每 200mL 无离子水中加 20μL 储存液。

2.3　质粒（见图 8-1）

（1）PCR 对照质粒。对 MCV-1 全基因组进行了克隆[6]和测序[7,8]，2003 年、2008 年分别将备份的 MCV-1 型基因组文库交由 ATCC 保管。为了进行定量 PCR 实验，将基因组 MCV-1 的 *Eco*R I C 片段（25 516 bp）克隆至细菌质粒载体 pACYC184 上，作为 MCV 目标对照（pyMCV1-E-C，见图 8-1a）。

（2）质粒转染对照。phRG-TK 质粒（Promega，GenBank 登录号 AF 362545：4 045 bp），在单纯疱疹病毒 TK 基因启动子控制下表达荧光素酶。在本方案中，这个质粒被称为 p238，用作质粒转染对照（p238 Promega；见图 8-1b）。

（3）痘病毒荧光素酶报告质粒。通过 PCR，用改进的 Kozak 序列扩增编码萤火虫荧光素酶的序列（荧光素酶 GenBank 登录号 M15077），并利用供体质粒多克隆位点中的 *Eco*R I 和 *Hind* III 酶切位点连接到 PRB21 供体质粒（B.Moss 惠赠 [9, 10]）上，构建了长度为 7 178 bp 的 pRB21-E-Koz-Firefly luciferase-H 质粒（也称为 pRB21-pE/L-FF luciferase 质粒），实验室内部命名为 p240（p240，见图 8-1c）。

（4）痘病毒绿色荧光蛋白标记质粒。通过 PCR，用改进的 Kozak 序列扩增编码绿色荧光蛋白的序列，并利用供体质粒多克隆位点中的 *Eco*R I 和 *Nhe* I 酶切位点连接到 PRB21 供体质粒中，构建了长度为 6 333 bp 的 pRB21-E-Koz-EGFP-X- flag-strep II-N 质粒（也称为 pRB21-pE/L-EGFP-SFX 质粒），实验室内部命名为 p300（见图 8-1d）。

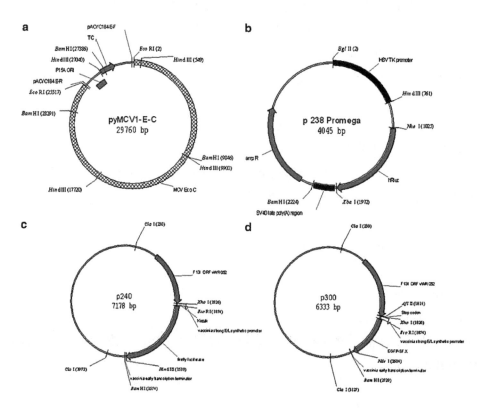

图 8-1　VectorNTI 软件绘制的重组质粒构建图谱

（a）pyMCV1- *Eco*R I 片段 C（pyMCV1-E-C）从 ATCC 中获得，（b）phRG-TK（Promega，实验室内部编号 p238），（c）pRB21- pE/L-FF luciferase（p240），（d）pRB21 pE/F-EGFP-SFX（P300）。

3　方　法

3.1　感染—转染：荧光素酶实验

3.1.1　感染 / 转染

（1）准备足够用的 12 孔板，在生长培养基中培养用于感染 / 转染的 HEK 293 细胞，每种实验条件需 3 个重复（包括模拟实验，是转染而不是感染，此外，在 16h 收获细胞后，培养板还将继续孵育数天）（见注释 4）。

（2）解冻分装的病毒液，超声处理，置于冰上。

（3）解冻质粒 DNA，置于冰上。

（4）取出 OptiMEM 培养基与 Lipofectamine 2000 平衡至室温（RT）。

（5）制备转染混合物：将 2μL Lipofectamine 2000 用 50μL OptiMEM 稀释，分别将 0.3μg 的每种质粒 DNA（p240 FF 报告质粒，p238 转染对照质粒，P300 EGFP 报告质粒）用 50μL OptiMEM 稀释。将 2 种稀释液轻轻混匀，室温暗室放置 15min，以形成转染混合物。

（6）弃去 HEK293 细胞孔中的生长培养基，每孔中加 100μL 转染混合物。

（7）将每种冰冷的病毒 PBS 保存液 100μL 和室温保存的 100μL 转染混合物混合，转移至相应的 HEK293 细胞孔中（见注释 5）。

（8）37℃，5% CO_2 培养箱中孵育 16 h（见注释 6）。

3.1.2　收集细胞进行荧光素酶检测和显微镜观察

（1）感染后 16h，用活细胞显微镜检查 GFP 报告质粒转染的细胞。记录 GFP 阳性细胞，注意感染后 16h 不能观察到 MCV 的 GFP 阳性细胞，而 WR 株感染的孔则可观察到多个 GFP 阳性细胞。

（2）继续培养 4d（感染后 5d），在 MCV 感染孔中，个别细胞孔显示中等至强烈的 GFP 信号（见注释 7）。在同一时间点，WR 株感染孔则出现大量的蚀斑和细胞分解（见图 8–2a–d）。

（3）感染 16h 后进行荧光素酶检测，用 PBS 洗涤每孔的贴壁细胞 1 次，每孔加入 100μL 1 × 被动裂解缓冲液（见注释 8）。

（4）用封口膜封闭 12 孔板防止液体蒸发，在室温下旋转振荡孵育 15min。在检测前将板置于 –20℃至少 15min，或储存过夜，最长可保存 2 周。

（5）每孔加入 100μL 双荧光素酶检测底物，检测细胞裂解液的荧光素酶活性（见注释 9）。

（6）用 FLUOStar 光度计测量荧光素酶活性。

（7）在 Microsoft Excel 中编辑数据，使用标准的统计方法进行评估（平均值，标准偏差，t 检验）。图 8-2e 显示了具有代表性的结果（见注释 6、注释 10 和注释 11）。

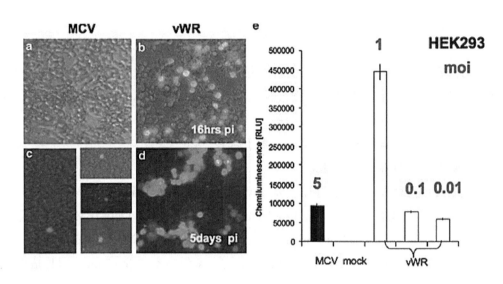

图 8-2　在感染 / 转染细胞中荧光素酶和绿色荧光蛋白图像及荧光素酶的定量

图中（a）-（b）为感染 MCV［（a）和（c）］的 HEK 293 细胞和感染 vWR［（b）和（d）］的 HEK 293 细胞，（c）为单个的 GFP 阳性细胞，（e）为用 MCV 或 vWR 感染的 HEK 293 细胞的感染复数，感染 16h 后收集细胞的荧光素酶数据柱形图及相对光单位（RLU）。

3.2　定量 PCR 检测

3.2.1　病毒和 DNA 的制备

（1）刚解冻的病毒液（100μL 分装）加等体积（100μL）的 DNA 酶 /*Bam*HI 缓冲液，37℃孵育 30min。

（2）按说明书操作，用 HPVNA 试剂盒提取病毒基因组 DNA（见图 8-3），用相同的方法制备对照质粒 pyMCV1-EC（见图 8-1a）。

（3）使用 NanoDrop 分光光度计或类似设备确定对照质粒 DNA 浓度。

（4）用 DNA 分子的平均分子量和阿伏伽德罗常数（每摩尔 6.02×10^{23}）计算分子数。质粒的分子量（以道尔顿为单位，Da）可估算为双链 DNA 分子的分子量（http：// www.epibio.com/techapp.asp）=（碱基对）×（650Da/ 碱基对）。质粒 pyMCV1-E-C 碱基为 29 760bp，因此，分子量计算为 19.344 MDa，19.344 ng 的质粒为 6.02×10^{8}mol，实际的质粒浓度为 21 ng/mL（±1.7），相当于 6.5×10^{8}mol/mL。根据这个数值，可以计算出 2 倍比稀释的 pyMCV1-E-C 的分子数（见图 8-3d）。该分子数量与 Image J 凝胶成像系统

条带的像素数相对应（见图 8-3 d）。

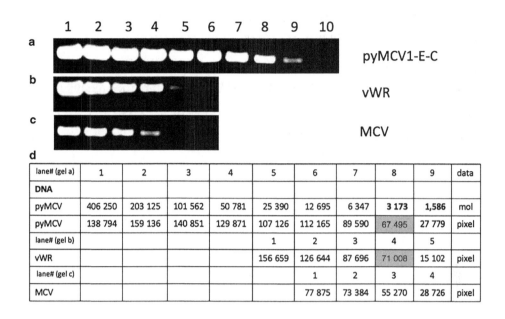

图 8-3　用 PCR 定量纯化的 DNA

图中（a）-（c）显示的是 2 倍系列稀释的从 DNA 酶处理的病毒［（b）和（c）］中纯化的痘病毒基因组 DNA，以及用 HPVNA 试剂盒（a）重新纯化的质粒 DNA。图表上部各泳道的数值是指 $\log_2$ 的指数对数从 1~10。（d）的列表是参考质粒 pyMCV1- E-C（PYMC）（10μL 的原始 DNA 制备液用 1 000 × 分光光度计测定）的分子量计算和（a）-（c）凝胶条带在 Image J 系统中的成像像素。Image J［Wayne Rasband（wayne@codon.nih.gov），美国国家心理卫生研究所研究服务部，Bethesda，马里兰州，美国］系统测定图片的像素密度为 212 × 42。

3.2.2　PCR 反应（见注释 12）

（1）用注射用水制备 2 倍系列稀释的病毒基因组 DNA 和质粒对照，置 -20℃保存。

（2）PCR 试剂的准备和反应条件见表 8-2。

（3）PCR 产物用 2% 的凝胶电泳分离观察条带，每个 PCR 反应产物上样 10μL，100 V（恒压）电泳 1h。溴化乙啶染色，用数码相机拍照，以 JPEG 格式输出文件（见注释 13）。

（4）对 JPEG 格式照片上拍摄的条带进行分析定量 PCR 产物。用 IMAGEJ 软件对输出的像素进行定量，该数据能够导入到 Microsoft Excel 软件。

（5）使用 Microsoft Excel 软件绘制质粒 pyMCV1-E-C 的 2 倍稀释系列的数字成像（定量像素输出）并计算定量结果与分子数。

（6）从校准图中获取分子 / 基因组等效数，并将其与获得的 VACV-WR 像素读数进行比较。使用标准统计（平均值、标准偏差、t 检验）将结果制成表格并进行评估。

（7）图 8-3d 显示了 PCR 反应电泳结果和相应的摩尔数与像素。在该图中，凝胶 a 的泳道 9 为稀释的 MCV 对照质粒（pYMCV1-E-C）的信号（27 779 像素），相应的质粒单元为 1.586×10^6。从凝胶 c（MCV PCR）的条带与像素密度对比（10% 以内）中得出 4 泳道的像素值为 28 726。如果将 1.586×10^6 mol 乘以稀释因子（16×），则用于制备基因组 DNA 分装的 100μL MCV 的含量为 2.5×10^7 mol/基因组单位。如果凝胶 b、泳道 4 中获得的 vWR 的像素是 71 008，用同样的方式计算凝胶 a 的泳道 8（67 495 像素），在乘以稀释因子后（16×），得到的分子数为 5×10^7。然后还可以将其用于计算 PFU。如果每 100 μL WR 株的 PFU 是 1.6×10^6，则 PFU 与基因组的单位比为 1：31（见注释 14~16）。

表 8-2　PCR 反应	体积（μL）
Primer 1-2F[a]（100 pmol/μL）	0.5
Primer 1-3R[a]（100 pmol/μL）	0.5
注射用水	36.8
10× PCR 缓冲液	5.0
TaKaRa dNTP（0.2mM）	2.0
模板（2 倍系列稀释）	5.0
AmpliTaq 360 polymerase（1U，5U/μL）	0.2
总计	50.0

PCR 反应：96℃变性 2min；然后 96℃ 1min，55℃ 2min，72℃ 3min，共 45 个循环；终止反应，产物 10℃保存。

[a] MCV 引物 1-2F 和 1-3R，分别用 Mcv129 1-2F149275 和 Mcv129 1-3R149850。WR 引物 1-2F 和 1-3R，分别用 VACV-WR 1-2F132482 和 VACV-WR 1-3R13305。

4　注　释

（1）所有质粒 DNA 应使用 100μg 容量的质粒提取柱纯化（HPVNA），然后在洗脱缓冲液中，−20℃保存直至使用。

（2）实验的成功与否很大程度上取决于培养细胞的转染能力。人角质细胞和成纤维细胞系是 MCV 最好的天然宿主，但它们难以转染。我们发现 HEK293 细胞是最易转染的细胞系。虽然这一细胞系能显示强劲的报告信号，但显然不是 MCV 自然感染的细胞类型。

（3）我们在 1mL PBS 中制备痘苗病毒和 MCV 样品，立即将它们分装成 10 管，每管 100μL 冻存。用痘苗病毒感染 1 个 T150 培养瓶中贴壁培养的 Hela 细胞，收获感染细胞，将其悬浮在 1mL PBS 中，使其滴度达到 2×10^7 PFU/mL。这样，100μL/ 管分装的病毒，滴度为 2×10^6 PFU。100μL/ 管分装的 MCV，病毒粒子数目不详，但可用 PCR 方法定量。

（4）不同细胞批次的转染效率差异很大。细胞的传代次数（最好低）、细胞融合程度（最好低于 60%）和实验前培养时间（最好不超过 24h）都是决定因素。

（5）在本实验中我们转染的是贴壁培养的细胞，我们发现一些难转染的细胞（例如，人成纤维细胞）当悬浮培养时可以获得较高的转染效率。

（6）转染对照质粒 p238 接种细胞 16h 后就可以获得一个强的信号，因此，在试验时可将转染效率读数由萤火虫荧光素酶信号调整为海鳃荧光素酶信号。

（7）痘病毒进入细胞后，转录激活核心产生痘病毒转录复合物，从而使得带有痘病毒转录信号的转染质粒转录。目前，尚不清楚转录复合物是在部分未经包膜的病毒离子中与质粒 DNA 一起进入核心，还是通过释放到细胞质中的转录复合物进行转录。MCV 感染细胞 16h 后产生强烈的荧光素酶信号。然而，绿色荧光蛋白在 5d 后，仅在个别细胞中可见表达。可能在其他细胞中也有 GFP 表达，只是表达水平较低用显微镜观察不到。可能是报告质粒到达细胞核心的这个时间过程推迟了质粒在 MCV 感染细胞中的表达。

（8）在感染后 16h 可收集荧光素酶分析样品。这说明对照质粒 ILR#238 能够到达细胞核并表达，产生强烈的对照信号。293 细胞感染痘苗病毒 2h 后能观察到海鳃荧光素酶信号，感染 MCV 后 8h 可看到信号。

（9）如果没有仪器，可手工添加 100μL 的 PROMEGA 双荧光素酶底物，一排 4 个移液管样品，然后加载板读取数据。读数时，将 4 个样品振摇 20s。与仪器移液相比较，这样做会导致每次读数的信号损失小于 1%，比 3 个重复样品间的数据偏差还要小。

（10）来自早期痘病毒启动子的信号可作为病毒感染性的替代参数。

（11）利用启动子后带有一个报告基因的转染质粒，进一步仔细分析信号，用于弄清楚早期和晚期的转录活性。

（12）传统的 PCR 检测方法存在因琼脂糖凝胶和人工染色导致检验结果差异的问题，未来将研发一种使用 TaqMan 探针的针对 VACV-WR 或 MCV 的实时 PCR 检测方法。内部结合产生的 PCR 产物相当大（550 bp）。

（13）Xho I 酶可酶切 PCR 产物的模板材料，可裂解 MCV 的产物产生 227bp 和 349 bp 的碎片，但不能消化 VAVC-WR 的 PCR 产物。

（14）目前尚不清楚 2 种病毒基因组 GC 含量的不同是否会影响 PCR 产物。未进行进一步研究。

（15）很显然，由于痘苗病毒与 MCV 生物活性的性质不同，痘苗病毒蚀斑形成单位不能直接与 MCV 病毒粒子单位直接相比较。然而，3.2 所描述的 PCR 方法中，对扩增出的较大的含有 25 517bp MCV 序列的质粒基因组，根据计算可得出 DNA 单位 / 分子数，基于这样一个方法，就可以通过测量对 VACV-WR 感染单位 PFU/mL 对 MCV 基因组进行相对定量。如 3.2.2 步骤 7 所述，痘苗病毒（成熟病毒）的 PFU 分子比为 1∶31，这与先前公布的比率一致 [12]。PCR 数据可以用来量化 MCV 感染的复杂性，对照质粒分子数与 MCV 感染量相关，痘苗病毒滴度与 PFU 数量相关。我们发现这种方法要比电子显微镜观察或用 OD 值量化病毒更具有可重复性和特异性 [1, 5, 13]。

（16）病毒的生物活性可以通过体外转录反应来评估。

参考文献

[1] Bugert J J, Lohmuller C, Darai G. 1999. Characterization of early gene transcripts of molluscum contagiosum virus. Virology 257：119–129.

[2] Bugert J J, Melquiot N, Kehm R. 2001. Molluscum contagiosum virus expresses late genes in primary human fibroblasts but does not produce infectious progeny. Virus Genes 22：27–33.

[3] Stefan Mohr S, Grandemange S, Massimi P, Darai G, Banks L, Martinou J-C, Zeier M, Muranyi W. 2008. Targeting the retinoblastoma protein by MC007L, gene product of the molluscum contagiosum virus：detection of a novel virus–cell interaction by a member of the poxviruses. J Virol 82：10625–10633.

[4] Levy O, Oron C, Paran N, Keysary A, Israeli O, Yitzhaki S, Olshevsky U. 2010. Establishment of cell-based reporter system for diagnosis of poxvirus infection. J Virol Meth 167：23–30.

[5] Melquiot NV, Bugert J J. 2004. Preparation and use of Molluscum Contagiosum Virus （MCV）from human tissue biopsy specimens. In：Isaacs SN（ed）Vaccinia virus and poxvirology：methods and protocols, 1st edn. Humana, Totowa, NJ, pp 371–383.

[6] Bugert J J, Darai G. 1991. Stability of molluscum contagiosum virus DNA among 184 patient isolates：evidence for variability of sequences in the terminal inverted repeats. J Med Virol 33：211–217.

[7] Senkevich TG, Bugert J J, Sisler JR, Koonin EV, Darai G, Moss B. 1996. Genome sequence of a human tumorigenic poxvirus：prediction of specific host response-evasion genes. Science 273：813–816.

[8] Senkevich TG, Koonin EV, Bugert JJ, Darai G, Moss B. 1997. The genome of molluscum contagiosum virus：analysis and comparison with other poxviruses. Virology 233：19–42.

[9] Blasco R, Moss B. 1991. Extracellular vaccinia virus formation and cell-to-cell virus transmission are prevented by deletion of the gene encoding the 37, 000-Dalton outer envelope protein. J Virol 65：5910–5920.

[10] Blasco R, Moss B. 1995. Selection of recombinant vaccinia viruses on the basis of plaque formation. Gene 158：157–162.

[11] Bengali Z, Townsley AC, Moss B. 2009. Vaccinia virus strain differences in cell attachment and entry. Virology 389：132–140

[12]　Payne LG, Kristensson K. 1982. Effect of glycosylation inhibitors on the release of enveloped vaccinia virus. J Virol 41：367–375 13. Shand JH, Gibson P, Gregory DW, Cooper RJ, Keir HM, Postlethwaite R. 1976. Molluscum contagiosum—a defective poxvirus? J Gen Virol 33：281–295.

（李　杨、张　强　译）

第9章 小鼠痘苗病毒皮内发病机制模型

Leon C.W. Lin, Stewart A. Smith, David C. Tscharke

概 要

在小鼠耳郭皮内注射痘苗病毒，建立了一种皮肤感染和疫苗接种模型。该模型的主要特征是在耳朵表面出现病变，它可作为一种病毒发生实质性增殖但却未引发全身性疾病传播的临床症状类型。此外，受感染的耳朵很容易被切除，以便进行病毒学、组织学和细胞学分析。最后，该小鼠皮内模型可以用来研究病毒基因（也可能是宿主）在痘苗病毒致病机制中的作用。小鼠皮内感染模型与其他方式途径感染痘苗病毒的模型会有不同的试验结果，因此可能会揭示出其他的未知功能。

关键词：痘苗病毒；发病机制；小鼠模型；皮内；皮肤感染；免疫病理学；皮内接种

1 引 言

痘苗病毒的天然宿主和复制位点仍然是未知的，但实验室研究表明，该病毒在体外和体内具有广泛的宿主范围。最近在巴西和印度暴发的由类 VACV 样病毒引发的疾病，引起家畜和人类的皮肤感染，表明该病毒具有天然的感染部位，包括对多个物种的皮肤感染 [1, 2]。在历史上，VACV 通过皮肤穿刺用作疫苗，这表明理解病毒皮肤感染的后果是很重要的。一般情况下，小鼠是模拟病毒感染最实用的物种。这不仅由于所需设施简易和成本低廉，还因为小鼠品系众多、优良，包括转基因和基因敲除小鼠。此外，在自然疫病暴发期间，在小鼠体内检测到了 VACV[3]，因此，小鼠模型可能比过去认为的更具相关性。一个理想的感染模型应该有许多可以监测的参数，包括临床症状、病毒的增殖情况、感染组织的组织学特征。接种速度要快，尽量减少接种后的感染和小鼠的痛苦。出于这些原因，感染部位最好无须刮毛，接种位置应考虑脚、尾部和耳郭，后者是首选。

耳朵作为研究免疫学的模型已有多年。以耳朵被证实为病毒感染途径已经有一定的历史，例如在研究单纯疱疹病毒和腺病毒时 [4-6]。20 世纪 90 年代初，耳朵首次作为 VACV 的感染部位被报道 [7]。几年后，使用小鼠耳朵进行的 VACV 感染皮内模型的特征研究得更加详细 [8, 9]。在 BALB/C 小鼠上首次建立了该方法的发病机制模型，监测的感染信号为注射耳表面形成的病变。对病毒滴度和浸润性白细胞也进行了测量。病毒株、感染剂量、小鼠品系和年龄都会对感染的敏感性有影响。最重要的一点是，皮内注射模型揭示出几十年来使用的鼻腔模型未发现的发病机制[10, 11]。比较 VACA 基因缺失株的变化发现，证明不同的模型呈现出不同的致病表现[9]。

使用皮内模型最大的障碍是，当快速注射时，需要技术精湛且有经验的工人来操作。此外，对皮肤病变的评判、用于研磨皮肤的最佳设备以滴定病毒也是值得关注的问题。本章将重点通过照片和描述说明模型的这三方面问题。

2　材　料

2.1　耳郭皮内注射

（1）Hamilton 1710LT 100 μL SYR Teflon 活塞玻璃注射器（见注释 1 和图 9-1）。

（2）橡胶指套或翻页指套，可从文具店购买（见图 9-1）。

（3）27^G 针头（见注释 2 和图 9-1）。

（4）VACV 工作储液，最好经蔗糖梯度纯化，滴度大于 1×10^9 PFU/ mL。

（5）磷酸盐缓冲液（PBS），用以稀释病毒。

（6）异氟醚及麻醉小鼠的相关设备，或其他可选的麻醉药品。

（7）8 周龄雌性 BALB/ c 小鼠，周龄范围不要相差过大（见注释 3）。

（8）80% 乙醇（V/V）。

2.2　测量感染耳朵病变

游标卡尺（工程用千分尺，购自五金商店）。

2.3　耳郭病毒滴定

（1）精细解剖剪刀。

（2）组织研磨器，带磨砂玻璃（非聚四氟乙烯）研杵（例如，Wheaton # 358103）的锥形 1 mL 研磨器。

（3）杯式超声仪。

（4）杜氏改良 Eagle 培养基（DMEM），包括 1/100 稀释的青霉素 / 链霉素，$1 \times$ L- 谷氨酰胺，D2 或 D10 分别代表 2% 或 10% 胎牛血清（FBS）。

（5）BS-C-1 细胞（猴肾细胞，ATCC # CCL-26）。

（6）细胞培养 6 孔组织培养板。

（7）羧甲基纤维素钠（CMC）：中等黏度（例如，Sigma-Aldrich 公司 # C4888-500G）。

（8）结晶紫染液（15% 乙醇中浓度为 0.1%）。由 20 mL 2.3% 结晶紫溶液，70 mL 乙醇和 410 mL 去离子水混合而成（见注释 4）。

（9）80% 乙醇（*V/V*）。

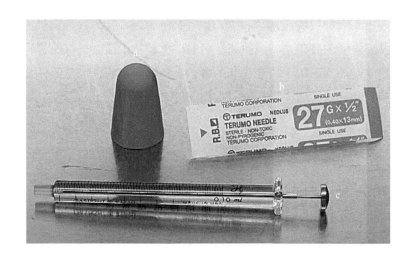

图 9-1 皮内注射设备

（a）外翻"橡胶指套"，（b）27^G 针头，（c）100 μL "气密"Hamilton 注射器。

3 方 法

3.1 耳郭皮内注射

（1）根据注射者的经验和接种病毒人员需一致的要求以及病损的不同程度，每组动物以 6~10 只小鼠为宜。使用 6 只周龄相近的小鼠比使用 8~10 只相差 2~3 周龄的小鼠效果更好（见注释 3）。

（2）用 PBS 稀释 VACV 至所需浓度，以制备病毒接种物。在常用的研究发病机制的试验中，使用的浓度为 1×10^6 PFU/mL，以便 10 μL 的容器能够容纳 1×10^4 PFU 的剂量。对于测定病毒在耳朵中的生长，使用 1×10^3 较低剂量的病毒为测量病毒生长提供了更大的空间。无论起始剂量是多少，耳郭内的 VACV WR 株病毒最大能增殖到每耳 1×10^7 PFU。

（3）在安装针头之前，先把玻璃注射器注满。要做到这一点，需要将有空隙的地方排尽气泡。先吸入 30 μL 病毒液进入注射器，当注射器尖端浸没于病毒悬液时，充分压下活塞，迅速将气泡排出。重复几次，直到所有的气泡都被排出。吸取所需的病毒剂量（见注释 5），再加上 30~40 μL 的体积（这是为了填满针内的空隙），安装 27^G 针头，缓慢压下活塞，用病毒悬液填满针头的空隙。重要的是要避免注入空气，病毒悬液在针头的斜面处刚好能看见。

（4）麻醉小鼠。我们在氧气中输入 4% 的异氟醚，以 800mL/min 的流速输送到一个有机玻璃盒中。当小鼠钻入其中，一开始其呼吸就会加快（如果这时小鼠从盒子中离开，会迅速苏醒）。因此，要等待小鼠进入慢呼吸模式。操作员有约 1min 的麻醉时间足够接种小鼠一只耳郭（见注释 6）。

（5）接种时，要佩戴安全目镜和防护面具，并在二级生物安全柜中操作（见注释 7）。

（6）如果右手操作，要把橡胶指套翻转到内侧，再戴到左手拇指。

（7）一旦小鼠被麻醉，就在其左耳耳郭背面注射，将小鼠的腹部与头部远离操作员。操作员转动手腕，使拇指（戴橡胶指套）放置在耳朵内侧（前部），然后用食指捏住拇指上的耳郭边缘，轻轻地将小鼠垂直提起，小鼠的重量可拉伸耳郭，使耳郭贴在拇指的橡胶手套上（见图 9-2）。这就形成了一个光滑、紧绷的接种表面，橡胶指套可保护拇指不受针头刺伤。正确操作小鼠的方式是成功注射的关键（见注释 8~10）。

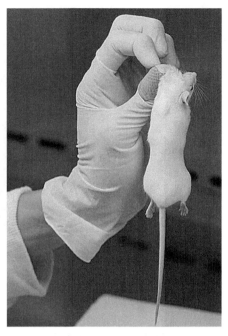

图 9-2　注射病毒前的操作

捏住小鼠，使其处于合适的位置，便于在耳郭后面（背面）皮内注射。拇指（用橡胶指套保护）放在耳郭内，食指在拇指前面捏住耳郭边缘，小鼠被缓慢提起后处于伸展状态，小鼠的体重使耳郭伸展，并贴服于拇指的橡胶套上。

（8）将针头斜面向上，几乎与耳朵的后面（背面）平行，从靠近边缘约 1/3 处开始（见图 9-3），使针头刺入皮肤（由于橡胶指套下的耳郭上有轻微的凸起，这样很容易做到）并插入，直到整个针头斜面在表皮下 0.5mm 处。谨慎操作，针头不要刺入太浅或太深，要保持在耳郭表面（见注释 11）。

（9）轻轻推动注射器的活塞，注入病毒。可见表皮开始与皮下的软骨组织分离，并能很容易看到皮内的小泡。注射所需的病毒剂量，一般为 5μL 或 10μL（见注释 12 和注释 13）。

（10）接种后稍等片刻，以确保接种的病毒不会产生太大的压力，然后再拔出针头。通常会有少量的液体从针孔中流出。

（11）捏住小鼠，吸干小鼠耳郭表面的病毒液，使小鼠恢复。

（12）接种小鼠右耳耳郭的过程是相似的，但要用左手捏住，固定小鼠的位置，使其头部靠近操作者，使右耳处于一个适当位置。

（13）注射器用完后，要采取预防措施。从注射器上取下针头并放入利器容器中，然后用 80% 乙醇（*V/V*）冲洗和消毒注射器。

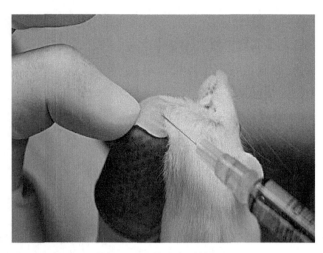

图 9-3　注射病毒时的操作

保持针头在耳郭后面（背面）的位置。针可以插入如图所示的位置或靠左 2mm 处。

3.2　测量感染耳郭的病变

（1）每天观察感染后的小鼠，收集每只小鼠的数据。

（2）对病变大小的估计可能有些主观，理想的做法是，对试验各小组进行盲评打分。

（3）用 1×10^4 PFU 的剂量感染 8 周龄 BALB/c 小鼠，接种后的第 4d，耳郭变红变厚，从第 5d 或第 6d 出现可见的病变（见注释 14）。病变如图 9-4 所示，病变颜色和组织感染时间在图中都有显示[8]。

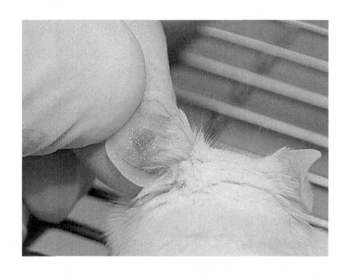

图 9-4　接种病毒后的症状

一个接种 1×10^4 PFU 的 VACV WR 株的 BALB / c 小鼠，感染后第 8d 耳郭后表面的病变。

（4）首先，检查接种耳郭后面（背面）和前面（内部）的病变。仔细检查皮肤破溃处。如果耳郭仅仅是红色的，则不用记录。通常，病变开始于一个像针孔一样的东西，在结痂开始形成之前，在灯光下能看到一个针刺的小孔。

（5）假定耳郭后面（背面）发生病变，用左手捉住小鼠，用小拇指和无名指夹住小鼠尾巴，拇指和食指捉住小鼠耳郭，使病变清晰可见（见图 9-5 和注释 15）。

（6）右手持游标卡尺来测量病灶的直径（见注释 16）。

（7）如果有多个病灶或病变不规则，测量一个圆形病变的直径（见图 9-5），其大小包含所有的感染区域（见注释 17）。

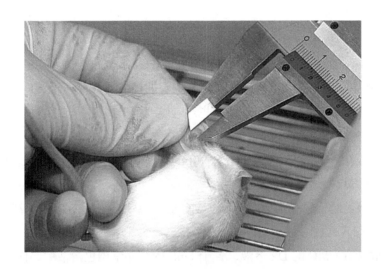

图 9-5　测量病变大小

用图示的方法捉住小鼠，用游标卡尺测量。

（8）记录耳郭前面（即内侧）的病变时，可以使用上述相同的方法。如果是右手捉小鼠，则更容易看见耳郭里面。若两面均被感染，仅记录有较大直径病变区域（见注释 18）。

（9）随着病变开始消退，结痂会脱落。如果皮肤完全愈合，则可以记录为 0 分。如果仍有一个皮肤破损的区域（通常被视为一个新的痂），记录这个区域的大小。注意区分痂和疤痕组织（见注释 19）。

3.3　耳郭病毒滴度测定

（1）对小鼠实施安乐死，用解剖剪刀去除所有耳郭，解剖剪刀用 80% 乙醇浸泡消毒，然后干燥。小心避开皮毛。

（2）将耳置于含有 0.5mL D2 培养基的 1.5mL 或 2mL 的小瓶中。

（3）冷冻病料应放在冰上立即研磨，如不用应冷冻保存。

（4）把小瓶中的所有病料（耳朵皮肤和 D2 培养基）转移到 1mL 的组织研磨器中，使用研杵研磨耳郭组织。持续研磨，直到耳郭大部分被研磨均匀，进一步的研磨不要损失剩余的组织（见注释 20）。

（5）研磨完成后，转移匀浆置小瓶中，反复冻融 3 次。冷冻保存匀浆。

（6）病毒滴定，提前 1d 准备接种到 6 孔细胞培养皿的 BS-C-1 细胞，每孔加 2mL D10 培养基，每孔含 2×10^5 个细胞，37℃ 5%CO_2 培养。

（7）解冻样品，在杯式超声仪中超声 30s（见注释 21）。滴定之前，通过上下抽吸混合样品（使用一个移液管吸头），然后将匀浆置于冰上。

（8）每个样品进行 10 倍系列稀释（通常在 5mL 一次性血清管中，将 100μL 样品稀释到 900μL D2 培养基中），每次都要涡旋混合均匀（见注释 22 和注释 23）。

（9）从 6 孔培养板中的 BS-C-1 细胞中吸取等量的培养液，注意不要损坏细胞单层。

（10）向孔中添加 0.5mL 样品稀释液，从最稀的开始。此操作需要将稀释管中的液体快速转移到板孔中，同一个移液管吸头被用于所有的样品稀释液。至关重要的是，要快速完成这项工作，使细胞不干燥，但要轻一些，这样细胞单层就不会因将液体过于剧烈地移到孔中而受损（见注释 24）。

（11）培养板在 37℃，5%CO_2 中孵育 90min，每 10~15min 摇动一次，以确保细胞单层不会变干，病毒均匀地散落在孔中。

（12）吸出接种物，每孔加含有 0.4%CMC 的 2mL D2 溶液（见注释 25），置于 37℃，5%CO_2 中培养 3d。

（13）吸取含有 CMC 的 D2 溶液，置于 1mL 的结晶紫染色溶液中，保持至少 10min。

（14）吸出结晶紫染液至废物瓶中，干燥板孔。

（15）蚀斑计数，使用蚀斑数在 20~100 的孔。根据稀释因子计算效价（每只耳朵的 PFU），记住整只耳朵最初是在 0.5mL 的溶液中处理的，每个孔中加入 0.5mL 的稀释液。

4 注 释

（1）使用 Hamilton 玻璃注射器可以获得更准确的注射剂量，但如果没有，可以使用一次性 1mL 或 0.5mL 的注射器，并估计剂量（见注释 12）。玻璃注射器比一次性塑料注射器重得多，所以在处理和注射时需要格外小心。带有聚四氟乙烯顶端柱塞（例如，Hamilton # 81001）的型号优于带有简易不锈钢活塞的注射器，因为后者容易磨损筒体内部和造成堵塞。

（2）27^G 号针，有一个规则的斜角，针头较薄，注射时能将耳朵的表皮层与下面的组织分离，是一个最佳的选择。这个特性让注射病毒悬浮液变成可能。虽然尝试使用更细的针头或更短的斜面（这样更容易插入耳朵的适当位置），但注射液体变得更困难。一些生产商销售带有"真皮内斜角"的针头，但这些针头只适用于人类，在小鼠耳郭的皮内模型实验中可能很难使用。

（3）BALB/c 小鼠非常适合发病机理的试验，其病变大小可被测量。无色皮肤让病变清晰可见，且小鼠非常温顺，这使得测量病变十分容易，这些因素都是很现实的。对于相同剂量的病毒，BALB/c 小鼠的损伤面往往比 C57BL/6 小鼠要小一些，但这不会造成问题 [9]。小鼠的年龄会影响病变大小，年龄越大的小鼠病变越小 [9]。出于这个原因，年龄接近非常重要，并要限制小鼠在单个实验中的年龄变化范围。我们在雄性小鼠模型上没做过实验。

（4）结晶紫有剧毒。因此，购买 2.3% 的溶液可避免使用结晶紫粉末。

（5）我们通常用足够容量的注射器，最多可以注射 7 次。注射次数取决于操作者手的大小，因为当柱塞几乎完全伸出时，你是否还能够舒适地注射？当需要重新注满注射器而不是用针头吸满注射器时，最好换上新的针头。重新填充注射器时，使用旧的针头，会增加针刺受伤的风险。重新填充注射器时，旧针头会变钝（插入管的一侧），会使注射变得更加困难。

（6）对于该方法的初始实验，注射的麻醉剂，如阿佛丁或氯胺酮 / 甲苯嗪可能是首选的，因为这样可以使麻醉时间更长，从而降低注射时小鼠可能出现的时间压力或风险。在开始实验之前，强烈建议用小鼠进行一些实践性的操作。

（7）接种时，当流体在高压下从针孔中喷射出来时，生物安全柜提供了一个额外的保护。使用生物安全柜时，可将胳膊靠在机柜前面玻璃的底部边缘，使手臂保持稳定。

（8）拇指（橡皮翻页指套）非常适合展开耳朵进行注射。其他实验室用来注射左耳背面的另一种姿势是将小鼠远离操作员的位置，操作者左手食指（戴有橡皮翻页指套）放入耳郭内侧，然后用拇指捏住小鼠耳郭边缘，以固定耳朵，并将耳郭在食指上的橡胶面上平展开。

（9）如果不把老鼠耳朵拎起来，通常耳朵的皮肤就不会绷紧到可以注射。

（10）我们通常在每只小鼠的一只耳朵上进行试验。如果在同一只小鼠的两只耳朵上接种，统计分析会变得更加复杂，因为耳朵是机体的组成部分并不是完全独立的。

（11）为了在注射时保持注射器稳定，可以通过多种方式固定注射器。对我们来说，一种行之有效的方法是将注射器筒平放在食指、中指和无名指上，用拇指固定注射器的位置，用小指推动活塞。

（12）如果病毒立即从注射部位溢出，针头必须刺得更深一些。如果针头刺穿耳朵底部，液体进入耳朵皮肤和橡胶之间，会使橡胶指套的颜色清晰可见和颜色发暗，这很容易发现。如果刚开始未能注射液体，最好的方法是再往耳朵里缓慢移动针头，一点一点地分离表皮。如上所述，如果用力过大，病毒液就会从针头喷出。

（13）如果不使用细刻度玻璃注射器，皮肤水泡的大小可作为注射体积的估计值。

（14）在感染后的早期，可测量小鼠耳朵的厚度（就像在典型的炎症模型中所做的那样）。然而，在以后的时间里，这不能准确地做到，因为在病变上形成的痂会使以任何精度测量耳朵厚度都变得非常困难。

（15）许多品系小鼠，例如 C57BL/6 小鼠，将无法容忍其耳朵被捏住，会咬人。为了评估这些动物的病变，用其他方法握住它们的尾巴，用卡尺轻轻地推向耳朵后，并测量病变的大小。或者，为了测量病变，可对其实施轻微麻醉。

（16）记录小鼠病变大小时，精确到 0.5mm 是不实际的。

（17）对不规则病变给予何种评估的过程似乎是任意的，但随着每天进行适当的分组大小和测量，用这种方法产生的数据通常非常清楚。

（18）病变有时出现在内表面（当注射耳郭背面时），是因为针头插得过深。随着操作者注射经验的增加，这种情况发生的频率将很低。

（19）有时两侧耳郭较大的病变消退之后，结痂脱落，在耳郭上会留下一个洞。在这种情况下，要注意保证洞的边缘能够恢复。一直到洞口边缘恢复，不再有疤痕或皮肤损伤，才可以不记录。但不要将洞标记为病变。

（20）由于角化层和耳朵中部的软骨材料非常坚硬且富有弹性，所以不可能完全将组织匀浆。然而，病毒不会在这些部位增殖，因此研磨后这类物质的存在不会影响病毒效价。研磨时要保持均匀一致。

（21）超声过程中产生的声波不会破坏病毒和降低滴度，但超声过程会产生热量，如果产生过多热量，则会降低病毒滴度。为了尽量减少这一点，应通过添加冰块并使其在水中融化数分钟（确保样品和发出声波的探头之间没有冰）来冷却超声杯中的水。此外，如果样品在 37℃ 水浴中解冻，则将其放回冰桶中几分钟以冷却，然后再进行超声波处理。如果样品再次冷冻，则每次解冻时都需要对其进行超声波处理，以分解病毒团块。

（22）所需稀释液的量取决于所用的病毒剂量和感染后的时间。作为指导，当使用诸如 WR 等 VACV 毒株时，接种量为 $1 \times (10^2 \sim 10^6)$ PFU，从第 4d 至第 8d 每只耳朵的病毒能达到 1×10^7 PFU。随后，滴度会发生很大的变化，因为大多数感染性病毒会被裹在痂里，而不同的小鼠结痂脱落的时间不同。如果在接种数分钟后摘除耳朵进行病毒滴定，回收的病毒的数量会比接种时少 10 倍。这反映了这种方法的效率不高，因为淋巴系统对注射的大部分病毒能够快速引流。

（23）稀释 VACV 常用的好做法如下：①始终使用过滤吸头，在两个稀释度之间更换吸头；②在吸取病毒悬浮液后，让吸头触碰一下管侧壁以排出吸头前端的病毒；③排出液体时，不要将吸头插入培养基，而是触碰管侧壁排出液体；④一旦病毒被排出，不要用那个吸头来混合或"冲洗"吸头。

（24）在不破坏细胞的情况下，可将相当浓的匀浆置于细胞单层上。我们发现，即使是 1:2 的稀释通常也不是问题。一般来说，根据预期的病毒数量，从 1×10^{-2} 至 1×10^{-7} 的稀释，完全覆盖了预期的病毒变化范围，但时间会延长。

（25）为制备 500mL 含有 0.4%CMC 的 D2 溶液，把 2g 的 CMC 溶解在 50mL PBS 中，并置于 500mL 玻璃瓶（Pyrex 瓶）至少摇动或搅拌 24h。高压灭菌此胶体混合液并冷却，添加 D2 溶液至 500mL，通过旋转振荡数分钟使其混合均匀。

参考文献

[1]　Singh RK，Hosamani M，Balamurugan V，Bhanuprakash V，Rasool TJ，Yadav MP. 2007. Buffalopox：an emerging and re-emerging zoonosis. Anim Health Res Rev 8：105–114.

[2]　Ferreira JM，Drumond BP，Guedes MI，Pascoal- Xavier MA，Almeida-Leite CM，Arantes RM，Mota BE，Abrahao JS，Alves PA，Oliveira FM，Ferreira PC，Bonjardim CA，Lobato ZI，Kroon EG. 2008. Virulence in murine model shows the existence of two distinct populations of Brazilian vaccinia virus strains. PLoS One 3：e3043.

[3]　Abrahao JS，Guedes MI，Trindade GS，Fonseca FG，Campos RK，Mota BF，Lobato ZI，Silva- Fernandes AT，Rodrigues GO，Lima LS，Ferreira PC，Bonjardim CA，Kroon EG. 2009. One more piece in the VACV ecological puzzle：could peridomestic rodents be the link between wildlife and bovine vaccinia outbreaks in Brazil? PLoS One 4：e7428.

[4]　Hill TJ，Field HJ，Blyth WA. 1975. Acute and recurrent infection with herpes simplex virus in the mouse：a model for studying latency and recurrent disease. J Gen Virol 28：341–353.

[5]　Nash AA，Field HJ，Quartey-Papafio R. 1980. Cell-mediated immunity in herpes simplex virus-infected mice：induction，characterization and antiviral effects of delayed type hypersensitivity. J Gen Virol 48：351–357.

[6]　Moorhead JW，Clayton GH，Smith RL，Schaack J. 1999. A replication-incompetent adenovirus vector with the preterminal protein gene deleted efficiently transduces mouse ears. J Virol 73：1046–1053.

[7]　Ikeda S，Tominaga T，Nishimura C. 1991. Thy 1+ asialo GM1+ dendritic epidermal cells in skin defense mechanisms of vaccinia virus- infected mice. Arch Virol 117：207–218.

[8]　Tscharke DC，Smith GL. 1999. A model for vaccinia virus pathogenesis and immunity based on intradermal injection of mouse ear pinnae. J Gen Virol 80：2751–2755.

[9]　Tscharke DC，Reading PC，Smith GL. 2002. Dermal infection with vaccinia virus reveals roles for virus proteins not seen using other inoculation routes. J Gen Virol 83：1977–1986.

[10]　Nelson JB. 1938. The behaviour of poxviruses in the respiratory tract. I. The response of mice to the nasal instillation of vaccinia virus. J Exp Med 68：401–412.

[11]　Turner GS. 1967. Respiratory infection of mice with vaccinia virus. J Gen Virol 1：399–402.

（邓　阳、张　强　译）

第10章　应用全身成像技术检测痘苗病毒传播：攻毒模型死亡率预测、疫苗免疫和抗病毒治疗效果测试

Marina Zaitseva，Senta Kapnick，Hana Golding

概　要

　　新型抗天花疫苗和抗病毒治疗的临床前评估通常要依靠使用致病性痘苗病毒，如 WR 株或其他正痘病毒的小鼠攻毒模型。通常，使用多种指标评估治疗效果，例如致死率（罕见）、体重减少量、痘斑的数量，通过病毒在敏感细胞系中的蚀斑数来确定内脏器官中的病毒载量。这些方法提供了治疗措施在保护机体不受感染方面有价值的信息，但都存在类似的局限性：没有评估病毒在同种动物和多种动物体内的传播。这两个问题促使我们将目光转向最近开发的全身成像技术，通过检测受感染动物的 D- 荧光素酶底物存在时酶发出的光来检测表达荧光素酶（WRvFire）的重组痘苗病毒复制。用 Caliper 公司研制的（IVIS）交互视频信息系统中的电荷耦联装置照相机记录活动物受感染器官的生物发光信号，并将其转换成数值。本章介绍用全身生物成像方法测定感染重组 WRvFire 痘苗病毒的正常活 BALB/c 小鼠的病毒载量。以 Dryvax 疫苗接种为模型，说明如何利用生物发光数据来确定治疗效果。此外，我们还说明了如何将生物发光和生存结果结合在受试者操作特征曲线（ROC）分析中，建立可用于新疗法和第二代疫苗测试的致死率预测模型。

　　关键词：牛痘病毒；全身生物成像；Dryvax 疫苗；受试者操作特征曲线分析；致死率预测模型

1　引　言

　　生物发光成像技术已广泛应用于体外和体内动物模型细胞系中微生物和病毒感染的研究。自从 20 世纪 90 年代初从 *Photinus pyralis*（一种萤火虫）cDNA 文库中分离出来荧光素酶基因后，萤火虫荧光素酶基因就在细菌、植物和动物中得到表达 [1, 2]。荧光素酶基因编码的酶是一个长度为 550 个氨基酸（62kDa）的单链多肽，具有单体活性。萤火虫荧光素酶在含有 ATP-Mg^{+2} 和 O$_2$ 的情况下催化 D（-）荧光素的氧化，从而产生氧化荧光素、

CO_2、AMP 和在 560 nm 峰值处 [3] 发射的光。这种发光可以用分光光度法测得 [2]。目前可用的方法可以检测到 $\geqslant 2.4 \times 10^5$ mol 的荧光素酶 [3]。

将荧光素酶基因引入痘苗病毒（VACV）基因组是首次尝试使用以发射光的测量替代传统的蚀斑分析来示踪病毒的复制 [4]。VACV 是一种大型有囊膜 DNA 病毒，它可以允许插入荧光素酶片段（在 VACV 启动子下），而不会影响病毒复制或动物发病机制模型。此外，重组 VACV 病毒在每个细胞中可产生 10 000 个粒子，因此感染器官中存在大量荧光素酶分子。早期的研究表明，通过测定荧光素酶的表达来检测体外感染细胞中的 VACV 比使用 β-半乳糖苷酶报告系统敏感 1 000 倍，可以检测到细胞培养物中 0.01PFU/cell 的病毒 [4]。与其他荧光蛋白的检测相比，荧光素酶产生信号的测量具有更高的信号背景比 [5]。我们自己的数据以及其他研究者发表的报告表明，光子通量的测量与从 VACV 感染小鼠器官中分离的病毒呈线性相关，从而支持了生物发光可用于直接测量病毒传播这一观点 [6, 7]。

通过记录表达荧光素酶病毒发出的荧光来检测感染动物体内的 VACV 比其他方法更具优势：可以监测病毒从攻毒部位到内部器官的传播，可检测其他不可接近解剖部位的病毒。然而，分析数据时要注意，由于光在组织中的扩散，生物发光信号的空间分辨率局限在 2~3mm[8]。此外，由于吸附作用，每 1cm 的组织会使光强度降低 10 倍。这样，深部组织器官发出的光信号比体表或浅部组织的信号要弱。因此，如果没有与分离组织中病毒测量值相关的话，直接比较器官间记录的生物发光是不准确的。一些新的荧光素酶已被开发，扩大了发射光谱，从而允许同时检测病毒和宿主细胞或宿主蛋白。然而，应考虑到荧光素酶在体内的分布有限，以及一些新开发的荧光素酶对血清中的氧化更加敏感的问题 [9]。

我们用胸苷激酶阳性（TK+）重组 WR VACV（WRvFire）对正常 BALB/c 小鼠进行致死性攻击，该重组病毒在合成的极早期启动子（NIAID，NIH）控制下表达荧光素酶报告基因，由 Bernard Moss 博士惠赠 [10]。本章我们提供了使用生物成像监测和量化受感染小鼠 WRvFire 表达数据类型的方法和示例。在模型中，我们使用已免疫 Dryvax 能够感染保护的小鼠，并对记录的个体动物生物发光进行 t 检验，以确定完全保护是否与内部器官病毒数量的显著减少相关。在这个例子中，我们使用了一个 200 只动物的群体，这些动物被用于研究病毒剂量范围之前，预先用人牛痘免疫球蛋白静脉注射液（VIGIV）处理。利用已知的 200 只动物的致死率结果，运用受试者操作特征（ROC）曲线分析，当生物发光提供区分存活动物和死亡动物的最佳阈值时，显示感染后的内脏状况和感染天数。

总之，全身生物成像可大大减少试验动物的数量，并允许其早期安乐死（减少痛苦）。使用这种方法可以评估各种治疗方法，包括疫苗、抗病毒药物，以及评估攻毒前后用多克隆与单克隆抗体免疫治疗的测试模型。

2 材 料

2.1 麻醉和用 WRvFire 感染小鼠

（1）75% 阿佛丁原液：6.5mL 叔戊醇加到装有 5g 2,2,2- 三溴乙烷粉末的小瓶中（见注释 1 和注释 2）。

（2）1.5% 阿佛丁溶液：在 9.8mL 的无脂多糖的 PBS 缓冲液中加入 200μL 75% 阿佛丁原液，过滤除菌（见注释 3 和注释 4）。

（3）30mL 注射器，0.2μm 针筒过滤器。

（4）小鼠称重天平（例如，Scout SPE202，Ohaus Corporation 公司）。

（5）小鼠称重箱。

（6）放大灯（如 L9087 全光谱放大灯，3×）。

（7）接种用 10^7 PFU/mL 的 WRvFire 病毒原液（见注释 5）。

2.2 感染小鼠的生物成像

（1）IVIS 50 相机（Caliper）。

（2）3.02 版生物图像软件（Caliper）。

（3）D- 萤火虫荧光素，钾盐，1.0g / 小瓶（例如，Caliper cat. No.XR-1001）。

（4）15mg/mL 荧光素溶液：1g D- 荧光素粉末溶解在 66.6mL（W/O）含 Ca^{2+} 和 Mg^{2+} 的 DPBS 溶液中（见注释 6 和注释 7）。

（5）150 mL 真空过滤系统，0.2μm。

（6）量筒。

（7）铝箔。

（8）1mL 注射器和 23^G 1.0 英寸（针头）。

（9）鼻锥（如 VetEquip 公司，货号 921612）。

（10）异氟醚。

（11）木炭纸（例如，美术用品，445-109）。

（12）70% 的乙醇。

（13）Tex Pure 消毒剂。

（14）记号笔。

2.3 统计分析

（1）Excel 软件。

（2）Graphpad Prism V5 软件。

（3）7.0 JMP 软件（SAS 公司，Cary，NC）。

3　方　法

3.1　WRvFire 小鼠鼻内感染

本文详细描述了受感染小鼠内脏器官中 WRvFire 生物发光测量的方法，为建立治疗效果的统计学分析提供指导。我们还描述了生物发光测量如何替代致死率的方法，或如何作为抗天花研究干预的终点。3.4 显示了一个比较接种和未接种小鼠组用 WRvFire 攻毒的实验示例。3.5 是一个比较经 VIG 处理和未经 VIG 处理小鼠的攻毒模型。

（1）小鼠称重。

（2）按 20μL/g 小鼠体重腹腔注射（i.p.）1.5% 阿佛丁溶液麻醉小鼠（每只 20g 小鼠大约接种 400μL）（见注释 8）。

（3）小鼠麻醉后，捉住其颈部，在照明放大灯下进行感染。缓慢将 10μL 病毒原液滴到小鼠的一只鼻孔中，要确保整个液滴进入小鼠鼻腔（见注释 9 和注释 10）。

（4）小鼠在全身成像之前休息 24h。

3.2　利用 IVIS 50 生物成像仪对 WRvFire 感染小鼠的全身生物成像

（1）室温下解冻一小份荧光素溶液。

（2）按照 Caliper 公司提供的说明，打开氧气罐上的 O_2 气流装置，向喷雾器输送异氟醚，初始化和设置 IVIS 50 仪器的生物发光测量参数。

（3）在成像室台上放一张木炭纸（见注释 11）。

（4）使用记号笔给小鼠标记 1 号、2 号、3 号、4 号、5 号、6 号等（见注释 12）。

（5）短暂摇晃荧光素小瓶，装入注射器，将小鼠头部向下保持约 30° 倾斜角，腹腔注射 200μL 荧光素至第一组 3 只小鼠（编号为 1 号、2 号、3 号）中，将 3 只小鼠放在异氟醚麻醉箱中 5~10min。

（6）一旦小鼠不能移动，将麻醉的小鼠移至成像室中，把它们放在用木炭纸保护的平台上，背部朝下。调整头部，通过插入管开口的鼻锥对鼻孔进行维持麻醉（见注释 13 和注释 14）。

（7）用另一张木炭纸覆盖小鼠头部，以避免由于来自鼻腔的高信号而使电荷偶联（CCD）相机饱和。

（8）调整平台至位置 "D"，获取小鼠的黑白照片。检查小鼠在图像中的位置，并按需调整。

（9）将仪器切换到生物发光模式，设置曝光时间为 2min，获取 1 号、2 号和 3 号小鼠的腹侧图像（见注释 15 和注释 16）。

（10）注意仔细标记，保存每组小鼠图像（见注释 17）。

（11）翻转小鼠腹部朝下，用木炭纸覆盖小鼠头部，获取背部图像（见注释 15）。

（12）改变平台至位置"B"，从头部取下木炭纸，获取头部的背面图像（获得的图像示例见图 10-1 和注释 18）。

（13）打开 IVIS 室成像室，取出 1 号、2 号和 3 号小鼠，将它们放回笼中。

（14）对剩下的小鼠重复相同的程序，在实验过程中，保持成像顺序和像室中的位置不变（见注释 19）。

（15）每次在成像前约 10min，给小鼠注射荧光素。

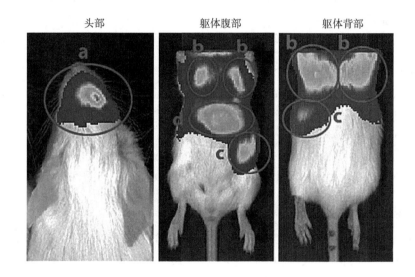

头部　　　　　　　躯体腹部　　　　　　躯体背部

图 10-1　WRvFire 感染 5 周龄 BALB/c 小鼠照片

鼻腔内感染 10^5 PFU WRvFire 小鼠三天后的头部（左侧）、躯体腹部（中间）和躯体背部（右侧）的黑白图像。分别记录鼻腔（a）、肺（b）、脾（c）和肝（d），以及头部（左图）、腹腔位置（中图）和背部位置（右图）的强荧光素信号。用圆圈标记感兴趣区域（ROI）用于后续分析。

3.3　感染小鼠生物发光计算及统计分析

（1）准备数据进行分析，使用实时图像软件（Living Image）捕获光度值。首先，使用选项组功能下载属于同一治疗组小鼠记录后续时间点的图像。

（2）在实时图像软件中，使用感兴趣区域（ROI）工具，选择显示生物发光信号的器官内的区域，以确定每天每个器官的光子 /s 值（见注释 20）。

（3）选定的图像序列可自动保存为 *.csv 格式文件。

（4）使用 Excel 软件进行统计分析，将带有实时图像 ROI 数据的 *.csv 文件表导出到 Excel 中。

（5）使用 Excel 计算每组小鼠记录光子 /s 值的平均值和标准偏差（STDEV）。

（6）为了确定小鼠组间全身连续性变化的差异是否显著，假设 2 个样本的方差 t 检验相等（见注释 21）。

（7）使用标准的 graphpad prism v5 软件记录致死性，并生成死亡时间的 kaplan-meier 生存曲线。

（8）用记录的光子 /s 值，将致死结果添加到 Excel 表中，并将其导出到 JMP 7.0 软件，以计算曲线下的面积（AUC）值（见注释 22 和注释 23，3.5 详细讨论了要以这种方法分析数据的原因）。

3.4　Dryvax 疫苗免疫的小鼠感染 WRvFire 后全身成像示例

如前所述，生物全身成像为我们提供了一种独特的监测病毒在同一宿主内复制和传播的技术。在这个例子中，每组有 9 只未免疫（攻毒对照）BALB/c 小鼠或腹腔注射 10^6PFU Dryvax 痘苗的 BALB/c 小鼠。2 周后，用 WRvFire 对 18 只小鼠鼻内接种（见注释 24）。对照小鼠都于接种 WRvFire 后一周内死亡，但之前接种了 Dryvax 痘苗的小鼠全部存活（数据未显示）。每天对小鼠进行全身成像，持续 10d 或直到死亡，记录小鼠图像用于计算鼻腔和肺部总流量的平均值和标准偏差，如图 10-2 所示。用所有动物每天记录的总流量进行 t 检验，持续 7d，确认对照组和接种组小鼠的总流量是否差异显著。表 10-1 显示，在所有的时间点已免疫和未免疫对照组小鼠鼻腔内的荧光素酶信号差异显著；攻毒后第 3d 开始，肺部的荧光素信号差异显著（见注释 21）。接种 Dryvax 痘苗小鼠的脾和肝脏在所有时间内均无信号记录（数据未显示）。这些数据表明，Dryvax 疫苗可诱导对 VACA 的保护性免疫，与上呼吸道中荧光素酶信号的显著降低以及病毒没有在脾脏和肝脏中传播相应。

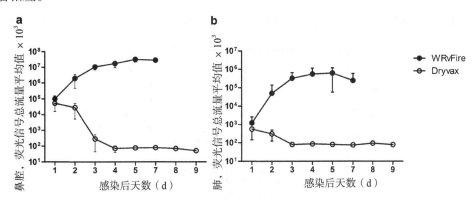

图 10-2　WRvFire 攻毒后的小鼠在鼻腔（a）和肺部（b）荧光信号

该图显示未免疫的对照组（实心黑色圆圈，$n=9$）和 Dryvax 免疫小鼠组（空心圆，$n=9$）用 WRvFire 攻毒后荧光信号总流量平均值的差异。

表 10-1　免疫 Dryvax 疫苗攻毒小鼠（*n*=9）与未接种疫苗（*n*=9）小鼠在全身连续性变化上的 *t* 检验

器官	1	2	3	4	5
鼻腔	2.1[b]	3.7[b]	8.0[c]	6.2[c]	8.4[b]
肺	0.3	1.5	2.7[b]	2.6[b]	3.1[b]

[a] 18 只 WRvFire 免疫和未免疫 BALB/c 小鼠（10^5 pfu）。动物每天进行拍摄，直到感染后第 10 天或死亡。*t* 检验被用于 1~5d 的已免疫和未免疫小鼠内部器官全身连续性变化的分析。*t* 临界值≥ 2.12；*n* =18；[b]*P*<0.05；[c]*P*<0.000005。

3.5　用免疫球蛋白（VIGIV）对 WRvFire VACV 感染小鼠治疗后的全身成像例子：ROC 曲线分析

上述示例试验表明，当一个强有力的免疫反应被建立起来后，可以提供 100% 保护而不被致死，例如可以预期在 Dryvax 疫苗接种后，与对照组相比，治疗动物的内脏的总流量与对照组明显不同。在这些条件下，通过 *t* 检验直接比较总通量的平均值足以说明治疗效果。然而，在其他情况下，治疗可能仅提供部分保护（即一定比例的动物可以存活，其余的将会死亡）。在这种情况下，直接比较总流量的平均值可能不是评估治疗效果和预测致命性 / 存活结果的最佳方法。此外，一些治疗方法，如免疫球蛋白治疗，可能也无法阻止病毒传播到内脏，即使是对那些攻毒后存活下来的动物。因此，如下一个例子所述，将记录的总通量进行 ROC 曲线分析是很重要的。

200 只 BALB/C 小鼠分为 6 组，每组小鼠用 0.3~30mg/ 只的剂量腹腔注射 VIGIV（见注释 25），2d 后用 WRvFire 攻毒，对照小组注射 PBS。如图 10-3 所示，5 种不同治疗剂量的 VIGIV，给动物提供了一个从 0 到 100% 的致死攻毒的保护。每天对小鼠进行全身成像，直至 10d（或直至致死），并记录内部器官的总流量。对死亡动物（*n*=53）和存活动物（*n*=147）的流量进行统计分析。*t* 检验证实，存活动物和死亡动物的鼻腔、肺、

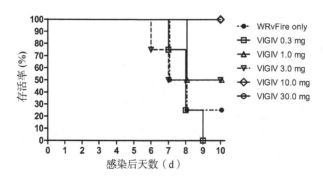

图 10-3　用 VIGIV 治疗存活的 WRvFire 感染小鼠

在鼻腔注射两天前对 BALB/c 小鼠（每组 6 只）腹腔注射 VIGIV，剂量如图所示。每天记录死亡小鼠的数量，计算存活百分比。当剂量为 1mg 或 3mg 时，大约有 50% 的存活率。当 10mg 和 30mg 时，存活率 100%。保存六组试验数据。版权所有 © 美国微生物学会（7；10.1128/ JVI.01296-09）。

脾脏和肝脏中的总流量有显著差异（数据未显示）。然而，当绘制单个动物记录的总流量时，应该注意死亡动物与存活动物间存在清晰的荧光信号重叠部分（见图 10-4）。

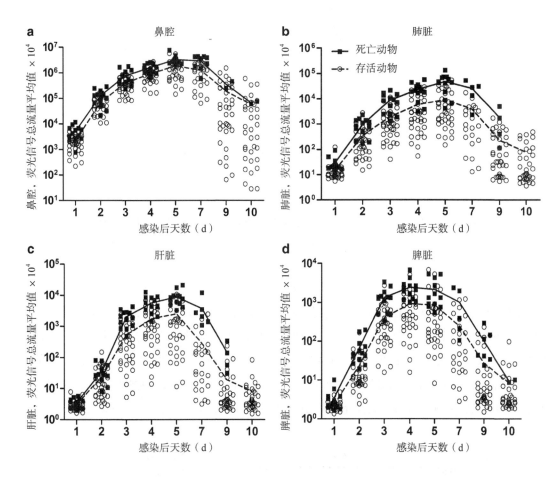

图 10-4　WRvFire 感染小鼠用 VIGIV 治疗后，存活和死亡小鼠器官的荧光信号总流量变化

此图显示了受保护或未受保护小鼠之间荧光素信号的重叠部分。200 只小鼠，在试验前 2d 注射 VIGIV，每天进行生物成像和致死性试验。用鼻腔（a）、肺（b）、肝（c）和脾（d）的荧光信号总流量计算存活（虚线）和死亡动物（实线）总寿命的平均值。25% 的死亡动物（实心正方形）和 25% 的存活动物（空心圆）的荧光信号总流量每次用 Excel 随机抽样，用 Graph Pad Prism 制图。版权所有 © 美国微生物学会（7；10.1128/ JVI.01296-09）。

　　为了建立攻毒死亡模型，在 4 个器官上进行 1~5d 的生物荧光检测，并对死亡/存活结果进行 ROC 曲线分析，以确定记录总通量的任何特定水平是否可以作为存活动物和非存活动物之间的阈值（见注释 22）。为了确定最佳的预测器官和感染后的最佳时间点，通过绘制每一记录的总流量（见注释 26）的未存活小鼠百分比（敏感性）与存活小鼠百分比（1- 特异性）来计算 AUC 值。图 10-5 提供了第 5d 200 只小鼠在肝脏中记录的生物发光 ROC 分析的结果，其中获得的 AUC 值为 0.91。

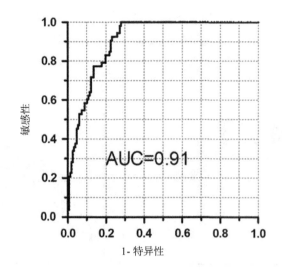

图 10-5　ROC 分析了 200 只 WRvFire 感染小鼠 5d 后肝脏的荧光信号总流量

此图显示了 ROC 分析图示。全身连续性变化使用 AUC 记录了存活和死亡动物肝脏的变化。

　　连续 5d 对 4 个器官进行荧光信号总流量的相似分析，结果显示第 3~5d 脾脏和肝脏的 AUC 值大于 0.85（见图 10-6）。同时，我们评估了体重减轻 25% 的预测能力，以区分存活动物和死亡动物（见注释 27）。以 25% 的体重减轻为阈值的 ROC 分析在第 7d 产生 0.85 的 AUC 值，在第 9d 产生大于 0.85 的 AUC 值，此时大多数动物已经死亡。总的来说，数据显示，感染后 3~5d 脾脏和肝脏的生物发光测量可以准确预测生存率，精确度更高，并且比 25%（或 30%）的体重减轻更早（见图 10-6）。

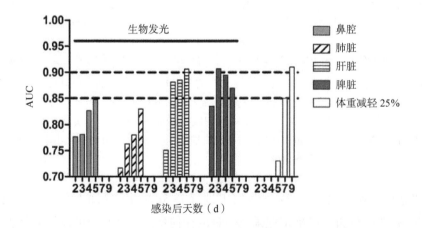

图 10-6　ROC 分析内脏器官荧光信号总流量记录和体重减轻 25% 作为

攻毒模型死亡率的阈值

　　该图说明，与以 25% 体重减轻作为阈值的模型相比，使用生物发光测量产生的致死性预测模型提供了较高的 AUC 值（0.85~0.92），并且时间更早（第 3~5d）。

4 注 释

（1）阿佛丁中未含有Ⅱ类化学药物成分，因此，不需要 DEA 代码。

（2）用力摇晃，用铝箔包裹小瓶避光。一旦完全溶解，将 75% 阿佛丁分成 1mL 的若干份，–20℃下避光储存。为了保证三溴乙醇的稳定性，需要对溶液进行光（热）防护，因为三溴乙醇在降解后会产生有毒的产物。

（3）为了制备注释射用 1.5% 阿佛丁工作液，首先在室温下将 75% 的阿佛丁原液解冻，然后在低速下短暂地旋涡搅拌。加入 PBS（如果是冷的，温热至室温），用移液管充分混匀，再通过 0.2μm 的过滤器过滤到无菌试管中，用铝箔包裹避免光照。

（4）约 10mL 体积的 1.5% 阿佛丁溶液足以麻醉 25 只小鼠。

（5）根据重组痘苗病毒的致病性，建议首先要确保 100% 致死 6~10 只 / 组小鼠所需的病毒剂量。理想状态下，小鼠应该从第 5 天至第 6 天开始死亡，所有小鼠都应该在第 9~10d 死亡。

（6）D- 萤火虫荧光素粉末 –20℃储存。将其溶解在 DPB 中之前，应使其预热至室温。

（7）用铝箔包裹 0.2μm 过滤瓶对荧光素溶液进行过滤消毒，然后分装入小体积的冷冻管（例如，1mL），–20℃下冷冻保存。

（8）1.5% 阿佛丁可麻醉小鼠 30~45min。

（9）趁着小鼠麻醉的时候用 WRvFire 感染和使用小体积的接种物（如 5~10μL）是很重要的。我们用移液器吸头触碰鼻孔尖端的方式进行接种（在照明放大镜中很容易看到，慢慢地将所需剂量的溶液滴到小鼠鼻孔上，很快就进入鼻孔中）。小剂量减少了动物与动物在攻毒位置（鼻腔）病毒数量的差异，还降低了可能溢出到肺部的情况。我们进行了初步的试验，在小鼠身上接种相同的 10^5PFU 病毒，体积分别为 10μL、15μL 和 20μL，注射后 24h 时感染 15μL 和 20μL 的小鼠肺部发现强烈的生物发光信号，但 10μL 感染剂量组却没有生物荧光信号。根据 Gross 等的研究[11]，7 周龄小鼠（30g）鼻腔体积约为 30mm³。我们感染的是 5 周龄体重 14~18g 的小鼠，因此估计它们的鼻腔体积要小一些。

（10）如何制备 10^7PFU/mL 病毒原液的示例。从 –80℃冰箱中取出一瓶预先滴定的病毒液，室温下解冻，短暂涡旋搅拌。将装有病毒的小瓶放进盛满冰块的玻璃烧杯底部，用超声仪以 57% 的功率降解 15s（例如，Sonic Dismembrator Model 500 型，Fisher Scientific 公司）。超声处理后，立即吸取所需体积的病毒到一个 4mL 含有 0.1%BSA 的 PBS 缓冲液小瓶中，制备用以接种用的 10^7PFU/ mL 病毒原液。BSA 还可作为稀释病毒液的稳定剂。用移液器彻底混合。在分别感染小鼠时，将病毒液置于冰上，感染 10~12 次后用移液器混合。剩余的病毒储备液，感染用 10^7PFU 的病毒液，用于病毒稀释和感染的吸头，应收集在高压灭菌的生物危害袋中，然后按本单位生物危害废弃物处置办法处理。

（11）木炭纸保护了暗室表面不受污染，并为成像提供良好的背景。

（12）为了标记小鼠，我们在小鼠尾巴上标记6个圆点，当它们变模糊时每隔1d重新标记这些点。

（13）如IVIS手册所述，感应室和IVIS仪器配备有ISO氟烷炭吸收过滤器。这些过滤器在每次应用前称重，一旦重量比初始重量增加50g，就要进行更换。

（14）由于IVIS仪器不能被放在BSL-2生物安全柜内，因此试验者必须穿戴防护服（如外套、面罩、手套）。此外，我们小组的所有成员都接种了有许可证的天花疫苗（美国现有的Acambis2000）。我们设施中的IVIS仪器由许多研究人员共用，为了防止交叉污染，我们使用VetEquip的一次性鼻锥。这种鼻锥在每次成像之后都作为生物危害材料处理。另外，Caliper公司出品了可高压灭菌的鼻锥。

（15）如果图像饱和（屏幕上出现自动警告），则缩短曝光时间。

（16）捕捉到的光信号的强度在屏幕上以伪彩色的形式显示，其中低—中—强信号分别以蓝—绿—红颜色显示。

（17）建立一个分类保存图像的系统非常重要。IVIS成像软件允许添加每张图像的信息，例如实验名称、每次实验拍照的日期、治疗的类型、每只小鼠的编号，以及曝光时间。每类信息又可以分成不同的选项：序列、实验、标签、注释和分析。我们也用"D1"和"D2"标签分别特指在D阶段拍摄的腹侧和背侧图像，用"B2"指头部背侧的图像。当对一组小鼠成像进行生物发光数据分析时，每个保存图像文件的详细描述非常有用，可使用由Living Image软件提供的"按序列分析"工具进行分析。

（18）为了获得清晰的鼻腔图像，取下覆盖在小鼠头部的纸，取出用于麻醉的鼻锥，但不要让动物离开麻醉气体的时间超过1min。由于鼻腔中的生物荧光信号非常强，即使在感染后24h，一次20~30s的暴露也足以捕捉到好的信号。

（19）在成像结束后，应分别使用70%乙醇和Texpure清洁剂对IVIS成像室和感应室进行彻底的净化。

（20）在Living Image Analysis软件提供的选项中，最好使用光子/s/cm²/sr模式（总通量）显示在ROI中检测到的生物发光值，在该模式中，信号强度根据曝光时间进行调整。

（21）t检验计算两组平均值（平均值）之间相对于组内离散或变异的差异。对于显著差异，当pis设置为≤0.05时，t值预计等于或大于t临界值，这取决于小组中动物的数量。t测试分析中Excel生成的表格中显示了每种情况下t临界值的一部分。

（22）ROC分析需要建立致死性预测模型，这是由观察结果决定的，与Dryvax疫苗接种后明确划分不同（见3.4），接受VIGIV治疗并存活的小鼠中有一部分仍然有WRvFire传播到内脏器官（见3.5）。这是诊断测试研发中的一种常见情况，当一些受试者在测试中呈阳性，但没有得病，可以通过ROC分析加以解决。ROC是敏感度与1-特异性的图解图，每一个选择的阈值都不同。在我们的实验中，敏感性或真阳性小鼠被定义为根据所选总通量阈值正确预测死亡的小鼠，1-特异性或假阳性小鼠被定义为显示所选总通量但存活的小鼠。

（23）AUC 是通过绘制每个记录的总流量中未存活小鼠的百分比（敏感度）和存活小鼠的百分比（1-特异性）来计算的。

（24）在我们的实验中，10^5PFU/ 只小鼠（10μL 体积的 10^7PFU/mL 溶液）经鼻感染可致小鼠 100% 死亡。

（25）加到 600μL PBS 中的牛痘免疫球蛋白（VIGIV；Cangene Corporation 公司产品，温尼伯，加拿大），分别以 0.3mg/ 只、1.0mg/ 只、3.0mg/ 只、10.0mg/ 只或 30mg/ 只动物的剂量使用。

（26）AUC 为 1.0 代表了一次完美的测试，其中 100% 的致死率（敏感性）和 100% 的存活率（特异性）是根据选定的阈值准确预测的。AUC 为 0.5 表示随机分辨。在医学领域，AUC ≥ 0.85 和 ≥ 0.9 分别被认为是强模型和理想模型。

（27）在感染前（时间 0）和每天成像前记录小鼠体重。与感染前测得的体重相比（25% 的体重减轻）。传统上许多研究者将体重减轻 25% 作为致死率的指标。

致谢

感谢 John Scott 为本研究提供数据。本项目部分资金由美国卫生与公众服务部国家卫生研究所的联邦基金资助（IAA 224-06-1322）。

参考文献

[1]　de Wet JR, Wood KV, DeLuca M, Helinski DR, Subramani S. 1987. Firefly luciferase gene：structure and expression in mammalian cells. Mol Cell Biol 7：725–737.

[2]　Ow DW, Wet DE Jr, Helinski DR, Howell SH, Wood KV, Deluca M. 1986. Transient and stable expression of the firefly luciferase gene in plant cells and transgenic plants. Science 234：856–859.

[3]　Gould SJ, Subramani S. 1988. Firefly luciferase as a tool in molecular and cell biology. Anal Biochem 175：5–13.

[4]　Rodriguez JF, Rodriguez D, Rodriguez JR, McGowan EB, Esteban M. 1988. Expression of the firefly luciferase gene in vaccinia virus：a highly sensitive gene marker to follow virus dissemination in tissues of infected animals. Proc Natl Acad Sci USA 85：1667–1671.

[5]　Lin MZ, McKeown MR, Ng HL, Aguilera TA, Shaner NC, Campbell RE, Adams SR, Gross LA, Ma W, Alber T, Tsien RY. 2009. Auto fluorescent proteins with excitation in the

optical window for intravital imaging in mammals. Chem Biol 16 : 1169–1179.

[6]   Luker KE, Luker GD. 2008. Applications of bioluminescence imaging to antiviral research and therapy : multiple luciferase enzymes and quantitation. Antivir Res 78 : 179–187.

[7]   Zaitseva M, Kapnick SM, Scott J, King LR, Manischewitz J, Sirota L, Kodihalli S, Golding H. 2009. Application of bioluminescence imaging to the prediction of lethality in vaccinia virus-infected mice. J Virol 83 : 10437–10447.

[8]   Luker KE, Luker GD. 2010. Bioluminescence imaging of reporter mice for studies of infection and in flammation. Antivir Res 86 : 93–100.

[9]   Pichler A, Prior JL, Piwnica-Worms D. 2004. Imaging reversal of multidrug resistance in living mice with bioluminescence : MDR1 P-glycoprotein transports coelenterazine. Proc Natl Acad Sci USA 101 : 1702–1707.

[10] Townsley AC, Weisberg AS, Wagenaar TR, Moss B. 2006. Vaccinia virus entry into cells via a low-pH-dependent endosomal pathway. J Virol 80 : 8899–8908.

[11] Gross EA, Swenberg JA, Fields S, Popp JA. 1982. Comparative morphometry of the nasal cavity in rats and mice. J Anat 135 : 83–88.

（邓　阳、张　强　译）

第 11 章　鼠痘：天花病毒的小动物模型

David Esteban，Scott parker，Jill Schriewer，Hollyce Hartzler，R.Mark Buller

概　要

实验室小鼠痘病毒感染已成为揭示人类正痘病毒感染、了解疾病进展、发现和描述抗病毒治疗的特征、研究与发病机制和免疫应答相关的宿主—病原体关系的一种有价值的模型。在这里，我们描述了如何安全地与病毒一起工作以及在实验室研究小鼠痘病毒的常用程序的方案，包括制备病毒库、使用各种接种途径以及从受感染动物采集血液和组织。此外，还描述了几种评估宿主对感染反应的方法：例如，测量病毒特异性 CD8 T 细胞以及使用酶联免疫吸附试验和中和试验来测量正痘病毒特异性抗体滴度。

关键词：小鼠痘病毒；痘病毒；动物模型；小鼠；宿主反应；感染

1　引　言

虽然自天花通过疫苗根除以来再没有自然病例，但我们目前面临的是人类猴痘的出现以及天花病毒或猴痘病毒作为生物武器的潜在威胁[1-3]。因此，正痘病毒感染的动物模型对于了解疾病的进展，发现和描述抗病毒治疗的特征仍然很重要。此外，正痘病毒的大基因组编码许多宿主反应修饰物，因其与发病机制和免疫反应相关，对研究宿主—病原体相互关系是非常有价值的工具。

实验感染小鼠痘病毒（ECTV）已成为研究这些问题的一个有价值的模型[4-6]。ECTV的自然宿主被认为是老鼠或其他小啮齿动物，如田鼠[7]。经数十年的研究，已经对多个品系小鼠的疾病进行了广泛的记述，并已鉴定出宿主和病毒因子[8-12]。

ECTV 可感染所有实验小鼠品系，可导致一些品系小鼠感染严重的疾病，甚至死亡，或导致其他品系小鼠发生轻微的或者不显眼的疾病。不同的小鼠品系可以通过几种不同的途径感染，发病结果取决于小鼠品系和接种途径，即通过足垫、皮内、鼻内、皮下或其他常见途径[13]。所有的小鼠都易受外部感染，但疾病的严重程度取决于小鼠的品系。例如，继足垫感染后，C57BL/6 和 AKR 品系被认为对严重疾病具有抵抗力，而 A、BALB/C、DBA 和 C3H 品系被认为对严重疾病敏感[14-18]。每次研究必须确定适当的途径、小鼠品系和剂量。

本章介绍了用 ECTV 感染小鼠的常用方法，病毒接种物的制备方法，感染组织的制备和分析方法。我们之前在本书第一版 [19] 中描述了通过气溶胶接种小鼠。

2 材 料

2.1 防止生态饲养箱中 ECTV 逃逸的安全设备

（1）"护理新鲜"垫料。

（2）氯基消毒剂（例如，10% Chlorox、Spor Klenz 或 Expor 溶液）。

（3）70% 乙醇。

（4）一次性防护服。

（5）脚套。

（6）手套。

（7）护目镜。

2.2 L929 和 BSC-1 细胞的增殖

（1）L929 和 BSC-1 细胞（在液氮中冷冻）。

（2）DMEM-10：含 10% 胎牛血清（FBS，例如 Hyclone 公司的 Clone Ⅱ 胎牛血清）的杜氏最低必需培养基。

（3）PBS：组织培养级磷酸盐缓液。

（4）组织培养瓶。

（5）胰蛋白酶溶液：0.05% 胰蛋白酶、0.53mMEDTA。

（6）37℃ 水浴锅。

（7）CO_2 培养箱：37℃ 5% CO_2 加湿培养箱。

（8）倒置显微镜。

2.3 病毒增殖

（1）ECTV 储液：原始的或纯化病毒（-70℃下保存）。

（2）DMEM-2：含 2% FBS 的 DMEM。

（3）离心机：Beckman 离心机，带有 GH-3.8 转子。

（4）250mL 一次性灭菌离心管。

（5）杯式超声仪（例如，Branson 公司超声仪 250 型）。

（6）循环冰水浴箱。

（7）耳罩。

（8）无菌细胞刮刀。

2.4 病毒纯化

（1）无菌超速离心管（例如，Beckman 公司产品，聚异质同晶体材质，货号 #326823）。

（2）无菌杜恩斯玻璃均浆器，紧杆。

（3）36%（*W/V*）蔗糖 10mM Tris-HCl 溶液，pH 值 9（见注释 1）。

（4）40%、36%、32%、28% 和 24% 蔗糖溶液：蔗糖（*W/V*）溶于 1mM Tris-HCl 中，pH 值 9.0（见注释 1）。

2.5 蚀斑法测定病毒滴度

（1）PBS-1：含 1% FBS 的 PBS。

（2）24 孔组织培养板。

（3）无菌试管。

（4）羧甲基纤维素（CMC）覆盖物：10g CMC、1L DMEM、50mL FBS、青霉素 / 链霉素（见注释 2）。

（5）结晶紫染液：1.3g 结晶紫、50mL 95% 乙醇、300mL 37% 的甲醛溶液，用蒸馏水定容至 1L（见注释 3）。

2.6 麻醉

（1）氯胺酮 / 甲苯噻嗪：氯胺酮 90mg/kg 和甲苯噻嗪 10mg/kg。

（2）注射器，带 25^G 针头。

（3）麻醉箱。

（4）CO_2（80%）和 O_2（20%）混合物（见注释 4）。

2.7 小鼠接种和下颌采血

（1）鼻腔插管支架（见注释 5 和图 11-1a）。

（2）缝合针和回形针。

（3）10μL 移液器。

（4）10μL 带滤芯吸头。

（5）胰岛素注射器。

（6）1mL 注射器，25^G 5/8 针头。

（7）28^G 结核菌素注射器。

（8）旋转尾注入器（例如，Braintree Scientific 公司产品）。

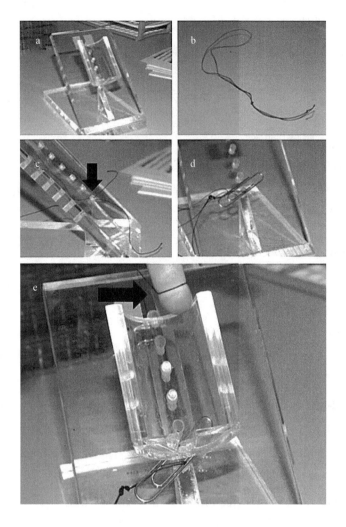

图 11–1 鼻腔接种装置

（a）鼻腔支架。（b）一卷用于将小鼠固定到位的 2–0-u.s.p 手术缝合线。（c）将缝合线的末端穿过孔。（d）将缝线系在回形针上，使其固定在支架上。（e）将缝合线圈拉到支架的后部和顶部。将小鼠背部朝下，头放置于支架前端，缝合线放在小鼠前牙下，将小鼠牢牢固定在支架上。

（9）60 W 灯泡。

（10）18^G 针头。

（11）微量保存管（见注释 6）。

2.8 小鼠安乐死和组织处理

（1）CO_2 气体。

（2）安乐死室。

（3）70% 乙醇。

（4）手术剪、止血钳。

（5）预先准备的称重管（见注释 7）。

（6）PBS-1：含 1% FBS 的 PBS 缓冲液。

（7）紧型玻璃杵或一次性研磨棒杵（例如，KONTES 组织研磨器）。

（8）刻度尺。

（9）灭菌涂药棒。

2.9　血液或组织中基因组拷贝的 PCR 分析

（1）用于 PCR 分析的 10mM 的 dNTPS 混合物。

（2）50×ROX 对照染料（例如，Invitrogen 公司产品，货号 #12223-012）。

（3）10 000× 的 SYBR Green 1 核酸凝胶染料（例如，Inxitrogen 公司，货号 #S7567），用 TAE 缓冲液稀释至适当浓度，pH 值 7.5。

（4）10×OmniKlenTaq 缓冲液（例如，DNA Polymerase Technologies 公司产品）。

（5）2×PEC-2（例如，DNA Polymerase Technologies 公司产品）。

（6）OmniKlenTaq DNA 聚合酶（例如，DNA Polymerase Technologies 公司产品）

（7）SP028 引物：5′ -GTA GAA CGA CGC CAG AAT AAG AAT A -3′（见注释 8）。

（8）SP029 引物：5′ - AGA AGA TAT CAG ACG ATC CAC AAT C -3′（见注释 8）。

（9）96 孔半裙边 PCR 板（例如，Phenix Research Products，MPS-3580）。

（10）用于 qPCR 的热敏 RT2 膜（例如，Phenix Research 产品，LMT-RT2）。

（11）实时 PCR 系统。

（12）DNA Mini 试剂盒（例如，Qiagen 公司产品，货号 #51306）

（13）基因组 DNA 高纯度 PCR 模板制备试剂盒（例如，Roche 公司产品，货号 #11796828001）。

（14）标准质粒 DNA（见注释 9）。

2.10　正痘病毒特异抗体 ELISA

（1）硼酸盐缓冲液：17mM 硼酸钠，120mM NACl，pH 值 9。

（2）痘苗病毒裂解液或用 1%Triton X-100 硼酸盐缓冲液处理的 BSC-1 可溶性抗原（见注释 10）。

（3）Immulon-2 HB 板。

（4）生物素化山羊抗小鼠 IgG。

（5）链亲和素过氧化物酶。

（6）30% 过氧化氢。

（7）PBS，pH 值 7.2，0.45μm HA 过滤。

（8）健康山羊血清（例如，Vector 公司产品）。

（9）PBST：含 0.05% Tween 20 的 PBS。

（10）碳酸盐缓冲液：1.58g Na_2CO_3、2.94g $NaHCO_3$、11.7g NaCl，加水至 1L（pH值 9.6），0.45μm HA 过滤。

（11）底物缓冲液：307mL 0.1 M 柠檬酸和 193mL 0.2M Na_2HPO_4 混合，pH 值 4.0，0.45μm HA 过滤。

（12）终止缓冲液：含 0.05% Tween 20 的 PBS，2% 健康山羊血清（见注释 11）。

（13）3M HCl。

（14）5mgOPD 二盐酸盐片。

2.11 蚀斑中和实验

（1）BSC-1 细胞。

（2）DMEM-2。

（3）纯化的 ECTV。

（4）从小鼠分离的血浆或血清样品。

（5）CMC 覆盖培养基。

（6）结晶紫染液。

（7）倒置显微镜。

2.12 病毒特异性 CD8⁺T 细胞测定

（1）与 $CD8^+T$ 细胞应答测定同品系的小鼠脾细胞。

（2）纯化的 ECTV 病毒。

（3）细胞照射器（例如，XRAD）。

（4）CD8a 抗体（例如，BD Biosciences 公司克隆 53-6.7），CD3（例如，BD Biosciences 公司克隆 145-2C11）和干扰素 -gamma，（IFN-γ，例如，BD Biosciences 公司克隆 XMG 1.2）。

（5）PBS-2：含 2% 胎牛血清的 PBS。

（6）RPMI-10：添加 10% 胎牛血清的 RPMI 培养基。

（7）Cytofix/Cytoperm Buffer Kit（例如，BD Biosciences 公司产品）。

（8）10×Pharmlyse（例如，BD Biosciences 公司产品）。

（9）Golgi Stop 或 Brefeldin A。

（10）CFSE 细胞标记试剂盒（例如，Invitrogen 公司产品）。

3 方 法

3.1 确保防止 ECTV 逃逸的特殊预防措施

处理感染 ECTV 的小鼠时必须采取特殊预防措施，以防止由动物处理设施引发的疫情[7]。受污染的垫料可作为感染源，因此必须避免使用过多的垫料或颗粒垫料（例如，可以使用"护理新鲜"垫料）。需要高压灭菌或使用氯基消毒剂（例如 10% 氯仿、Spor Klenz 或 Expor 溶液）才能有效的去除污染。笼具和其他设备要进行高压灭菌、喷雾或浸泡在消毒剂容器中消毒后方能移出安全隔离区。动物处理人员必须穿戴个人防护装备（防护服、脚套、手套和护目镜），一次性物品应丢弃在室内的生物危害废物容器中，该容器高压灭菌后再按照各单位的生物危害废物处理流程处置。所有操作应在层流罩中进行，在操作前，应对层流罩和笼具表面进行消毒。手套应使用消毒剂保持湿润。操作结束后，生物安全柜的所有表面应喷洒消毒剂，并保持湿润 10min，然后擦干（或喷洒 70% 乙醇）。

3.2 L929 和 BSC-1 细胞的增殖

（1）在 37℃ 水浴中快速解冻冷冻的（储存在液氮中）细胞安瓿瓶。

（2）将解冻的细胞转移到至少含有 10mL DMEM-10 的离心管中，室温下以 $350 \times g$ 离心 5min 沉淀细胞。

（3）吸出含有 DMSO 的用于冷冻细胞的培养基，细胞重新悬浮在 5 mL DMEM-10 中，并移至组织培养液瓶（T-25）中，置 CO_2 培养箱中培养至细胞融合。

（4）细胞传代。吸出细胞培养基，用 PBS 洗涤单层细胞除去培养基中残留的血清。加入 1mL 胰蛋白酶溶液覆盖在单层细胞上，放回培养箱（5~10min），直到细胞不再附着瓶壁（见注释 12）。

（5）将 DMEM-10 添加到培养瓶中，用力吹打将剩余细胞从瓶壁上洗下，分散成单个细胞的悬液。

（6）如步骤 2 所述，离心沉淀细胞，然后吸出含有胰蛋白酶的培养基。

（7）将细胞重新悬浮在 DMEM-10 中，转移到最少是原先细胞培养瓶 3 个表面积、最多 10 个表面积大的培养瓶中。在细胞瓶上标记日期和代次（见注释 13）。

3.3 细胞裂解液中原始病毒的增殖

（1）准备 10 个 T150 细胞瓶，用 DMEM-10 培养 L929 细胞直到细胞长至融合。

（2）在 37℃ 水浴中快速解冻冷冻的病毒储备液小瓶，然后移至冰桶中。

（3）将试管浸入超声仪的水浴超声杯中，超声处理 40s 解冻病毒储备液，注意不要接触超声仪的任何金属部分，将病毒放回冰中 10s。再重复超声处理步骤两次（见注释 14）。

（4）用 DMEM-2 稀释病毒，使病毒感染复数（MOI）从 0.2~0.5PFU/cell（每个 T150 细胞瓶用 5mL DMEM-2 培养基）

（5）吸去培养瓶中的 DMEM-10 培养基，每瓶用 5 mL 病毒稀释液覆盖细胞单层。CO_2 培养箱中孵育 1h，期间摇动 1~2 次，以确保病毒均匀分布。

（6）每个细胞瓶中加入 10mL 新鲜制备的 DMEM-2，置 CO_2 培养箱中培养 2~3d。

（7）当 75%~90% 的细胞出现细胞病变，但仍附着在瓶壁上时，使用无菌细胞刮刀收集细胞。

（8）将含有受感染细胞的培养基转移到一次性 250mL 离心管中，1 800 × g 于 5~10℃ 离心 5min（例如，用 Beckman GH-3.8 转子：2 500r/min）。

（9）吸取培养基，将细胞重悬于 20 mL DMEM-2 中，在干冰浆中冻融 3 次（见注释 15）。

（10）在最大振幅的恒定脉冲下，在循环冰水浴中对溶解的细胞进行超声波处理 1min，重复 3 次（见注释 14）。

（11）病毒液等分成小瓶，在瓶上标记病毒株名称、纯度、收毒日期、制备病毒的人员和小瓶编号（见注释 16）。

（12）将分装病毒的小瓶置于 −70℃ 下储存。

3.4 制备纯化的病毒储液（改编自参考文献[20]）

3.4.1 垫纯化病毒（见注释 17）

（1）按照 3.3 中步骤 1~8 制备病毒原液。

（2）用 14mL 10mM 的 Tris-HCl（pH 值 9.0）重悬感染的细胞。

（3）在以下的步骤中，将样品放在冰上操作。

（4）使用 Dounce 玻璃匀浆器紧密型研杵研磨细胞悬浮液 30~40 次（见注释 18）。

（5）以 1 300r/min，5~10℃ 离心 5min，去除细胞核，保留上清液。

（6）在 3 mL 10 mM Tris–HCl（pH 值 9.0）中重新悬浮细胞核沉淀，然后在 5~10℃ 下 1 300 r/min 再次离心 5min。

（7）收集上清液并与步骤 5 中收集的上清液合并在一起。

（8）将合并的上清液分成 3~6mL 的等份，并在冰水浴中以最大振幅恒定脉冲对每一等份进行超声处理，重复 3 次（见注释 14 和注释 19）。

（9）旋涡混匀超声的上清液，并将其转移到含有 17mL 36% 蔗糖垫的无菌超速离心管中（见注释 1 和注释 20）。

（10）在 SW27 转子中，以 13 500 r/min 的转速离心 80min。

（11）吸弃上清液（见注释 15）。

（12）用 1mL 1mM Tris–HCl（pH 值 9.0）重悬病毒沉淀。

（13）本阶段，病毒被认为是垫纯化了的病毒。将该病毒等份分装，并在分装管上标记病毒名称、收集日期、纯度、制备病毒人员姓名和分装管编号。此时，样品的储存温度应低于 −70℃（见注释 21）。

3.4.2　区带纯化病毒（见注释 17）

（1）在进行纯化的前 1d，在无菌超速离心管中，通过小心地滴加 6.8 mL 分别为 40%、36%、32%、28% 和 24% 的蔗糖溶液制备蔗糖梯度管，每个样品制备 2 个 24%~40% 的连续蔗糖梯度（见注释 1）。试管顶部用封口膜覆盖，然后置 4℃ 静置一夜，使蔗糖在各层之间扩散。

（2）将 3.4.1 步骤 12 中制备的 1mL 病毒沉淀悬液覆盖在一个蔗糖梯度管上（见注释 22）。

（3）SW27 转子，26 000 ×g 离心 50 min（4℃）。

（4）用无菌移液管收集病毒带（约 10mL 体积），置 50mL 无菌离心管中（见注释 23）。

（5）吸取剩余的蔗糖，放入含有 10% 漂白剂的瓶子中，使病毒失活后再妥善处理（见注释 15）。

（6）用 1mL 1mM 的 Tris-HCl（pH 值 9.0）吹打，收集离心管底部的含有聚集病毒的沉淀。

（7）以最大振幅恒定脉冲，在循环冰水浴中对重悬的沉淀超声处理 1min。

（8）用制备的第二个梯度管对上述获得的材料按照步骤 1~4 所述，再次进行区带离心。

（9）收集病毒区带（约 10mL 体积），与步骤 4 中第一次区带离心收集的样品合并。不需要收集第二个梯度管底部的沉淀。

（10）将 2 倍体积（约 40 mL）的 1 mM Tris-HCl（pH 值 9.0）加入合并的区带离心收集物中，混匀（见注释 24）。

（11）将上述液体平均分成 2 管，加在两个无菌超离心管中，SW27 转子 4℃，以 33 000 ×g 的速度离心 60min。弃上清液（见注释 15）。

（12）用 1 mL 1mM Tris-HCl（pH 值 9.0）重新悬浮病毒颗粒。将区带纯化的病毒超声处理 1min，等份分装，并在分装管上标记病毒名称、收集日期、纯度、制备病毒人员姓名和分装管编号（见注释 25）。

3.5　蚀斑法测定病毒滴度

（1）滴定病毒的前 1d，准备一个 BSC-1 细胞长至 90%~100% 融合的 24 孔细胞板（见注释 26）。

（2）解冻的病毒储液置于冰水浴下的超声杯中，以振幅为 75~100 的恒定脉冲进行超声处理，共进行 3 个 20s 循环，每个超声循环之间间隔为 10s，超声间隔期间样品始终置于冰上（见注释 14）。

（3）涡旋振荡病毒储液。

（4）用 PBS-1 将病毒储液进行 10 倍系列稀释。首先将 10μL 病毒储液加到 1 mL PBS-1 中进行 10^{-2} 稀释，混匀。取 100μL 10^{-2} 的稀释液加到 1 mL PBS-1 中进行 10^{-3} 稀释。继续 10 倍倍比稀释，直到达到病毒滴度的预期范围（见注释 16、注释 21 和注释 25）。

（5）除培养基对照孔以外，从其余各孔中吸出约 200μL 稀释液（病毒的每个稀释度需要 2 孔），然后向各孔中添加 100μL 病毒稀释液（一式两份）（见注释 27）。

（6）将培养板放回培养箱中孵育 1h，在 37℃ 水浴中加热 CMC 覆盖培养基。

（7）孵育 1h 后，每孔中添加 1mL CMC 覆盖培养基（见注释 28）。

（8）将培养板放回培养箱中，孵育直至在显微镜下能看到蚀斑。感染后 3~5 d 可见到蚀斑。

（9）当蚀斑可见时，每孔添加 200~250μL 结晶紫染液。至少孵育 1h 后至室温过夜。用凉水冲洗板，倒置干燥，蚀斑计数。

（10）病毒滴度（单位：PFU/mL）＝［每孔的蚀斑数量 /（加入到孔中的病毒稀释液体积（单位：mL）］×（1 / 稀释度）（见注释 29）。

3.6 动物接种

3.6.1 鼻内途径感染

（1）解冻病毒储液进行超声处理，用无 Ca^{2+}、Mg^{2+} 离子的 PBS 稀释，制备合适的接种病毒剂量（无载体蛋白）。

（2）用氯胺酮 / 甲苯嗪腹腔注射麻醉动物（见注释 30）。

（3）用缝合线和回形针将小鼠固定在鼻腔插管支架上（见图 11-1 和注释 5）。

（4）用带有滤芯的移液器吸头吸取 10μL 病毒悬液。

（5）将装有接种液的吸头放在小鼠左鼻孔旁边，释放 5μL 接种液，使小鼠吸入。

（6）将另外 5μL 接种液接种到小鼠右侧的鼻孔（见注释 31）。

（7）将小鼠继续固定在鼻腔插管支架上约 1min，然后将其放回笼子。

3.6.2 皮下途径感染

（1）解冻病毒储液进行超声处理，用无 Ca^{2+}、Mg^{2+} 离子的 PBS 稀释，制备合适的接种病毒剂量（无载体蛋白）。

（2）保定动物，捏起肩部的皮肤（见注释 32）。

（3）由隆起皮肤形成的空腔处插入针头，斜角向上。小心不要意外地从隆起皮肤的另外一侧穿出。通过抽吸来检查位置是否正确。如果有排斥感，重新插入针头并抽吸检查。

（4）一旦确定位置正确，缓慢注射。

（5）每笼 5 只动物共用一个针头 / 一只注射器（见注释 33）。

3.6.3　皮内感染

（1）解冻病毒储液进行超声处理，用无 Ca^{2+}、Mg^{2+} 离子的 PBS 稀释，制备合适的接种病毒剂量（无载体蛋白）。

（2）用氯胺酮 / 甲苯嗪腹腔注射麻醉动物（见注释 30）。

（3）据研究设计确定注射部位（如耳郭）。

（4）将针头插入注射部位，斜角向上。斜面要在皮肤层之间。

（5）注射病毒。如果针头所处部位正确，皮肤应该形成一个泡（见注释 33 和注释 34）。

3.6.4　静脉感染

（1）将小鼠置于旋转尾注入器中，尾部朝向操作者（见注释 35）。

（2）一旦小鼠被固定，将小鼠尾巴放在热源处并抚摸尾巴以扩张血管。

（3）旋转小鼠，使侧尾静脉面向上。

（4）看到静脉后，用食指和中指"捏住"静脉顶部。用无名指和小拇指抓住尾巴近末端（尾巴下面大约 2/3 的距离），然后稍微弯曲，确保尾部没有松动。

（5）在尾部的弯曲处插入针，斜面向上。静脉在皮肤下面轻微地流动，所以不要把针插得很深。

（6）插入后，先不要注射，直到在注射器里可以看到一些血液方可注射。如果感觉到有任何阻力，证明没有插入静脉，拔出针头再试一次。

3.7　颌下静脉采血 [21]

（1）捏住小鼠肩胛骨上的皮肤保定动物，确保头部稳定。

（2）用针尖牢牢地戳小鼠颚骨后部的颌下静脉。

（3）一旦血液开始出现，固定小鼠，用收集管收集血液（见注释 6）。血液收集完成后，简单压迫穿刺的一边止血，松开颈背部。

（4）只要交替使用一侧，2 周内采血量不超过动物体重的 10%，就可以每天采集小鼠血液。

3.8　CO_2 安乐死（见注释 36）

（1）将动物置于安乐死室内，给予 CO_2（100%）气体，直到呼吸停止（> 20s）。

（2）进行颈椎脱位（或其他机构动物护理和使用委员会批准的程序），将小鼠放入"尸体袋"内，冷冻尸体。

3.9 肝、脾和肺组织的处理及内脏器官中病毒滴度测定

（1）动物安乐死后，用乙醇润湿毛（见注释 36）。

（2）沿尸体中线切开。

（3）用镊子夹住器官，切掉样本置于预先标记的试管中，用于感染性测定（见注释 37）。

（4）称量装有组织的试管重量，减去试管本身重量，得到组织的重量。

（5）如果使用玻璃组织研磨器，每 0.1g 组织向组织研磨器中加 0.1mL PBS-1。将组织转移到组织研磨器（此处可使用无菌涂药棒）粉碎组织，直到出现浆状物。向组织研磨器中添加不少于 0.5mL 不超过 1 mL 的 PBS-1。将此基础组织研磨液转移至试管。

（6）如果使用一次性研杵，将 0.25 mL PBS-1 添加到装有组织的管中，粉碎组织，直到出现浆状物。

（7）冻融样品 3 次，至 –70℃储存直到滴定（用 3.5 描述的程序）。

3.10 从全血或组织中提取基因组拷贝的 PCR 分析（见注释 38）

3.10.1 全血（抗凝血）（见注释 6）

（1）制备一个包含试剂配方（每个反应）的预混试剂，应用于全血样本的实时 PCR，如表 11–1 所示。每次反应加 1.25μL 小鼠全血（见注释 39）。

（2）使用与表 11–1 中相同的混合试剂建立标准曲线，其中用 1μL 纯化标准质粒 DNA 的各种稀释液代替 1μL 水（见注释 9 和注释 40）。

表 11–1 预混试剂（体积 /PCR 反应）

项目	全血	组织匀浆
10 mM dNTPs	0.50 μL	
10 × OmniKlenTaq 缓冲液	2.50 μL	
5 nM SP028 引物	2.00 μL	
5 nM SP029 引物	2.00 μL	
50 × ROX reference dye	0.50 μL	
2 × PEC	12.50 μL	
SYBR green[a,b]	1.50 μL[a]	0.50 μL[b]
Omni KlenTaq DNA polymerase	0.60 μL	0.10 μL
水	1.65 μL	3.15 μL
样品[c]	1.25 μL	1.25 μL
总体积	25.00 μL	25.00 μL

[a] 1 000 × SYBR 绿色溶液用于全血 PCR。

[b] 100 × SYBR 绿色溶液用于组织匀浆和纯化 DNA PCRs。

[c] 在 PCR 板孔中加入 23.75 μL 的预混试剂后，加 1.25 μL 全血或匀浆组织。

（3）建立标准曲线时，每项反应中加 1.25μL 的阴性全血（见注释 41）。

（4）使用表 11-2 中的条件进行实时 PCR。

表 11-2　PCR 反应条件

步骤	温度	时间
1	95℃	10min
2	95℃	40s
3	54℃	45s
4	读板	
5	70℃	2min
6	重复步骤 2~5，共 40 个循环	
7	熔解曲线从 50~95℃，每步增加 0.2℃，保持 3s	
8	25℃	维持

3.10.2　组织

（1）将组织标本（肺、脾、肝或肾）匀浆，如 3.9 所述。

（2）制备一个包含试剂配方（每个反应）的预混试剂，如表 11-1 所示。每次反应加 1.25μL 匀浆组织。

（3）如 3.10.1 步骤 2，建立标准曲线。

（4）在标准曲线的每个反应中加 1.25μL 的组织匀浆（见注释 41）。

（5）使用表 11-2 中的条件进行实时 PCR。

3.11　正痘病毒特异性抗体效价的酶联免疫吸附测定法

（1）用 1× 碳酸盐缓冲液中抗原做 1∶2 500 稀释，100μL/ 孔加到 Immulon 2 高亲和力板上，用封板膜覆盖，4℃孵育过夜（见注释 42）。

（2）将板从 4℃中取出，倾去板内液体，每孔加 300μL 的 PBS 洗板 3 次。

（3）每孔加 200μL 封闭缓冲液，室温孵育 30 min（RT）。

（4）倾去封闭液，无须清洗。

（5）酶标板 A 排每孔加 200μL PBST，B-H 排每孔加 100μL PBST。将 2μL（1∶100）或 4μL（1∶50）的血清样品加入到 A 排适当孔中（见注释 6）。在每块板上设立阳性、阴性和空白对照品（见注释 43）。

（6）用多通道移液器上下吸液 5 次，混合 A 排样品。吸取 100μL A 排中的混合溶液添加到 B 排，丢弃移液器吸头，并依此方法重复处理剩余的行。从 H 排中孔中吸弃 100μL 混合液。每个后面一排的浓度是前一排的一半，例如 A 排（1∶50）、B 排

（1:100）等（见注释 44）。

（7）孵育 1h。

（8）倾去溶液，每孔加 300μL PBS 洗板 3 次。

（9）每孔加入用 PBST 1:2 500 稀释的生物素标记的抗小鼠 IgG γ 100μL。室温孵育
1h。

（10）倾去溶液，每孔加 300μL PBS 洗板 3 次。

（11）将辣根过氧化物酶标记的链霉亲和素用 PBST 稀释至 1:4 000，然后每孔加
50μL。室温孵育 30min（见注释 45）。

（12）将一片 5mg 的 OPD 溶解在 12.5mL 的底物缓冲液中（需要 15~30min）。

（13）倾去溶液，每孔加 300μL PBS 洗板 3 次。

（14）将 20.6μL 的 30% 的 H_2O_2 加入到 OPD 底物溶液中，混匀。每孔加入 100μL，
室温孵育 15min。

（15）每孔加入 3N 的 HCl 50μL。在 490nm 下读取 ELISA 板数据。

3.12 蚀斑中和试验

（1）测定前 1d，将 BSC-1 细胞铺在 24 孔板上，保证有足够多的孔用以每个稀释度
的被检样品（每个样品至少有 6 个稀释度）以及对照（免疫血清、阴性血清和未经处理的
病毒）的检测。

（2）用 DMEM-2 稀释纯化的 ECTV 至 1 000PFU/mL。按 3.11 步骤 5 中的血清稀释
法，用 DMEM-2 对小鼠血清/血浆进行系列稀释。将稀释的病毒和血清（包括免疫/阴
性血清）以及无血清稀释的样品（单独的培养基）等量混合（约 60μL）。CO_2 培养箱中孵
育 4h。

（3）除培养基对照孔以外，从其余各孔中吸出约 200μL 稀释液，然后向各孔中添
加 100μL 病毒/血清样品。将细胞放回培养箱孵育 1h，用 1mL 预热的 CMC 覆盖培养基
覆盖。

（4）继续孵育，直到在倒置显微镜下看到蚀斑。用至少 1/4 覆盖物体积的结晶紫染色
剂对平板染色至少 1h。水浴使板脱色，倒置干燥。

（5）蚀斑计数。通过比较每个稀释度的蚀斑数量与单独培养的稀释病毒的蚀斑数平均
值，确定 50% 中和的稀释度。

3.13 分泌 IFN γ 的 CD8+T 细胞的测定

（1）在测定病毒特异性 CD8+T 细胞前一天，无菌采集同一基因型的健康小鼠脾脏，
用 RPMI-10 制备单细胞悬液，最终浓度为（1~2）× 10^7cells/mL（见注释 46）。

（2）将细胞分成 2 等份，一份不感染备用，另一份以 0.1PFU/cell 的感染复数（MOI）

用纯化的 ECTV 感染（见注释 47 和注释 48）。

（3）将细胞置于聚丙烯管中，稍松盖子以便进行气体交换，至 CO_2 培养箱孵育过夜。

（4）以 2500 RADS 辐照 APC（见注释 49）。

（5）用 CFSE 标记 APC，首先用 PBS 清洗细胞，在 Beckman 离心机 GH-3.8 转子以 $350 \times g$，以高于室温 10℃ 的条件下离心 5min（见注释 48）。

（6）用含 0.1μM CFSE 的 PBS 重悬细胞，置 CO_2 培养箱中孵育 15min。

（7）用 PBS 洗涤细胞并用 RPMI-10 重悬细胞。

（8）继续孵育 30min，在流式细胞仪上与未标记细胞的比较，检查结合情况（见注释 48）。

（9）$CD8^+T$ 细胞可从血液、脾脏或其他组织中进行分离。从这些组织中分离的细胞，用 RPMI-10 制成（0.5~1）$\times 10^7$ 个细胞 /mL 的单细胞悬液。这些细胞将作为反应的应答细胞。

（10）将（0.5~1）$\times 10^6$ 个应答细胞与等量 CFSE 标记的 APC 组合，加到 96 孔聚丙烯圆形底板中。每个应答细胞与未感染 APC（MOI=0）混合物加 1 孔，与感染的 APC（MOI=0.1 PFU/cell）混合加 1 孔。在 CO_2 培养箱中培养过夜。

（11）每次反应添加 1μL Golgi Stop，继续孵育 4~6h。

（12）以 $350 \times g$ 的速度离心 5min 沉淀细胞，吸去培养基。用 PBS 清洗细胞，沉淀细胞，再抽吸洗涤细胞。

（13）在 PBS-2 中制备适量的 CD45、CD3 和 CD8A 抗体（见注释 50）。

（14）将细胞重新悬于上述抗体混合液中，浮在这种表面染色混合物中，记住包括来自 APC 制剂的细胞，这些细胞没有装载 CFSE，单独与每种抗体结合，作为流式细胞测量的单色对照，以及用标记 IFN-γ 的荧光团来标记。

（15）在 4℃ 下孵育 30min。用 PBS-2 清洗细胞，沉淀细胞，吸出洗涤液。

（16）细胞在 BD Cytofix/Cytoperm 固定液中 4℃ 固定 30min。

（17）沉淀细胞并抽吸混合物，在 $1 \times$ BD 洗涤缓冲液中冲洗两遍细胞，在每个反应中 IFN-γ 抗体在 $1 \times$ 的 BD 溶剂中稀释后重悬沉淀。

（18）在 4℃ 下培养 30min 至过夜。在 $1 \times$ BD 洗涤缓冲液中洗涤细胞 2 次。在 PBS-2 中重新悬浮细胞，并在流式细胞仪上进行分析。

（19）为了确定病毒特异性 $CD8^+T$ 细胞应答，首先确定 CD45、CD3 和 CD8 阳性的 CFSE 阴性（应答）细胞数。从这一群中，比较未感染 APC（MOI=0 PFU/cell）反应中的 IFN-γ 阳性细胞数与感染的 APC（MOI=0.1 PFU/cell）反应中的细胞数。两组间的差异在于病毒特异性 $CD8^+T$ 细胞反应。

4 注 释

（1）制备蔗糖溶液时，先称取蔗糖（例如，36 g），然后再用 Tris-HCl 溶解至 100 mL。

（2）CMC 难以溶解，使用以下程序制备 CMC 覆盖培养基。称取 10 g CMC 于 1 L 玻璃瓶中，瓶中放置一根无菌搅拌棒。干热灭菌至少 20 min，冷却至室温。放入生物安全柜中，向无菌 CMC 中加入 1 L DMEM。使用无菌 5 mL 移液管去除附着在瓶侧壁的 CMC。放在搅拌盘上过夜。第 2 d，在生物安全柜中添加 50 mL 胎牛血清和青霉素／链霉素至 CMC 覆盖培养基，使其含 5% 血清，1 × 青霉素／链霉素。4℃储存。

（3）制备结晶紫染液时，称取 1.3 g 结晶紫，加入放有搅拌棒的 1 L 的瓶中。向瓶中加入 50 mL 95% 乙醇，在磁力搅拌板上搅拌 1 h。加入 300 mL 37% 甲醛，加蒸馏水至 1 L。室温搅拌过夜，然后在室温储存直至使用。

（4）此方法用于短暂麻醉小鼠。

（5）我们在车间定制了这种支架。按照标准操作规范可同时进行多个小鼠的操作。每个支架可以容纳 5 只小鼠，所以可把所有的小鼠放在支架上，然后依次感染它们。当感染完 5 号小鼠后，就可准备把 1 号小鼠移回笼子（我们把 5 只小鼠放在一个笼子里）。其他实验室每次在鼻内感染时单独麻醉 1 只小鼠，然后在每次接种后将小鼠放在固定位置。

（6）当需要血浆或全血时，应使用涂有 EDTA 的微量管。当只需要血清时，可使用微量 SST（血清分离管）。

（7）给试管贴上研究 ID、动物 ID、器官名称和研究日期标签。

（8）引物扩增 EV107 基因的 165 个碱基对，这是 VACV A4L 基因（编码 A4 核心蛋白）的同源基因。

（9）用引物 SP028 和 SP029 将 PCR 产生的片段克隆到 pGEM-T 载体（Promega 公司产品）中，得到标准质粒 DNA。

（10）我们使用 BSC-1 细胞，无论是感染痘苗病毒还是模拟感染（仅作为血清蛋白与细胞背景结合的对照），在 MOI=1，直到细胞病变效应为 75% 或更大时收集。我们每次用 3.5 mL 的硼酸缓冲盐水清洗细胞两次，将细胞沉淀溶解在含有 1%Triton X-100 的 0.5 mL 硼酸缓冲盐水中。

（11）山羊血清加到 PBS 中，通过 0.22 μm 的低蛋白质吸附过滤器过滤，然后添加吐温 20。

（12）为了确保细胞不再附着在细胞瓶上，最好用倒置显微镜检查细胞瓶。

（13）低代次的细胞种子也可靠，可连续传代达 40 次。

（14）为了防止病毒升温，可以设置一个循环的冰水浴，使冰冷的水通过超声仪中的超声杯循环。超声仪设置为恒定脉冲和最大振幅，所以要确保房间里的每个人都戴上耳罩。

（15）所有含有病毒或与病毒接触的材料都需要特殊处理。一次性塑料容器丢弃前，应先按照机构生物危险废物材料处理程序进行高压灭菌。液体可以通过添加 10% 的 Chlorox 来灭活。

（16）通常，每个病毒原液瓶细胞裂解物含有约 2×10^8 PFU 病毒。因此，从 10 个 T150 细胞瓶收集的病毒，悬浮在 20mL 中，滴度约为 1×10^8 PFU/mL。

（17）最常使用的是垫纯化的病毒。区带纯化的病毒用于那些要确保没有病毒宿主细胞成分的实验。ECTV 用蔗糖密度区带纯化。

（18）用光学显微镜检查细胞是否破裂。

（19）此时，样品可在 −70℃ 下储存，并贴上病毒株、收获日期、制备人姓名首字母和样品说明。在继续纯化之前，要先解冻、重新超声波处理和涡旋振荡。

（20）慢慢地将病毒悬液滴到蔗糖垫表面上方的试管侧壁。

（21）每瓶病毒经垫纯化处理后应含有约 2×10^8 PFU 病毒。因此，从 10 个 T150 细胞瓶中收集的垫纯化病毒，悬浮于 1mL 液体中，病毒滴度约为 2×10^9 PFU/mL。

（22）如果病毒是冷冻的，在加入到蔗糖垫顶部之前，应先进行超声处理和涡旋振荡。

（23）病毒带应在梯度管的中间。要收获病毒带，通常需要从蔗糖梯度中吸取约 10mL 的体积。

（24）总体积应约为 60mL（第一次区带离心获得的 10mL+第一次梯度离心底部沉淀重悬再进行区带离心获得的 10mL+40 mL 1mM Tris-HCl，pH 值 9.0）。

（25）每瓶病毒经区带纯化处理后应含有约 2×10^8 PFU 病毒。因此，从 10 个 T150 细胞瓶中收集的垫纯化病毒，悬浮于 1mL 液体中，病毒滴度约为 2×10^9 PFU/mL。

（26）不要使用过度融合的细胞滴定病毒。

（27）当从培养板孔中吸取培养基时，应迅速进行这些操作，以防止细胞单层干燥。此外，在培养过程中，当用小体积覆盖单层时，最好偶尔晃动培养板以确保单层保持湿润。

（28）我们不去除感染的接种物，直接在孔内加入 CMC。

（29）样品滴度计算：如果第 4 稀释管（10^{-5}）的孔内有 20 个蚀斑，滴度为 2×10^7 PFU/mL[（20 个蚀斑）/（0.1 mL）] × （$1/10^{-5}$）。

（30）以每 10g 小鼠体重注射 0.1mL 的剂量，通过腹膜内途径给予 C57BL/6、A 或 SKH-1 小鼠氯胺酮/甲苯嗪混合物。必须根据经验确定每种小鼠品系的氯胺酮/甲苯嗪的正确剂量。

（31）10μL 接种量分开接种 2 个鼻孔导致上呼吸道感染。为了给整个呼吸道接种，我们使用 50μL 的接种剂，每个鼻孔中加入 25μL 的病毒。

（32）用镊子夹住皮肤皱褶，以防被针刺。最好用 CO_2（80%）和 O_2（20%）混合麻醉动物。可将动物置于一个小室中，并给予 CO_2/O_2 气体，直到达到所需的麻醉水平，时间通常约为 10s（见注释 4）。

（33）将针头和注射器放入适当的锐器容器中，高压灭菌后按机构的生物危害废物处理程序处置。

（34）注射耳郭时，如果针插入得太深，可能穿透耳朵。皮内注射时，在耳郭和其他部位，应该总能看到一个水泡；如果看到了水泡，说明针头在皮肤层之间是正确的；如果没有看到水泡，说明针插得深了。

（35）这种手术不需要给动物麻醉。

（36）如果要使用呼吸道组织来测量病毒感染性或处理组织进行组织病理学检查，本麻醉方法（CO_2）可用过量的氯胺酮 / 甲苯嗪麻醉法替代。

（37）当取一个器官的一部分时，关键的事情是对所取器官的一部分进行标准化，并在整个研究过程中取相同的部分。例如，如果取肺的一部分，取左下肺的 1/4、最大肝叶等，在整个研究中都是如此。

（38）虽然 Omni Klentaq 方法不需要从样本中首先纯化 DNA 后再进行实时 PCR，但有些人可能不想使用 Omni Klentaq 方法，因为仅有少数样本，使用这个试剂成本相对昂贵。因此，我们可以使用血液或组织中的纯化 DNA 进行实时 PCR，并使用其他实时 PCR 试剂盒，如应用生物系统公司的试剂盒，其中包含 SYBR green、酶等。但这需要我们首先使用 Qiagen 试剂盒从样本中提取 DNA。

（39）记住在每块板上包括一个阳性和阴性对照以及用于构建一个标准曲线的质粒模板。聚合酶和专用缓冲液可以直接从血液中定量 DNA，而不需要纯化。有关此过程的更多信息，请参见文献[22]。

（40）我们对质粒进行连续 10 倍稀释，并在 8.8×10^8 拷贝 /μL 到 8.8×10 拷贝 /μL 的浓度范围内使用 1μL 质粒 DNA。因此，得出了一条标准曲线，可以测量未知样品中的 DNA 量。

（41）在每个样本中加入健康动物血液或组织匀浆，以及质粒 DNA 稀释液，是确保标准曲线反应具有与样本成分完全相同的一种方法。这样做是因为血液或组织匀浆中可能含有 PCR 抑制剂，希望这些抑制剂在整个实验过程中保持不变。

（42）用封板膜覆盖板，可在 4℃下存放 2 周。

（43）阳性对照，我们使用稀释的特征良好的血清，该血清来自 1 只足垫感染恢复的 C57BL/6 小鼠。阴性对照组为用 PBS 足垫注射 C57BL/6 小鼠血清，使用时 1∶50 稀释。空白对照是 PBST。

（44）在包被板上进行血清稀释。我们在一个单独的板子里进行稀释，没有发现有什么不同。

（45）需要滴定每一批新的抗原、山羊抗鼠 IgG 和链霉亲和素 HRP，以确保在指定的培养时间获得适当的信号。

（46）我们使用 BD Biosciences Pharmlyse 公司提供的程序。

（47）确保有足够的细胞用于每个要分析的样本。考虑到在连续的离心步骤中细胞数量的损失，我们需要在 MOI=0PFU/cell（未感染的对照组）中有（0.5~1）× 10^6 个细胞，在 MOI=0.1 PFU/cell 中有（0.5~1）× 10^6 个细胞作为抗原提呈细胞（APCs）。

（48）保留一部分不含 CFSE 的细胞作为流式细胞术的单色对照，以及 CFSE 染色的阴性对照。

（49）确保细胞的 AP 功能不受辐照方案的抑制，可以通过 XRAD 辐照器或血库辐照器或其他放射源来实现。使用对 VACV B8R 中显性 CD8$^+$T 细胞表位作出反应的 T 细胞杂交瘤，以确保照射后的 APC 仍能提呈抗原。

（50）我们滴定用于流式细胞仪的每批荧光抗体，以便用于流式细胞仪的抗体组合能获得预期信号。

致谢

本项工作得到了南方研究公司（Southern Research）分包的第 11-AI-30063 号合同项目的支持。

参考文献

[1]　Parker S, Nuara A, Buller RML, Schultz DA. 2007）Human monkeypox：an emerging zoonotic disease. Future Microbiol 2：17–34.

[2]　Henderson DA. 1999. The looming threat of bioterrorism. Science 283：1279–1282.

[3]　Fenner F, Henderson DA, Arita I, Jezek Z, Ladnyi ID. 1988. Smallpox and its eradication. World Health Organization, Geneva.

[4]　Saini D, Buller RM, Biris AS, Biswas P. 2009. Characterization of a nose-only Inhalation exposure system for ectromelia virus infection of mice. Particulate Sci Technol 27：152–165.

[5]　Hostetler KY, Beadle JR, Trahan J et al. 2007. Oral 1-O-octadecyl-2-O- benzyl-sn-glyc-ero-3- cidofovir targets the lung and is effective against a lethal respiratory challenge with ectromelia virus in mice. Antiviral Res 73：212–218.

[6]　Parker AK, Parker S, Yokoyama WM, Corbett JA, Buller RML. 2007. Induction of natural killer cell responses by ectromelia virus controls infection. J Virol 81：4070–4079.

[7]　Buller RML, Fenner F. 2007. Mousepox. In：Fox JG, Barthold SW, Davisson MT, Newcomer CE, Quimby FW, Smith AL（eds）The mouse in biomedical research. Elsevier, New York, pp 67–92.

[8]   Esteban DJ, Buller RML. 2005. Ectromelia virus : the causative agent of mousepox. J Gen Virol 86 : 2645–2659.

[9]   Palumbo GJ, Buller RML. 1991. Inhibitors of the lipoxygenase pathway speci fi cally block orthopoxvirus replication. Virology 180 : 457–463.

[10]   Brownstein DG, Bhatt PN, Gras L, Jacoby RO. 1991. Chromosomal locations and gonadal dependence of genes that mediate resistance to ectromelia (mousepox) virus-induced mortality. J Virol 65 : 1946–1951.

[11]   Delano ML, Brownstein DG. 1995. Innate resistance to lethal mousepox is genetically linked to the NK gene complex on chromosome 6 and correlates with early restriction of virus replication by cells with an NK phenotype. J Virol 69 : 5875–5877.

[12]   Brownstein DG, Gras L. 1997. Differential pathogenesis of lethal mousepox in congenic DBA/2 mice implicates natural killer cell receptor NKR-P1 in necrotizing hepatitis and the fi fth component of complement in recruitment of circulating leukocytes to spleen. Am J Pathol 150 : 1407–1420.

[13]   Schell K. 1960. Studies on the innate resistance of mice to infection with mousepox. II . Route of inoculation and resistance, and some observations on the inheritance of resistance. Aust J Exp Biol Med Sci 38 : 289–299.

[14]   Jacoby RO, Bhatt PN. 1987. Mousepox in inbred mice innately resistant or susceptible to lethal infection with ectromelia virus. II . Pathogenesis. Lab Anim Sci 37 : 16–22.

[15]   Bhatt PN, Jacoby RO. 1987. Mousepox in inbred mice innately resistant or susceptible to lethal infection with ectromelia virus. I . Clinical responses. Lab Anim Sci 37 : 11–15.

[16]   Bhatt PN, Jacoby RO, Gras L. 1988. Mousepox in inbred mice innately resistant or susceptible to lethal infection with ectromelia virus. IV. Studies with the Moscow strain. Arch Virol 100 : 221–230.

[17]   Wallace GD, Buller RM. 1985. Kinetics of ectromelia virus (mousepox) transmission and clinical response in C57BL/6j. BALB/cByj and AKR/J inbred mice. Lab Anim Sci 35 : 41–46.

[18]   Wallace GD, Buller RML, Morse HC III .1985. Genetic determinants of resistance to ectromelia (mousepox) virus-induced mortality. J Virol 55 : 890–891.

[19]   Schriewer J, Buller RM, Owens G. 2004. Mouse models for studying orthopoxvirus respiratory infections. Methods Mol Biol 269 : 289–308.

[20]   Earl PL, Moss B, Wyatt LS, Carroll MW. 2001. Generation of recombinant vaccinia viruses, Chapter 16. In : Ausubel FM (ed)Current protocols in molecular biology.

[21]   Forbes N, Brayton C, Grindle S, Shepherd S, Tyler B, Guarnieri M. 2010. Morbidity and

mortality rates associated with serial bleeding from the super fi cial temporal vein in mice. Lab Anim（NY）39：236–240.

[22] Zhang Z, Kermekchiev MB, Barnes WM. 2010. Direct DNA ampli fi cation from crude clinical samples using a PCR enhancer cocktail and novel mutants of Taq. J Mol Diagn 12：152–161.

（王战红、张　强、赵志荀　译）

第12章 小鼠痘病毒感染模型中的 CD8T 细胞分析

Inge E.A. Flesch，Yik Chun Wong，David C. Tscharke

概　要

小鼠免疫学模型经常被用来研究宿主对痘病毒或基于痘病毒的重组疫苗的反应。本章中，CD8[+]T 细胞反应的变化是我们关注的重点。评价 CD8[+]T 细胞反应的方法，从单纯测定效应细胞功能（如细胞毒性实验）扩展到测量抗病毒 CD8[+]T 细胞数量，但没有对像肽 MHC 四聚体这类分子的功能进行检测。在本章中，提供了涵盖这一范围的 5 种方法：二聚体染色（肽 MHC 四聚体的变体）、细胞内干扰素 - γ 细胞因子染色、CD62L/ 颗粒酶 B 染色以及细胞内、细胞外的细胞毒性实验。我们还提供了用于这些分析方法的痘苗病毒多肽表位列表。

关键词：CD8[+]T 淋巴细胞；细胞毒性 T 淋巴细胞；CTL ；表位；肽 -MHC 四聚体；小鼠模型

1　引　言

疫苗病毒（VACV）和其他正痘病毒在小鼠免疫学模型中的应用已经有超过 50 年的历史 [1, 2]。这项工作的目的广泛，从了解免疫激活的基本原理，到更多地应用于重组候选疫苗的临床前测试。为了达到这些目的，需要对免疫指标进行精确测定。

CD8[+]T 细胞是重要的抗病毒效应分子，在基础研究和重组疫苗的临床应用研究中都是关注的重点 [3]。淋巴细胞表达 T 细胞受体（TCR），它能与其他细胞表面的组织相容性复合体 I（MHC-I）递呈的短肽结合 [4]。CD8[+]T 细胞能够识别病毒多肽，在感染期间被激活成为效应细胞。激活的细胞与感染细胞表面的抗原相遇后，可杀死感染细胞，并且分泌一系列细胞因子。这些细胞因子一部分发挥抗病毒作用，另一部分执行调节免疫反应功能的作用。

纵观历史，CD8[+]T 细胞的检测与它们具有体外杀死感染病毒或载荷抗原细胞的能力有关。这种方法的优点在于它能直观地反映 CD8[+]T 细胞的相关功能。然而这种方法是一种间接法，因为它监测的是杀伤的靶细胞，而不是 CD8[+]T 细胞本身。起初该方法需要放

射性 ^{51}Cr 来追踪靶细胞的裂解，随着流式细胞术的应用，非放射性细胞毒性试验成为可能。但是出现了另外一个难题，该方法仅能检测在小鼠体内的杀伤细胞，而不能检测体外的杀伤细胞 [5,6]。目前流式细胞术也用于其他几种方法。用肽 -MHC 四聚体或类似试剂（二聚体，DimerX）对淋巴细胞进行染色，制备可直接计算出已知具有抗病毒特异性的 CD8$^+$ T 细胞的数量，但不能显示其功能 [7]。另一种方法是用病毒多肽在体外进行短暂刺激后，用抗体对细胞内细胞因子（或表面 CD107）进行染色，这种方法能对细胞进行严格定量并显示出其相关的抗病毒功能 [8-11]。

实验设计时需要考虑的问题是：实验是检测病毒来源的个别多肽，还是评价感染的总体反应？肽 -MHC 四聚体不能用于评价感染的总体反应，但是在细胞内细胞因子染色前，病毒感染的细胞能用来刺激淋巴细胞，作为细胞毒性试验的靶标。除此之外，因为在抗病毒反应中 CD8$^+$T 表达不同的分子标识，这些激活的分子标记能够对抗 -VACV 的整体反应进行定量。在这个试验里要检测两个有用的分子标记，一个是检测淋巴细胞表面分子 CD62L（L- 选择素）是否减少，另外一个是检测细胞内颗粒酶 B 是否增多（*GzmB*）[12]。

本章包括 5 种方法，所有的方法都需要熟练地使用流式细胞仪。分别是 DimerX 染色（一种肽 -MHC 四聚体的变体）、细胞内 γ 干扰素（IFN- γ）染色、CD62L/*GzmB* 染色和细胞内、细胞外毒性试验。表 12–1 中列举了迄今针对 H-2^b（例如 C57Bl/6）和 H-2^d（例如 BALB/c）单倍型小鼠 10 个最重要的 VACV CD8$^+$T 细胞表位，但其他不太占优势的表位也已被鉴定出来，在某些情况下可能有用 [11-15]。我们的工作主要是集中在 VACV 上，因此通篇都使用该病毒，但是这里的多数方法也适用于牛痘病毒和鼠痘病毒的感染模型。

表 12–1　排名前 10 的 VACV H-2^b 和 H-2^d 单倍型小鼠 CD8$^+$T 细胞表位

名称 [a]	序列	MHC [b]	WR 基因	肽的变化 [c]
B8$_{20–27}$	TSYKFESV	H-2K^b	VACWR190	
A8$_{189–196}$	ITYRFYLI	H-2K^b	VACWR127	
A23$_{297–305}$	IGMFNLTFI	H-2D^b	VACWR143	
A47$_{171–180}$	YAHINALEY	H-2D^b	VACWR173	
A47$_{138–146}$	AAFEFINSL	H-2K^b	VACWR173	ECTV : ATFEFINSL
A3$_{270–277}$	KSYNYMLL	H-2K^b	VACWR122	
K3$_{6–15}$	YSLPNAGDVI	H-2D^b	VACWR034	
B2$_{54–62}$	YSQVNKRYI	H-2D^b	VACWR184	缺失 : MVA
L2$_{53–61}$	VIYIFTVRL	H-2K^b	VACWR089	ECTV : VIYIFTVHL
C4$_{125–132}$	LNFRFENV	H-2K^b	VACWR024	Absent : ACAM2000, MVA, ECTV
F2$_{26–34}$	SPYAAGYDL	H-2L^d	VACWR041	其他 VACV 和 CPXV : SPGAAGYDL[4]

（续表）

名称 [a]	序列	MHC [b]	WR 基因	肽的变化 [c]
A52$_{75-83}$	KYGRLFNEI	H-2K^d	VACVWR178	缺失：MVA
E3$_{140-148}$	VGPSNSPTF	H-2D^d	VACVWR059	ECTV：VGPSNSPIF
A3$_{190-198}$	IYSPSNHHI	H-2K^d	VACVWR122	
C6$_{74-82}$	GFIRSLQTI	H-2K^d	VACVWR022	其他 VACV 和 ECTV：SFIRSLQNI
I8$_{90-98}$	LPNPAFIHI	H-2L^d	VACVWR077	
I8$_{511-519}$	QYIYSEHTI	H-2K^d	VACVWR077	ECTV：QYIYSEYTI
B2$_{49-57}$	KYMWCYSQV	H-2K^d	VACVWR184	缺失：MVA
D1$_{351-359}$	KYEGPFTTT	H-2K^d	VACVWR106	
J6$_{782-790}$	KYAANYTKI	H-2K^d	VACVWR098	

[a] 名称中的氨基酸下标以 VACV Copenhagen 毒株氨基酸位置命名。顺序是优势的近似顺序，每个 MHC 单倍型的第一个肽是 VACVWR 感染后的免疫优势表位。

[b] MHC 限制性多肽；H-2b 单倍型（例如，C57Bl/6）表的上半部，H-2d 单倍型（例如，BALB/c）表的下半部。

[c] VACV 中不同于 WR 株（包括 Copenhagen，Lister，ACAM200 和 MVA）和其他正痘病毒包括鼠痘病毒（ECTV）和牛痘病毒（CPXV）肽序列或预测表达的变化。

[d] 与 WR 株 SPYAAGYDL 不同，SPGAAGYDL 通常不是优势表位。ECTV：SNHAAGYDL。

2　材　料

2.1　一般材料

（1）8 周龄雌性 C57BL/6 或者 BALB/c 小鼠。

（2）细胞培养耗材：微量板、细颈瓶、移液器、试管、滤芯枪头。

（3）70μm 无菌细胞过滤器（例如，BD Biosciences 公司产品）。

（4）磷酸盐缓冲液（PBS）。

（5）ACK 红细胞裂解液：7.5gNH$_4$Cl 溶解在 900mL 水中，加入 111mL pH 值 7.65，0.17M 的 Tris-HCl，调整最终 pH 值至 7.2。

（6）D10：含 L-谷氨酸和 10% FBS 的 DMEM。

（7）D2：含 L-谷氨酸和 2% FBS 的 DMEM。

（8）D0：含 L-谷氨酸的 DMEM。

（9）FACS 缓冲液：含有 2% FBS 的 PBS。

（10）80% 的乙醇（*V/V*）或用来灭活病毒的其他消毒剂。

（11）二甲基亚砜（DMSO）。

（12）VACV WR 株（Western Reserve，ATCC，#VR1354）或者改良的痘苗病毒 Ankara 株（MVA），蔗糖垫纯化病毒，滴度最高能达到 1×10^9 的蚀斑形成单位（CPU）。

（13）排管（例如，Corning Life Sciences 公司产品）。

（14）流式细胞仪和分析软件。

（15）血细胞计数器。

（16）冷冻台式离心机（例如，Becman Allegra X-12R 或者 Allegra X-15R，配有 S×4 750 水平转子，吊篮的最大直径为 207.8 mm）。这里给出的速度（r/min）与半径相同的大多数标准台式离心机一样，换算公式为：1 500 r/min = 525 × g，2 100 r/min = 1 025 × g。

2.2　合成肽，抗体和 DimerX 试剂

（1）冻干肽：以 10mg/mL 浓度储存在 DMSO 中，保存在 -70℃（见注释 1）。

（2）DimerX：重组的可溶性嵌合体小鼠，H-2D^b：Ig，H-2K^b：Ig，或者 H-2L^d：Ig 可溶蛋白（例如，BD Biosciences 公司产品）。

（3）用藻红蛋白（PE）标记的抗小鼠 IgG$_1$（例如，克隆 A85-1，BD Biosciences 公司产品）。

（4）Fc- 阻遏物：抗小鼠 CD16/CD32（例如，克隆 2.4G2，购于 BD biosciences 或者 BioLegend 公司）。

（5）用 PE、异藻蓝蛋白（APC）或 APC-Cy7 标记的抗小鼠 CD8 α 抗体（例如，克隆 XMG.2，购自 BD Bioscience 或者 BioLegend）。

（6）用 APC 标记的抗小鼠 IFN- γ 抗体（例如，克隆 XMG.2，BD Biosciences 或者 BioLegend 公司产品）。

（7）用异硫氰基荧光素（FITC）标记的抗小鼠 CD62L 抗体（例如，克隆 MWL-14，购自 BioLegend 公司）。

（8）用 APC 标记的抗人的 GzmB（例如，克隆 GB12，购自 Caltag/Invitrogen 公司），或者用 AlexaFluor® 647 标记的 GzmB（例如，克隆 GB11，购自 BioLegend 公司）（见注释 2）。

2.3　细胞内细胞因子染色或者 CD62L/GzmB 染色

（1）DC2.4 细胞：来自 C57BL/6 小鼠的类干细胞[16]（见注释 3）。

（2）P815 细胞（ATCC#TIB-64）：来源于 BDA/2（H-2d 单倍型小鼠）的肥大瘤细胞（见注释 3）。

（3）布雷菲德菌素 A：储存在甲醇中的 5mg/mL 储存液，4℃保存。用 D10 1∶100 稀释储存液，稀释浓度为 50 μg/mL，稀释后立即使用。

（4）16% 的多聚甲醛溶液，在使用前用 PBS 稀释为 1% 的浓度。

（5）皂素：5% 的储存液溶解在水中，使用前用 FACS 缓冲液稀释成 0.5% 的浓度。

2.4 细胞内和细胞外的细胞毒性实验

（1）CFSE（5（6）-Carboxyfluorescein-diacetate N-succinimidyl）储存液：1mg/mL 溶解在 DMSO 中，分成小份储存在 –20℃，在使用前 2d 以 1：3 稀释。

（2）DiD：Vybrant DiD 细胞标记溶液（例如：Invitrogen 公司产品）。

（3）胰岛素注射器，$27^G \times 1/2$ in。

（4）胶原酶 /DNase Ⅱ溶液：3mg/mL 胶原酶，来自牛的胰腺，二级。（例如，Worthington 公司产品）和 0.03% DNase Ⅰ（例如，Roche 公司产品）溶解在 D2 中，分成小的等份，–20℃保存，在使用前用 D2 以 1：3 稀释。

（5）EL-4 或者 RMA 细胞：来自 C57BL/6 小鼠的胸腺细胞系[17]。

（6）"V"形底的 96 孔微量滴定板。

3 方 法

3.1 被感染小鼠的脾细胞制备

（1）从感染小鼠中收获脾细胞，保存在 5mL D0 或 PBS 中（见注释 4）。

（2）将细胞过滤网放置在 50mL 试管的瓶口，将脾脏和溶液倒在滤网上。

（3）用一个 1mL 注射器活塞的背面轻柔地挤压脾脏。

（4）用 5mL D0 冲洗细胞滤网。

（5）以 1 500r/min 4℃离心细胞 5min，弃上清液，用 5mL ACK 红细胞裂解液悬浮细胞。

（6）室温放置 3min，然后加入 25mL PBS，使终浓度达到 30mL，混匀，以 525 × g，4℃，再次离心 5min。

（7）用 5mL D10 悬浮细胞，用血细胞计数器细胞计数。

（8）调整细胞浓度为 1×10^7/mL。

3.2 用二聚体染色检测特异性表位 CD8$^+$T 细胞

DimerX 试剂（MHC Ⅰ类：Ig 二聚体蛋白）是用来确定特异性表位 CD8$^+$T 细胞数量的原始多肽 -MHC 四聚物的变体。四聚体必须根据每个表位来定制，与之不同，DimerX 试剂只要在实验之前选择一天装载在表位上即可。只要能获得合适的 MHC 同质晶体，这个实验系统就能很灵活地检测任何感兴趣的特异性抗原表位的 CD8$^+$T 细胞。

（1）用 PBS 将所需的储存多肽稀释到 0.1mg/mL。

（2）为多肽选择适合的 DixerX 试剂。表 12-1 是每个多肽的 MHC 限制性列表。将 DimerX 试剂与多肽在 PBS 中混合，37℃孵育过夜（见注释 6）。

（3）将 0.25~4μg DimerX 载荷的多肽与 0.25~4μg 抗小鼠 IgG_1-PE 混合（A85-1），DimerX 与 A85-1 的比例是 1：1 或 1：2。

（4）在黑暗室温孵育 1h。

（5）在圆底 96 孔微量细胞培养板的每个孔中加入 1×10^6 的每个脾细胞样品，1 500r/min，4℃离心板子 5min，快速倾倒板中上清液（见注释 8），每孔加 50μL FACS 溶液，悬浮细胞。

（6）加 20μL Fc 阻遏物，在 4℃孵育 15min。

（7）每孔加入 150μL FACS 缓冲液洗板，1 500r/min，4℃离心板子 5min，快速倾倒板中上清液。重复洗涤。

（8）加入来自步骤 2 的 50μL 多肽 -DimerX-A85-1 混合物和 APC 偶联的抗 CD8 a 抗体（用 FACS 缓冲液以 1：200 稀释），在暗处 4℃孵育 1h。

（9）用 150μL FACS 缓冲液洗细胞 3 次，这次，以 1 025 ×g，4℃离心 3min。

（10）用 50~100μL 的 FACS 悬浮细胞，然后转移到排式管中，准备流式细胞术。

（11）进行流式细胞分析，在 $CD8^+$ 群上设置门，可获取 50 000~100 000 个事件，保存所有事件。

（12）进行分析，首先在前向散射（FSC）× 侧向散射（SSC）图上对淋巴细胞进行门控。激活的淋巴细胞可以是非常大的颗粒，所以这个门的跨度要设置的宽一些。然后，在 CD8 × SSC 图上选通 $CD8^+$ 细胞，随后在 CD8 × Dimerx 图上选通 $Dimerx^+$ 细胞（见注释 10 和图 12-1）。

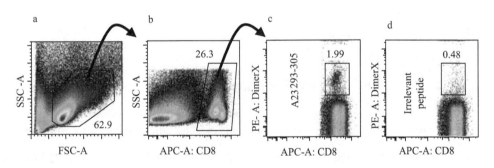

图 12-1　使用 DimerX 试剂检测 VACV 肽特异性 $CD8^+T$ 细胞的流式细胞术门控策略

图中，小鼠通过腹腔内途径感染 1×10^6 PFU 的 VACV WR 株 7d 后，使用装载合成 IGMFNLTFI 肽的 DimerX-D^b 在脾细胞中检测到 $A23_{297-305}$- 特异性 $CD8^+T$ 细胞。（a）和（b）分别显示淋巴细胞和 $CD8^+T$ 细胞的门控。（c）显示 $CD8^+$，$A23_{297-305}$-$DimerX^+$ 群。（d）显示相同的脾细胞，但用含有无关肽的 DimerX 染色情况。SSC 侧向散射，FSC 前向散射。有关此图的其他讨论，请见注释 10。

3.3　体外刺激和细胞内 IFN-γ 细胞因子染色（ICS 分析）

细胞内细胞因子染色实验，来自相应的多肽感染小鼠的脾细胞在体外进行短时刺激后，决定分泌 IFN-γ CD8$^+$ T 细胞的数量（见注释 11）。如果能得到合适的抗体，也能用于检测其他细胞因子，但是表达这些细胞因子的 CD8$^+$T 细胞是能表达 IFN-γ 的那些细胞。

（1）用合成多肽或病毒刺激细胞。（a）用 D0 培养基稀释浓度为 10mg/mL 的多肽储存液（原液）至 0.2 μM，在 96 孔圆底微量细胞培养板上，每孔加入 100μL 多肽溶液（见注释 12）。（b）用 5PFU/cell 的 MOI VACV 感染 DC2.4 细胞（H-2^b 小鼠）或 P815 细胞（H-2^d 小鼠）5h，在每个圆底微量细胞培养板中，每孔加入 100μL 2×10^6 细胞 /mL。

（2）每孔中加入 100μL 脾细胞样品，用 D10 将浓度调整到 1×10^7/mL。

（3）将细胞培养板在 37℃ 5% CO$_2$ 培养箱中孵育 1h。

（4）2h 后，每孔中加入 20μL 50μg/mL 布雷菲德菌素 A（见注释 14），然后将细胞培养板放回到 CO$_2$ 培养箱中继续孵育 3h。

（5）孵育结束后，将细胞培养板以 1 500r/min、4℃ 离心 5min，迅速将板翻过来，倾去上清液培养液。

（6）在细胞培养板每孔中加入 40μL 冷的（4℃）抗小鼠 CD8α-PE（用 FACS 缓冲液 1∶150 来悬浮细胞）。

（7）将细胞培养板放在冰上置暗室 30min。

（8）每孔加 150μL 冷的 FACS 缓冲液，4℃，2 100r/min 离心 3min，迅速将板翻过来，倾去培养基。

（9）用 200μL 冷的 PBS（无血清或蛋白）悬浮细胞，4℃，2 100r/min 离心 3min（见注释 16）。

（10）每孔加入 50μL 1% 的多聚甲醛悬浮细胞。

（11）置暗室室温孵育 20min。

（12）每孔加入 150μL 冷的 FACS 缓冲液，以 2 100r/min 离心板 3min，迅速弃去上清液。

（13）用 200μL 的 FACS 缓冲液悬浮细胞，以 2 100r/min 离心板 3min。重复此操作。

（14）用 40μL APC 标记的抗 IFN-γ 抗体悬浮细胞（用含有 0.5% 皂素的 FACS 缓冲液将抗体 1∶200 稀释）。

（15）将板置冰箱过夜，或在冰上至少放置 1h。

（16）用 FACS 缓冲液洗细胞 2 次，如步骤 12 和步骤 13。

（17）用 50~100μL 的 FACS 缓冲液悬浮细胞，将细胞转移到排型离心管中，准备流式细胞术。

（18）进行流式细胞分析，在 CD8$^+$ 群上设置门，可获取 50 000~100 000 个事件，尽可能多地获取事件。保存所有事件。

（19）进行分析，首先在前向散射（FSC）× 侧向散射（SSC）图上对活细胞进行门控。 然后，在 CD8⁺ × SSC 图上选通 CD8⁺ 细胞，最后在 CD8 × IFN-γ 图上选通 IFN-γ⁺（见注释 18 和图 12-2）。

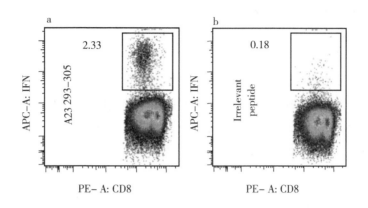

图 12-2　流式细胞术结果显示使用 ICS 检测到了 VACV 肽特异性 CD8⁺T 细胞

小鼠腹腔注射 1×10^6 PFU 的 VACV-WR 和 A23₂₉₇₋₃₀₅。（a）不相关的肽。（b）在 CD8 表面抗体染色和细胞内 IFN-γ 抗体染色前重新刺激脾细胞。图中所示的活淋巴细胞和 CD8⁺ 事件的门控图。有关此图的其他讨论，请参见注释 18。

3.4　CD62L/GzmNB 染色

表面 CD62L 的减少和细胞内 GzmB 表达的增加是激活的 CD8⁺T 细胞的标志。结合这些分子标志，能够评价 VACV 在急性感染高峰期时机体总体反应状况，但是它们对研究记忆 CD8⁺T 细胞没有多大帮助。

（1）准备单个悬浮的脾细胞（见 3.1），在这个实验中，需要未感染病毒的小鼠，在每个实验中至少必须有一只阴性对照。

（2）在 96 孔圆底微量细胞培养板中，每孔加入 1×10^6 细胞样品。

（3）将细胞培养板以 4℃，1 500r/min 离心 5min，迅速弃去离心上清液（见注释 8）。

（4）用包含 CD8a-APC-Cy7 抗体（或 CD8a-PE）和 CD62-FITC 抗体（抗体的最终浓度为 1∶150 稀释）的 50μL FACS 缓冲液悬浮细胞。

（5）放在冰上置暗室孵育 30min。

（6）每孔加入 150μL 预冷的 FACS 缓冲液，细胞培养板以 4℃，2 100r/min 离心 3min，迅速弃去上清液。

（7）再次将细胞悬浮在 200μL PBS 溶液中，再次将细胞培养板以 4℃，2 100r/min 离心 4min，迅速弃去上清液。

（8）每孔加入用 PBS 稀释的 1% 的福尔马林 50μL，在室温孵育 20min。

（9）每孔加入预冷的 150μL 的 FACS 缓冲液，2 100r/min 离心 3min，快速弃去上清液。

（10）用 200μL 的 FACS 缓冲液悬浮细胞，在 2 100r/min 离心细胞培养板 3min，快速弃去上清液，重复步骤 10。

（11）用 APC 偶联的 GzmB 抗体 50μL 悬浮细胞（抗体用含有 0.5% 皂素的 FACS 缓冲液 1∶200 稀释）。

（12）将板子在冰箱中放置过夜，或至少放置 1h。

（13）重复步骤 9 和 10，洗板 2 次。

（14）将悬浮在 50~100μL FACS 的细胞转移到联排管中用于流式细胞术。

（15）进行流式细胞分析，在 CD8+ 群上设置门，获取至少 20 000 个事件（通常获得 50 000~100 000 个事件很容易实现）。保存所有事件。

（16）DimerX 染色和 ICS 的分析。在 CD8×SSC 图上给活细胞设门，然后加上 CD8+ 群（见图 12-1a、b）。CD8+ 事件显示在 CD62L×GZMB 图上（见图 12-3）。活化的 CD8+T 细胞 CD62 低，GzmB 高，这个门中的百分比代表了对感染有反应的 CD8+T 细胞。对于急性感染高峰时的 VACV WR，预期 CD8+T 细胞的值为 60% 或更高。

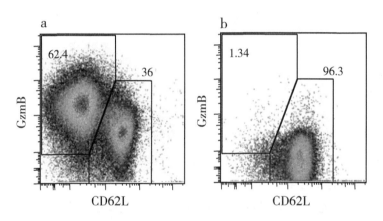

图 12-3　用 CD62L/GZMB 染色检测对 VACV 的全部急性 CD8+T 细胞反应流式细胞术结果显示

小鼠经腹腔途径感染（a）1×10^{6}PFU 的 VACV-WR 7d 或未感染（b），用抗体染色脾细胞，检测表面 CD8、CD62L 和细胞内 GzmB。如图 12-1 所示，是活淋巴细胞和 CD8+ 事件的门控图。活化（抗真空）的 CD8+T 细胞位于 CD62L 低和 GzmB 高的栅极中。注意，仅 CD62L 和 GzmB 不能充分区分激活的 CD8+T 细胞，因此传统的"象限"选通是不合适的。

3.5　细胞内毒性试验

杀死递呈相关抗体的细胞是激活的 CD8+T 细胞主要的效应功能，它可以通过细胞内毒性试验来检测，即检测共转染的感染小鼠的负载肽的和未负载肽的细胞的特异性裂解。转染的细胞用 DiD 和两种不同浓度的 CFSE 标记，用于在两个转移群体间进行细胞示踪和识别。这个方法特别敏感，如果使用一个优势肽，病毒感染动物后最早 2d 就能检测到

CD8[+] 细胞的反应[18]。

3.5.1 CFSE 标记靶细胞的制备

（1）从未感染的小鼠中收集脾脏，制备脾细胞（见 3.1，注释 19）。

（2）用 4mL D0 悬浮脾细胞。

（3）加 10μL Vvbrant DiD 染料，标记时，用合适的速度涡旋振荡，以使细胞能够均匀标记。

（4）把细胞分成两组，转移到 15mL 离心管中，标记为管 1 和管 2。

（5）在管 1 中加入 20μL 100μM 的多肽工作液（见注释 20）。管 1 中肽的终浓度达到 1μM。

（6）两试管在 37℃振荡器孵育 1h，偶尔晃动试管以使细胞保持悬浮。

（7）两试管细胞用 5mL D0 洗 3 次（去除未结合的多肽）。

（8）两管中用 1mL D0 悬浮细胞。

（9）在管 1 中加入 28μL CFSE 工作液（终浓度为 5μM；CFSE[高]在流式细胞术进行分析），在管 2 中加入 2.8μL 的 CFSE 工作液（终浓度为 0.5μM；CFSE[低]）（见注释 21）。

（10）两试管在水浴锅中 37℃孵育 10min，每 2min 将细胞混合一下。

（11）每个试管加入 5mL 冷的 D10 以淬灭标记活性。

（12）以 4℃，1 500r/min 离心 5min。

（13）用 5mL 冷的 D10 洗细胞至少 2 次。

（14）对两管细胞进行计数。

（15）用 5mL PBS 洗细胞。

（16）将等量的 CFSE[高]和 CFSE[低]混合。

（17）用 PBS 将细胞浓度调整到（1~2）× 10^8/mL。

3.5.2 注射和收集靶细胞

（1）将 200μL CFSE 标记的细胞悬液静脉注射到感染或免疫小鼠的尾静脉，并设置一个未感染的小鼠对照（见注释 22）。

（2）感染 4h 后，收集脾细胞，如果需要的话，收集任何有价值的淋巴结。

（3）如 3.1 步骤 1~6 描述的方法制备脾细胞。用 2mL 含 1% 福尔马林的 FACS 缓冲液悬浮细胞，转移 200μL 细胞到连排管中，用于流式细胞术分析，然后进入 3.5.3 的程序。

（4）如果分析的是淋巴结，当从小鼠中收获淋巴结后，用剪刀剪碎，从试管中除去 D2（见注释 23）。

（5）加入 200μL 胶原酶 /DNase Ⅰ 溶液，用 1mL 注射器上下拉动活塞挤压淋巴结释放出更多的细胞。

（6）将 1mL 胶原酶 /DNase Ⅰ 溶液加到试管中在室温下孵育 20min。

（7）将细胞转移到包含 3mL FACS 的锥形管中。

（8）以 4℃，1 500r/min 离心 5min。

（9）将细胞悬浮到含 1% 多聚甲醛的 FACS 缓冲液中，然后转移到离心管中做流式细胞分析。

3.5.3 流式细胞分析确定特异性肽细胞毒性细胞

（1）对于流式细胞仪，在 DID⁺ 群上设置停止门，目的是获得 20 000 个事件。这对于脾脏和大淋巴结是可实现的（见注释 24）。保存所有事件。

（2）通过设门排除 FSC×SSC 中的死细胞和细胞碎片。然后在 SSC×DID 图上进行 DID⁺ 事件的门以识别转移的细胞群。最后，从 DID⁺ 子集中筛选出 CFSE^高 和 CFSE^低 的群，并确定每个闸门中事件的百分比（见注释 25 和图 12-4）。

（3）用公式计算特异的细胞裂解。特异裂解（%）=［1-（未感染小鼠比率 / 被检测小鼠比率）］× 100。

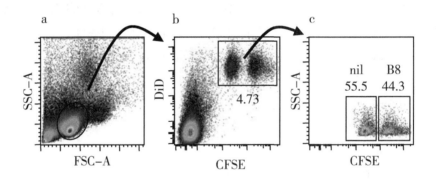

图 12-4　检测感染小鼠脾脏中回收的标记靶细胞，用于细胞内细胞毒性分析的流式细胞术门控策略

（a）和（b）分别显示活淋巴细胞和 DID⁺ 细胞的门控。（c）显示 CFSE^高（含 B8_{20-27} 肽）和 CFSE^低（含无关肽或无肽）的门控。在这种情况下，"比率测试小鼠"为 55.5/44.3=1.25。为了完成杀灭率的计算，需要使用相同的方法确定"未感染比率"，但标记细胞和肽加载细胞从未感染的小鼠转移和回收。在本例中，用 1×10^6PFU 的 VACV WR 株通过腹膜内途径感染小鼠 2d。感染后 7d，B8_{20-27} 肽载细胞的杀伤率（可达到 90%）要高得多。样本计算见注释 26

3.6 细胞外细胞毒性试验

细胞外毒性试验基于细胞内毒性试验相同的原则。也是用不同水平的 CFSE 来鉴定载荷不同多肽的细胞群，以确定 CD8⁺T 细胞对靶细胞的裂解。在这里，受感染小鼠的非黏附性脾细胞被用作效应器，肽加载的 EL-4 或 RMA 细胞被用作靶细胞。在该试验中，DID⁺ 染色比细胞内试验更有效地识别目标，允许使用 CFSE 未标记的目标以及 CFSE^低 和 CFSE^高。这样，一个对照品和两个肽可以在一个孔中进行直接比较。这里给出的示例是

H-2^b 单倍型（例如，C57Bl/6）小鼠，但原则上可以对 H-2^d 单倍型（例如，BALB/c）小鼠进行类似的分析，但 P815 细胞将用作靶点。

3.6.1　效应细胞的准备

（1）收集感染或未感染小鼠的脾脏，准备淋巴细胞（见 3.1 和注释 27）。

（2）用 20mL D10 悬浮脾细胞，然后转移到一个 75cm^2 的组织培养瓶中。

（3）在 37℃ 5% 的 CO^2 培养箱中孵育 1h。

（4）收获未贴壁细胞，离心收集细胞，用 D10 悬浮（见注释 28）。

（5）用 D10 调整细胞浓度到 1×10^7 细胞 /mL，将效应细胞和靶细胞稀释成合适的比率（E∶T）（见 3.6.2）。

3.6.2　靶细胞的准备

（1）每孔需要 1×10^4 靶细胞，通常每个试验小鼠需要 4 个孔，分别是试验组、对照组（未感染小鼠的脾细胞）和 2 个多肽组，每个孔都需要检测效应细胞和靶细胞的比率：100∶1，50∶1，20∶1 和 10∶1。一旦决定了板子的排列，计算所需的靶细胞数量。

（2）收获 RMA 或 EL-4 细胞（见注释 29），用 D0 洗一次，细胞计数。调整细胞浓度为 1×10^6/mL，将一定体积的细胞转移到步骤 1 经计数过的靶细胞中。

（3）在每 1×10^6 的细胞中加 1μL Vybrant DiD 染料，混合均匀。

（4）将上述混合液平均分到 3 个 15mL 的离心管中（每管 2mL），标记为管 1、管 2 和管 3。

（5）将 #1 肽工作液（例如 B8$_{20}$ TSYKFESV）加到管 1 中，#2 肽工作液（例如 A8$_{189}$ ITYRFYLI）加到管 2 中，每管每种肽的终浓度为 0.1μM。

（6）管 3 中加入非相关多肽，或者不加多肽。

（7）在旋转仪中 37℃ 孵育 1h，或者偶尔混动一下试管保持细胞处于悬浮状态。

（8）用 5mL D0 洗涤所有试管中的细胞 3 次（除去未结合多肽）。

（9）用 1mL D0 悬浮每管细胞。

（10）在管 1 中加入 14μL 100μL/mL 的 CFSE 工作液（终浓度是 2.5μM，用流式细胞仪分析 CFSE^高），加 1.4μL 100μL/mL 的 CFSE 工作液到管 2（终浓度是 2.5μM，用流式细胞仪分析 CFSE^低）。管 3 中不加 CFSE。

（11）两个试管在 37℃ 水浴 10min，每隔 2min 混合细胞 1 次。

（12）每个试管中加 5mL 冷的 D10 终止标记反应。

（13）以 4℃，1 500r/min 离心 5min。

（14）用 5mL 冷的 D10 洗细胞至少 2 次。

（15）每个试管用 2mL D10 悬浮细胞，然后将两个试管的细胞合并成一管。

（16）细胞计数，调整细胞浓度为 1×10^5/mL。

179

3.6.3 细胞毒性试验

（1）根据既定布局在"V"形底96孔板的每孔加入100μL（1×10^4）靶细胞。

（2）加入效应细胞（来自3.6.1），包括未感染小鼠的对照"效应细胞"，E：T的比率是100：1、50：1，20：1和10：1。

（3）用D10把每孔液体体积补足到200μL。

（4）板子置于37℃ 5%的CO_2培养箱中孵育1h。

（5）以4℃，1 500r/min离心3min，迅速翻转板子弃去培养基（见注释8）。

（6）用200μL FACS缓冲液悬浮细胞。

（7）以4℃，2 100r/min离心3min，迅速翻转板子弃去培养基。

（8）每孔加入用60μL 1%福尔马林溶液悬浮的细胞，然后将它们转移到联排管中进行流式细胞术分析。

3.6.4 流式细胞分析和特异裂解百分比计算

（1）对FSC×SSC中的活的RMA细胞设门，然后对DiD细胞设门，进一步对$CFSE^{高}$，$CFSE^{低}$和$CFSE^{阴性}$设门（见图12-5）。

（2）用下面的公式来评估特异性细胞裂解：

特异性裂解（%）=[1-（阴性对照率/检测效应细胞率）]×100

其中，肽1的比率为阴性对照和试验孔的$CFSE^-$百分比/$CFSE^{高}$百分比，肽2的比率为对照和试验孔的$CFSE^-$百分比/$CFSE^{低}$百分比（见注释30）。

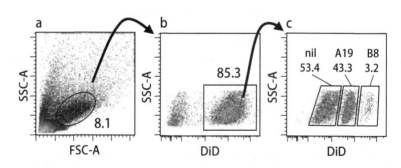

图12-5 检测细胞外细胞毒性试验从孔中回收剩余标记靶细胞的流式细胞术门控策略

（a）和（b）分别显示活体RMA细胞和DiD^+细胞的选通。（c）显示$CFSE^{高}$（含$B8_{20-27}$肽）、$CFSE^{低}$（含$A19_{47-55}$肽）和$CFSE^{阴性}$（含无关肽）事件的门控。在这种情况下，"比率测试$B8_{20-27}$"为53.4/3.2=16.69，"比率测试$A19_{47-55}$"为53.4/43.3=1.23。$A19_{47-55}$（VSLDYINTM）为亚显性表位未在表12-1中列出。为了完成杀灭率的计算，需要使用相同的方法来确定每个肽的"未感染比率"，但要使用未感染小鼠的"效应器脾细胞"。用1×10^6PFU的VACV-WR株经腹腔途径感染小鼠7d，用于产生效应器。样本计算见注释30。

4 注 释

（1）肽购自 Mimotopes 公司（墨尔本，澳大利亚），或 Genscript Corp 公司（Piscataway，美国新泽西州）。所订购肽的纯度＞70%，肽的两端均为非封闭式的（即肽的 C- 末端和 N- 末端是游离氨基酸）。合成多肽的合成和溶解是一个问题，表 12–1 中所列出的肽都已经能够合成，不存在上述问题，它们在 100% 的 DMSO 溶液中能完全溶解。在用 DimerX 标记多肽前用 D0 或 PBS 稀释多肽（见 3.2），或者体外刺激淋巴细胞（见 3.3）。血清中含有包括多肽酶等许多不明确的酶，因此在稀释多肽时，使用的稀释液中避免含有 FBS。

（2）在本试验中选择抗体的荧光素能很好地发挥作用，这是实验好的开端，可能与其他颜色的组合在一起也能很好地工作，但是需要对其滴定和优化。抗人的 *Gzm*B 抗体与抗鼠的 *Gzm*B 抗体具有交叉反应。

（3）这些细胞系均为病毒感染的抗原递呈细胞。

（4）感染或免疫 7~44d 内收集脾脏，分别检测急性或记忆 CD8$^+$ T 细胞反应。

（5）有许多其他的方法用于制备单个悬浮脾细胞，此处的方法简单易行，是我们实验室常规方法。细胞染色器相当昂贵，但是经洗涤高压能够重复使用几次。可以用其他方法替代染色器，方法如下：用一个 10mL 注射器柱塞的顶端在盛有 5mL 培养基的有盖培养皿中按压脾脏（用活塞的后端而不是橡胶的那端）；将悬浮液收集到一个 15mL 的离心管中，取 5mL 新鲜培养基洗培养皿然后再加到离心管中，使总体积达到 10mL；将悬浮液静止 2~3min 让较大的碎片沉降到管底，然后小心地用移液器吸取 9mL 悬液，液体中大多数是脾细胞。

（6）对于每种多肽，每百万个细胞所使用的 DimerX 的计量和肽与 DimerX 的分子比例需要滴定来确定。用 2mg 的 DimerX 融合蛋白与大于 40M 的 B8$_{20-27}$，A47$_{138-146}$（H-2K^b：Ig），A23$_{297-305}$（H-2D^d：Ig）和 F2$_{26-34}$（H-2L^d：Ig）过夜孵育能取得很好的效果。如果肽与 MHC 有高的亲和力预示着实验有一个好的开端。K3$_{6-15}$ 的亲和力较低，4mg 的 DimerX（H-2D^d：Ig）能载荷超过 40M 的多肽。更多的优化细节请参考试剂使用说明书。负载 DimerX 的多肽能在 4℃ 保存一个星期。在实验中设立用于非特异性染色的非相关多肽作为背景对照非常重要。目前仅能获得 BALB/c 小鼠的 MHC 等位基因 H-2L^d。

（7）对于每个标记 DimerX 肽的复合物，DimerX 与 A85-1 mAb 的比例由经验决定。这一步将肽负载的 DimerX 试剂二聚体化，以制造具有 PE 标签的四价试剂。有的实验方案建议细胞先用标记 DimerX 的肽染色，然后再用 A85-mAb 染色，但在我们的实验中这一方案行不通。

（8）在快速倾倒上清液时，需检查能看到细胞沉淀。快速倾倒液体前，首先将细胞培养板放在手掌心，朝上，用手指握住板子的边缘。将细胞培养板迅速翻转，液体倒入水槽或者其他废液盘中。这一动作要快速，在细胞沉淀滑出之前立即将板子归位朝上。这一动作后有部分细胞会悬浮在残留的培养基中，因此上述动作只能进行一次。去除悬浮液后，用旋涡振荡器低速振荡，将细胞再次悬浮，要确保沉淀被悬浮，如果这些步骤细胞被悬浮均匀，则没有必要用抗体或其他试剂混合。

（9）一些荧光色素对光非常敏感，最好在暗处孵育，不要同含有抗体的溶液暴露在光线下。在一些实验室，在做抗体偶联的荧光制剂这一步骤时，尽可能在暗处进行，但需要在保护荧光染料和能够很好地看到移液器准确加入试剂之间要做一个明智的权衡。

（10）在 FSC×SSC 图（图 12-1a）中，死亡/即将死亡的细胞在左侧，集中在主要淋巴细胞群体的下方，因为它们往往具有高度的非特异性抗体结合，所以被排除在外。在这个图中，由于激活的 T 细胞可以非常大和颗粒化，所以门延伸到主要淋巴细胞群的右侧和上方。CD8×SSC 图（图 12-1b）显示有一个以上的 CD8+ 事件群（均包含在所示的门中）。这是正常现象，尤其是在腹膜内免疫后。CD8+T 细胞激活时会降低 CD8 的表面水平，因此要在进一步的分析中确保这些 CD8-Med 事件。最后，对照用装载不相关肽二聚体染色的脾细胞绘制的二聚体染色门（图 12-1c）（背景对照，图 12-1d）。背景可以高达 CD8+ 细胞的 0.5% 左右。

（11）在这个试验里，多数能够对特异性多肽反应的 CD8+T 细胞产生 IFN-γ（通常实验中用 DimerX 检测 CD8+T 细胞的反应要强于 ICS）。然而在实验中使用多肽的剂量通常能引起强烈的生理反应，因此不清楚体外能产生 IFN-γ 的 CD8+T 是否在体内能引起感染细胞的细胞毒性反应。

（12）试验应该包括一个相关阴性对照（例如，非相关多肽或不用多肽刺激，未感染病毒的细胞）。要防止多肽间的交叉污染。就如上面提到的，试验中使用的多肽剂量是能引发反应所需剂量的 1 000 倍，这意味着微量的污染都能影响试验结果。

（13）在感染前用 D0 洗细胞。把病毒加到含有 50 μL D0 的圆形底的试管中，37℃轻轻晃动 30 min 到 1 h。然后加入 10 mL D2，在病毒感染前至少 37℃孵育 5 h，最好轻轻地旋转。在感染病毒的细胞加到淋巴细胞以前用 D10 洗 1 次，用 D10 调整细胞浓度为 2×10^6/mL，感染细胞与淋巴细胞的比率是 1：5。为了获得最好的结果，应该超过 80% 的细胞感染了病毒，这在表达 GFP 的痘苗病毒中很容易检测。应该注意的是，不同来源的 P815 细胞可能对 VACV 的感染效果不同。感染效果会很大程度影响试验结果，因此做同一批感染时要比较不同小鼠来源的细胞。小鼠确实感染了 VACV WR 株的标准是在 ICS 中当用感染细胞作为刺激物时，至少 25%~30% 的 CD8+T 细胞分泌 IFN-γ[11, 12, 14]。

（14）在每孔中加布雷菲德菌素 A 时不要碰触到培养基；无须混合。特别是如果使用多肽，注意每孔不要发生交叉污染。

（15）下一步操作必须在冰上进行，因此在离心过程中板子保持冷却。如果使用感染细胞，在生物安全柜中迅速将培养基倒入一个盛有消毒剂溶液的托盘中。

（16）为了能够有效固定细胞，要确保二次洗液和福尔马林溶液中没有任何蛋白质

（BSA 或 FBS）。福尔马林能固定任何蛋白质，包括细胞中的 IFN-γ。要保证经皂素处理的细胞结构的完整性。

（17）一旦细胞被固定，细胞死亡，病毒灭活。没有必要在冰冷的条件进行洗和离心的过程。

（18）图 12-2 中未显示 IFN-γ–FSC×SSC 和 CD8×SSC 图谱，选通注意事项与 DimerX 染色相同（见图 12-1a，b 和注释 10）。IFN-γ+，CD8+ 事件的门（图 12-2a）需要参照阴性对照品绘制（图 12-2b），阴性对照品采用的是未受刺激的同一只小鼠的脾细胞（如果使用受感染的细胞，使用未受感染的细胞进行该对照非常重要）。急性感染小鼠脾细胞的背景通常约为 CD8+ 细胞的 0.1%~0.2%（也可能高达 0.5）。为便于存储该值可减少 10 倍。在使用非常显性肽（如 B8 20-27）或受感染细胞的急性感染小鼠中，IFN-γ– CD8+ 事件似乎比阴性对照的细胞更亮。在这些情况下，要将 IFN-γ+ 事件的门设置得稍高一点（将减少事件的百分比），以确保排除所有 IFN-γ– 事件。

（19）因为细胞系（比如 EL-4 或来自 C571/6 小鼠的 RMA）失去自身非特异性，在体内流式细胞术试验中必须使用感染小鼠的新鲜淋巴细胞来分离。为了增加单个小鼠的靶细胞的数量，除了脾脏外还需收集淋巴结。

（20）准备 100μM 的多肽工作液，用 D0 将 10mg/mL 的多肽原液稀释。把非相关多肽加到管 2 中，但是我们发现用非相关多肽处理细胞或不处理细胞结果并没有区别。

（21）准备 CFSE 工作液，用 DMSO 将 1 mg/mL 的储存液 10 倍稀释。CFSE 工作液加入到细胞后漩涡振荡确保细胞均一标记。

（22）CD8+ T 细胞介导的细胞毒性试验，最早在 VACV 感染后 2d 在感染的淋巴结部位能被直接检测到。通常在感染后 5d 在脾脏和多数淋巴结都能检测到细胞毒性细胞。在记忆阶段依然能检测到这种细胞。未感染小鼠用做阴性对照来确定裂解背景和对靶细胞群的试验错误进行控制。

（23）挤压淋巴结以便尽可能多地从结缔组织中释放出淋巴细胞。

（24）DiD+ 细胞群不超过总细胞数量的 1%，对于小的淋巴结，可能收集不到 20 000 个 DiD+，只是尽可能多的收集细胞。

（25）Vybrant DiD 染色的细胞在 633nm 的激光下被激发，与检测 APC 用相同的反射 / 滤光设置。CFSE 染色在 488nm 的激光下被激发，与检测 FITC 用相同反射 / 滤光设置。

（26）计算举例：如果 CFSE低（对照）和 CFSE高（用 VACV 多肽转染）的细胞群来自同一只未感染小鼠，细胞数量相同（比率 =1），检测小鼠中 80% 的 DiD 细胞是 CFSE低，20% 是 CFSE高（比率 =4），特异性的裂解是 [1-（1/4）]×100=75%。

（27）用未感染的小鼠的淋巴细胞作为阴性对照来计算杀细胞百分比。

（28）贴在瓶底的细胞并不牢固，因此用吸头吸出非贴壁细胞时务必小心，防止贴壁细胞被吸出。

（29）只要是非贴壁细胞都能作为靶细胞。如果贴壁细胞附着在孔底，流式细胞术分析时不好收获。

（30）计算举例：如果接种了未感染小鼠效应细胞的同一孔中 CFSE^{阴性}（对照），CFSE^{高}（VACV 多肽 #1）和 CFSE^{低}（VACV 多肽 #2）的比例相同（例如，所有的细胞占细胞总数的 33.3%），对于多肽 #1 和多肽 #2 "阴性对照的比率" =1，CFSE^{高}是 10%，CFSE^{低}是 30%，多肽 #1 和多肽 #2 的 "比率检测" 分别等于 6 和 2。2 个肽的特异性裂解为多肽 #1 [1 −（1/6）] × 100 = 83%，多肽 #2 [1 −（1/2）] × 100 = 50%。

参考文献

[1] Fenner F. 1947. Studies in infectious ectromelia of mice. Aust J Exp Biol Med Sci 27：19–30.

[2] Fenner F. 1958. The biological characters of several strains of vaccinia, cowpox and rabbitpox viruses. Virology 5：502–529.

[3] Drexler I, Staib C, Sutter G. 2004. Modified vaccinia virus Ankara as antigen delivery system：how can we best use its potential? Curr Opin Biotechnol 15：506–512.

[4] Bjorkman PJ, Saper MA, Samraoui B, Bennett WS, Strominger JL, Wiley DC. 1987. The foreign antigen binding site and T cell recognition regions of class I histocompatibility antigens. Nature 329：512–518.

[5] Oehen S, Brduscha-Riem K. 1998. Differentiation of naive CTL to effector and memory CTL：correlation of effector function with phenotype and cell division. J Immunol 161：5338–5346.

[6] Ritchie DS, Hermans IF, Lumsden JM, Scanga CB, Roberts JM, Yang J, Kemp RA, Ronchese F. 2000. Dendritic cell elimination as an assay of cytotoxic T lymphocyte activity in vivo. J Immunol Methods 246：109–117.

[7] Altman JD, Moss PAH, Goulder PJR, Barouch DH, McHeyzer-Williams MG, Bell JI, McMichael AJ, Davis MM. 1996. Phenotypic analysis of antigen-specific T lymphocytes. Science 274：94–96.

[8] Sander B, Andersson J, Andersson U. 1991. Assessment of cytokines by immuno fluorescence and the paraformaldehyde-saponin procedure. Immunol Rev 119：65–93.

[9] Jung T, Schauer U, Heusser C, Neumann C, Rieger C. 1993. Detection of intracellular cytokines by flow cytometry. J Immunol Methods 159：197–207.

[10] Betts MR, Brenchley JM, Price DA, De Rosa SC, Douek DC, Roederer M, Koup RA. 2003. Sensitive and viable identification of antigenspecific CD8$^+$ T cells by a flow cytometric

assay for degranulation. J Immunol Met 281：65–78.

[11] Tscharke DC, Karupiah G, Zhou J, Palmore T, Irvine KR, Haeryfar SMM, Williams S, Sidney J, Sette A, Bennink JR, Yewdell JW. 2005. Identi fi cation of poxvirus CD8⁺ T cell determinants to enable rational design and characterization of smallpox vaccines. J Exp Med 201：95–104.

[12] Yuen TJ, Flesch IEA, Hollett NA, Dobson BM, Russell TA, Fahrer AM, Tscharke DC. 2010. Analysis of A47, an immunoprevalent protein of vaccinia virus, leads to a reevaluation of the total antiviral CD8⁺ T cell response. J Virol 84：10220–10229.

[13] Moutaftsi M, Peters B, Pasquetto V, Tscharke DC, Sidney J, Bui HH, Grey H, Sette A. 2006. A consensus epitope prediction approach identifies the breadth of murine T_{CD8+}-cell responses to vaccinia virus. Nat Biotechnol 24：817–819.

[14] Tscharke DC, Woo W-P, Sakala IG, Sidney J, Sette A, Moss DJ, Bennink JR, Karupiah G, Yewdell JW. 2006. Poxvirus CD8⁺ T-cell determinants and cross-reactivity in BALB/c mice. J Virol 80：6318–6323.

[15] Oseroff C, Peters B, Pasquetto V, Moutaftsi M, Sidney J, Panchanathan V, Tscharke DC, Maillere B, Grey H, Sette A. 2008. Dissociation between epitope hierarchy and immunoprevalence in CD8 responses to vaccinia virus Western Reserve. J Immunol 180：7193–7202.

[16] Shen Z, Reznikoff G, Dranoff G, Rock KL. 1997. Cloned dendritic cells can present exogenous antigens on both MHC class I and class Ⅱ molecules. J Immunol 158：2723–2730.

[17] van Hall T, van Bergen J, van Veelen PA, Kraakman M, Heukamp LC, Koning F, Melief CJM, Ossendorp F, Offringa R. 2000. Identification of a novel tumor-specific CTL epitope presented by RMA, EL-4, and MBL-2 lymphomas reveals their common origin. J Immunol 165：869–877.

[18] Coles RM, Mueller SN, Heath WR, Carbone FR, Brooks AG. 2002. Progression of armed CTL from draining lymph node to spleen shortly after localized infection with Herpes Simplex Virus 1. J Immunol 168：834–838.

（颜新敏、张　强　译）

第 13 章　痘苗病毒单克隆抗体的制备与鉴定

Xiangzhi Meng，Yan Xiang

概　要

痘苗病毒（VACV）蛋白特异性单克隆抗体是研究 VACV 的重要材料。在本章中，我们将介绍一些单克隆抗体的制备方法，这些单抗能识别 VACV 的多种蛋白在感染细胞中的天然构象。由此制备的抗体大多是识别参与病毒组装 VACV 蛋白或 / 和天花疫苗的主要抗原。这些抗体可用于追踪病毒粒子装配的不同阶段和天花疫苗 B 细胞表位的研究。

关键词：痘病毒；痘苗病毒；杂交瘤；单克隆抗体

1　引　言

痘苗病毒（VACV）在感染细胞后能表达近 200 种蛋白，其中约半数蛋白参与病毒复制的各个阶段 [1]，最终产生细胞内成熟病毒粒子（MV）和 3 种不同形态的包膜病毒（EV）[2]。病毒复制的不同阶段与病毒粒子的不同形态常常通过特异性蛋白进行区分。这些病毒蛋白的单克隆抗体（mAb）对剖析 VACV 复制周期以及分析病毒蛋白本身的功能具有重要的应用价值。大量的 VACV 特异性单克隆抗体在几十年前已有介绍 [3, 4]，但它们的抗原靶点尚未确定，也不再可用。 10 年前，Alan Schmaljohn 等制备了一批 VACV 特异的单克隆抗体 [5]。虽然这些单克隆抗体从未发表，但其中的一些单克隆抗体包括一种具有中和活性的 L1 单抗已能提供并在很多研究中非常有用 [6]。最近，Cohen、Eisenberg 及其同事 [7, 8] 通过重组蛋白制备了多个抗 L1 和 B5 的单克隆抗体，这些单克隆抗体已用于 MV 和 EV 的中和实验研究。

为了扩充 VACV 特异性单克隆抗体库，最近我们建立了用 VACV 免疫小鼠进行单克隆抗体制备的平台 [9]。在这里我们将介绍这一独特的操作方法组合，其中包括以 VACV 活毒进行免疫以及应用 VACV 感染细胞后的免疫荧光分析筛选杂交瘤。该方法成功应用于识别不同蛋白质天然构象的 VACV 单克隆抗体的制备。在我们的例子中，进行一次免疫可获得超过 60 种针对非结构蛋白（WR148、D13、C3）、病毒核心结构蛋白（A10）以及 MV（D8、H3、A14）或 EV（B5、A33、F13、A56）膜蛋白的单克隆抗体。其中，

A10、A14 和 D13 的单抗还是首次报道。单克隆抗体与天花免疫后的抗体有很好的匹配性 [10, 11]，所以也可用于研究天花疫苗的抗体保护性和 B 细胞表位。

2　材　料

2.1　免疫

（1）无病原体 BALB/c 小鼠。

（2）WR：野生型（WT）VACV WR 株（见注释 1）。

（3）WR.K1L－C7L－（12）（见注释 1 和注释 2）。

（4）三溴乙醇储备液：24g 亚硝酸溶解于 15mL 叔戊醇（见注释 3）。

（5）阿佛丁麻醉工作溶液（20mg/mL）：0.5mL 阿佛丁原液溶解于 39.5mL PBS；通过 0.2μM 滤器过滤（见注释 3）。

（6）小鼠尾静脉注射装置。

（7）27^G-1/2 针头。

（8）补骨脂素溶液：10mg/mL 溶解于 DMSO；通过 0.2μM 滤器过滤除菌。

（9）手持式紫外灯（UVP）。

2.2　杂交瘤的制备

（1）SP22/0-Ag14 杂交骨髓瘤细胞（ATCC # CRL 1581）。

（2）50% 聚乙二醇（PEG）（见注释 4）。

（3）小手术脾脏切除剪。

（4）70μm 尼龙细胞过滤器。

（5）DMEM-0：无血清 DMEM 培养基。

（6）DMEM-20：含 20% FBS 的 DMEM。

（7）D20/HAT/OPI：含 20% FBS 的 DMEM，补充 HAT 和 OPI 培养液（见注释 5）。

（8）D20 / HTO：含 20% FBS 的 DMEM 培养基中补充 HT 和 OPI 培养液（见注释 5 及注释 6）。

（9）组织培养塑料制品：175cm^2 培养瓶，96 孔平底微量滴定板，培养皿和 50mL 锥形聚丙烯离心管。

（10）血细胞计数器和台盼蓝：用于细胞计数和评估细胞存活率（见注释 7）。

（11）多道移液器。

2.3 杂交瘤细胞株的筛选

（1）HeLa 细胞和 BHK 细胞。

（2）PBST：含 0.05% Tween-20 的 PBS。

（3）4% 多聚甲醛，用 PBS 稀释。

（4）含 0.1% Triton X-100 的 PBS。

（5）Hoechst 33258 荧光染料：用 PBS 溶解，浓度为 10 mg/mL，使用时 1∶2 000 稀释。

（6）Cy3 标记的抗鼠抗体：Cy3- 结合纯化的山羊抗小鼠 IgG（H+L）浓度为 0.5 mg/ mL，使用时 1∶200 稀释。

（7）荧光保护剂。

（8）荧光显微镜，带 100× 或 60× 油浸物镜。

（9）显微镜载玻片和盖玻片。

2.4 杂交瘤分型

（1）无蛋氨酸和半胱氨酸的 DMEM。

（2）^{35}S- 甲硫氨酸和半胱氨酸。

（3）裂解缓冲液：50 mM Tris–HCl，pH 值 7.5，150 mM NaCl，1% 的 Triton X-100，0.1% SDS，0.5% 脱氧胆酸钠，蛋白酶抑制剂。

（4）洗涤缓冲液：0.1% 的 Triton X 100，50 mM Tris，pH 值 7.4，300 mM NaCl，5 mM EDTA。

（5）G- 蛋白琼脂糖。

（6）2×SDS 样品缓冲液：100 mM Tris–HCl，pH 值 6.8，4%（W/V）SDS，0.2%（W/V）溴酚蓝，20%（V/V）甘油，200 mM β- 巯基乙醇。

（7）封口膜和盒子。

2.5 抗原鉴定

（1）双（磺基琥珀）- 辛二酸：50 mM 溶解于 PBS。

（2）1 M 甘氨酸：溶解在双蒸水中，用浓 HCl 调整 pH 值至 2.7。

（3）考马斯亮蓝。

（4）pGEX6P-1 质粒（GE Healthcare Life Sciences 公司产品）。

（5）大肠杆菌菌株 BL21（DE3）。

（6）氨苄青霉素的储存液：100 mg/mL 溶解于水中。

（7）LB 肉汤。

（8）IPTG：1 M 溶解于水中。

（9）超声仪。

（10）分子生物学试剂，如限制性内切酶和 PCR 试剂。

3　方　法

3.1　动物免疫

通过免疫 BALB/c 小鼠，我们制备了大量的 VACV 特异性单克隆抗体。共对 BALB/c 小鼠进行 3 次免疫：2 次鼻内感染活的 VACV，1 次静脉注射灭活病毒免疫（见注释 8）。最初免疫采用 VACV 弱毒鼻内感染或用亚致死剂量（约 0.5×10^3 PFU）WT VACV WR 感染（见注释 2），因此小鼠在感染后能存活，同时由于活病毒感染而产生强烈的免疫反应。随后，再感染高剂量的 WT VACV WR 来巩固和加强小鼠的保护性免疫反应。最后，为了提高杂交效率，促进活化 B 细胞转化为淋巴母细胞，在细胞融合产生杂交瘤的前 3d，静脉注射紫外线灭活的 VACV 进行一次加强免疫。

（1）按 0.4~0.6mg/g 体重用阿佛丁溶液对 4~6 周龄 BALB/c 小鼠腹腔注射进行麻醉（见注释 3）。

（2）每个鼻孔分别吸取 10μL 10^5PFU 的 WR.K1L⁻C7L⁻[12]病毒液进行滴鼻接种。

（3）感染后，每日观察小鼠状态并称重（见注释 9）。

（4）首次感染 2 周后，按步骤 1 和步骤 2 用 WR 株以 5×10^6PFU 的毒量感染小鼠。每日监测小鼠体重（见注释 10）。

（5）第二次感染至少 2 周后，且在计划收获小鼠脾脏的 3d 前，用紫外线灭活的 WR 株进行加强免疫（见注释 11）。病毒是通过与补骨脂素交联再以长波紫外线灭活[13]（见注释 12）。制备灭活 WR 时，补骨脂素在 1mL WR 毒液（10^9PFU/mL）中的终浓度为 10μg/mL，并把 1mL 混合物置于 35mm 的培养皿中，在距离紫外灯 6cm 处，以 365 nm 紫外线照射 20min 灭活病毒。

（6）用 27^{G}1/2 号针尾静脉注入 50μL 紫外线灭活病毒。

3.2　杂交瘤细胞的制备

按照标准操作程序并做修改，将脾细胞与 SP2/0 细胞进行融合制备杂交瘤细胞[14]。

（1）融合前至少 1 周，在 D20/HT 培养液中培养 SP2/0 细胞，使其适应培养基并生长良好，融合前 12~24h 进行分细胞。

（2）在加强免疫 3d 后，通过颈椎脱臼或 CO_2 窒息处死小白鼠，无菌取出脾脏并用 DMEM-0 在 100mm 的培养皿中清洗。此操作和随后的所有步骤都在带层流罩的超净工作台中进行。

（3）制备脾细胞悬液的方法：用针刮开脾组织，将脾组织置于50mL锥形离心管顶部的细胞滤器中，用1mL注射器的活塞芯杆压碾脾组织使脾细胞充分释放，用DMEM-0清洗脾组织，细胞通过滤网过滤。

（4）150×g离心5min沉淀脾细胞与SP2/0细胞，弃上清液，用50mL DMEM-0洗涤细胞，用细胞计数板进行细胞计数（见注释13）。

（5）将10^8小鼠脾细胞与$2×10^7$ SP2/0小鼠骨髓瘤细胞混合（见注释14），均分成4等份，分别进行细胞融合。

（6）取下150×g离心5min沉淀混合细胞的离心管，尽可能彻底去除上清液，轻拍离心管壁松动细胞呈糊状。在1min内，在37℃水浴中逐滴加入1mL 50%的PEG，边滴边摇晃离心管；然后在1~2min内逐滴加入10mL D20/HAT/OPI，边滴边混匀。

（7）用D20/HAT/OPI加至总体积55~60mL，按每孔200μL加入3个96孔细胞培养板。

（8）按步骤6和步骤7将剩下的3份脾细胞混合液进行细胞融合。每一份脾组织可制备12块96孔板的细胞（见注释15）。

（9）将平板置于37℃的CO_2培养箱中培养，7~10d后检查克隆的生长情况（见注释16）。

3.3 免疫荧光法筛选杂交瘤细胞

细胞在低感染指数（MOI）VACV感染8h后，加入杂交瘤细胞的培养上清液，进行免疫荧光染色，检测杂交瘤细胞分泌抗VACV抗体能力（见注释17）。使用低MOI感染的细胞可以对感染和未感染的细胞进行并排染色。也就是说，如果上清液仅在VACV感染细胞的细胞质DNA染色区显示病毒DNA工厂，则认为杂交瘤对VACV是特异的。同时，对免疫荧光图谱进行拍照，用于后继对杂交瘤的分类，并用抗原鉴定进行证实。

（1）在24孔细胞培养板的飞片上培养HeLa或BHK种子细胞至50%融合度（见注释18）。

（2）用WR株按0.1~0.5 PFU/CELL感染细胞。

（3）感染8h后用4%多聚甲醛在室温下固定细胞20min。

（4）用PBST洗涤细胞一次，用0.1 Triton X-100% 通透细胞5min。

（5）用DMEM-10在37℃封闭1h。

（6）加入100~200μL杂交瘤细胞上清液，37℃孵育1h。

（7）用PBST洗3次后用Cy3标记抗鼠二抗在37℃孵育1h。

（8）用PBST洗3次后用Hoechst 33258荧光染料作用5min。

（9）用PBST洗2次后用蒸馏水洗涤1次。

（10）加入荧光保护剂后将飞片固定在载玻片上。

（11）在荧光显微镜上，使用最大倍数对载玻片的荧光图像进行观察并拍照（见注释 19)。

（12）从经免疫荧光检测为阳性的孔中挑取杂交瘤克隆，用吸头吸取 20~50 μL 细胞及培养液转移至每孔含有 1 mL D20/HTO 培养基的 24 孔细胞培养板上。

（13）当 24 孔细胞接近完全融合时，用免疫荧光试验复筛上清液一次。

（14）筛选为阳性的细胞转至 T25 培养瓶中扩大培养，并在液氮中冻存细胞。

（15）收集约 25 mL 上清液准备做下一步分析。

3.4　杂交瘤细胞鉴定

可以进一步利用杂交瘤细胞的培养上清液进行免疫沉淀 VACV 感染细胞中带放射性标记的蛋白质，确定杂交瘤的特性。如果几个杂交瘤的上清液沉淀出分子量相同（MV）的蛋白，并显示出相似的免疫荧光模式，则杂交瘤可分为一组（表 13-1），每个组只选一个具有代表性的杂交瘤进行最初的靶抗原的鉴定。如果免疫沉淀和免疫荧光分析表明，杂交瘤不是单一的，则用有限稀释法对杂交瘤细胞进行亚克隆。

表 13-1　几种常见抗 VACV 单克隆抗体的典型免疫荧光和分子量

抗原	免疫荧光图像 [a]	SDS-PAGE 分子量 MHC [b]
D8	工厂；部分工厂外部；病毒大小颗粒	30
A14	工厂	15, 23
WR148	整个细胞质	87
D13	工厂，聚合体	61
H3	工厂；部分工厂外部；病毒大小颗粒	32
A56	细胞表面	79
A33	工厂外部	22
C3	工厂外部	27
B5	工厂外部，病毒大小颗粒	40
A10	工厂，颗粒	93
F13	工厂外部，病毒大小颗粒	38

[a] 工厂：染色主要在病毒 DNA 工厂；工厂外部：染色主要分布在病毒 DNA 工厂以外的区域。
[b] 分子量（MV）：可通过使用 Bio-Rad Quantity One 等程序，从蛋白质相对于 SDS-PAGE 上分子量标准的迁移率计算得出。

（1）使用 WR 在 100 mm 培养皿中按 10 PFU/cell 接种 HeLa 细胞。

（2）8 h 后，更换培养基，加入 5 mL 含 500 μL ^{35}S- 甲硫氨酸及 500 μL 半胱氨酸的 DMEM-0（见注释 20）。

（3）再过 8 h 后，在每个培养皿中加入 1 mL 裂解缓冲液后收集细胞及细胞裂解液。

（4）取 80 μL 裂解液上清液，加入 1 mL 杂交瘤上清液，在试管振荡器中孵育 1 h。

（5）加入 30μL 50%（*V/V*）的蛋白 G 琼脂糖，在摇床上孵育 1h。

（6）使用洗涤缓冲液及 PBS 清洗蛋白 G 琼脂糖（见注释 21）。

（7）用 30μL SDS 上样缓冲液重悬蛋白 G 琼脂糖，吸取 15μL 进行 SDS-PAGE 电泳。

（8）待胶干燥进行凝胶成像。确认已知分子量的蛋白与影像上的蛋白大小是否一致（见注释 22）。

3.5 抗原鉴定

鉴定一个单克隆抗体靶抗原的最简单方法可能是对单克隆抗体沉淀的特定抗原进行质谱分析。这适用于大多数的 VACV 抗原，这些抗原在被感染的细胞中大量表达，很容易被抗体沉淀。然而，由于单克隆抗体的低表达或低溶解性，一些 VACV 抗原不能被有效地沉淀，而其他一些抗原很小，胰蛋白酶裂解位点很少。在这些情况下，可能很难用质谱法鉴定抗原，但通常可以通过检查免疫荧光模式和抗原分子量对单克隆抗体的抗原靶点形成特定的假设（见注释 23）。这一假设可以用一些常见的免疫技术对特定 VACV 蛋白的谷胱甘肽 -s- 转移酶（GST）融合蛋白或特定基因缺失的 VACV 突变株来验证。或者，靶抗原可通过在包含所有重组 VACV 蛋白 [10, 11, 15] 的芯片上检测单克隆抗体来进行鉴定，具体操作可参照 VACV E3 蛋白单抗的鉴定 [16]。

3.5.1 免疫沉淀质谱法鉴定抗原

（1）将 1mL 杂交瘤上清液与 30μL 蛋白 G 琼脂糖孵育 1h，使单克隆抗体与蛋白 G 琼脂糖结合。

（2）用洗涤缓冲液清洗 G 蛋白琼脂糖 2 次后，再用 PBS 清洗 5 次。

（3）用 100μL PBS 重悬蛋白 G 琼脂糖，并添加终浓度为 5mM 的（磺基琥珀）辛二酸，室温孵育 1h。

（4）加入 5μL 的 1M Tris–HCl 淬灭未结合的交联剂，用 1M 的甘氨酸洗涤三次后用 PBS 洗涤两次树脂以去除未结合的抗体。

（5）在 100mm 或 150mm 的有盖培养皿中，用 WR 以 MOI 10 感染 Hela 细胞 8h，制备细胞裂解液。

（6）用 1mL 裂解缓冲液收集细胞及细胞裂解液。

（7）将 1mL 细胞裂解液都加到单抗结合的蛋白 G 琼脂糖，在试管振荡器中室温孵育 1h。

（8）按本章 3.4 步骤 6 所述清洗蛋白 G 琼脂糖。

（9）用 50μL 1M 的甘氨酸洗涤蛋白 G 琼脂糖。

（10）得到蛋白进行 SDS-PAGE 电泳。

（11）对 SDS-PAGE 胶进行考马斯亮蓝染色。

（12）将考马斯亮蓝染色后的 SDS-PAGE 置相应设备上对每个蛋白条带进行质谱分析。

3.5.2　Western blot 分析 GST 融合表达痘苗病毒抗原，检测 mAb 对 VACV 抗原的反应活性（见注释 26）

（1）用 PCR 扩增 WR DNA 中的病毒基因，并将 PCR 片段亚克隆到 pGEX6P-1，构建候选 VACV 抗原 GST 融合表达质粒。

（2）将该质粒转化到 BL21（DE3）大肠杆菌感受态中。

（3）在 5mL 含 100μg/mL 氨苄青霉素 LB 培养基中接种单克隆菌落，37℃摇床过夜。

（4）过夜培养的 1mL 样品加到 100mL 含 100μg/mL 氨苄青霉素的新鲜 LB 培养基上，在 37℃摇床中孵育，直到 OD$_{600}$ 值达到 0.6。

（5）预留 1mL 未诱导的样品，在剩余样品中加入终浓度 0.5M 的 IPTG。

（6）在 25℃ 250r/min 摇床中孵育 4h。

（7）取 1mL 诱导的样品（其余部分可以保存以留作其他实验）。

（8）取 1mL 未诱导或诱导的样品，离心后弃去上清液，加入 100μL 的 SDS 上样缓冲液。

（9）最大功率对沉淀超声处理 2min。

（10）取 10μL 细菌裂解液，2 个一组进行 SDS-PAGE 电泳并分别进行染色及免疫印迹分析。

（11）以杂交瘤上清液作为免疫印迹的一抗。

4　注　释

（1）在动物实验中，我们使用通过蔗糖垫纯化的病毒。具体步骤根据本书其他章节的介绍或参照标准程序[17]。

（2）WR.K1L⁻C7L⁻ 是一个缺失宿主范围因子 K1L 和 C7L 的高度致弱 WR 突变株[12]。因为它不会导致小鼠出现任何疾病症状，但能刺激机体保护性免疫反应故用于初次免疫。初免也可以用其他致弱 VACV 毒株取代或接种低剂量（<10⁴ PFU）的 WT VACV WR。接种其他 VACV 毒株时，应注意控制感染剂量，否则会导致小鼠致死或患病。WT VACV WR 在 BALB/c 小鼠鼻内致死剂量约为 1×10^4PFU，因此 WT VACV WR 接种剂量不可超过 10^4PFU。

（3）阿佛丁（三溴乙醇）在热或光的作用下降解生成有毒的副产品，所以阿佛丁原液应用铝箔包装并在 4℃保存，使用前 1d 配制成工作浓度的溶液。

（4）我们使用的是 Sigma 公司的即用型 PEG 溶液（P7181）。在无钙 DPBS 溶液中含有 50%（W/V）PEG（分子量 1450），溶液已过滤除菌。

（5）每小瓶 HAT（Sigma 公司，H0262）加 10mL 无菌细胞培养基，每瓶可配制 500mL 的培养液。每小瓶 OPI（Sigma 公司，O5003）加 10mL 灭菌水，每一瓶可用来配制培养液 1 L。

（6）每小瓶 HT（Sigma 公司，H0137）加 10mL 无菌细胞培养基。每瓶可配制 500mL 的培养液。

（7）100μL 的细胞与 400 μL PBS、500 μL 台盼蓝（0.4% *W/V*）混合后在室温下孵育 2min。用血细胞计数器来计数活细胞（透明）和死细胞（蓝色）。

（8）因小鼠感染的是活病毒，因此不需要使用佐剂，其引起的抗体反应类似于天花疫苗[9]。我们发现，按照这个免疫程序制备的杂交瘤细胞大部分是 VACV 特异性的。相比之下，应用蛋白抗原免疫产生的特异性杂交瘤细胞的比例相对较低。与先前报道的结果类似，大部分不与 VACV 反应的杂交瘤能与细胞骨架反应[18]。

（9）BALB/c 小鼠感染 WR.K1L⁻C7L⁻ 后一般不会失去任何体重。但是，如果使用的是其他的 VACV 毒株时应监测体重，并在符合 IACUC 标准时对小鼠进行人道的处死。在我们的研究中，小鼠体重损失达到 30% 时，应进行安乐死。

（10）先前已感染 WR.K1L⁻C7L⁻ 的小鼠接种 5×10^6 PFU 的 WT WR 后，可减少 15% 的体重。这样高剂量 VACV WR 接种后的小鼠能存活，可确认初始免疫是成功的，而且还可作为一次加强免疫。因此，细胞融合前无须对 VACV 的血清抗体效价进行检测。

（11）根据单克隆抗体制备的标准免疫程序，最后一步是加强免疫。其目的是要激活静止 B 淋巴细胞，使其转化为最适合与 SP2/0 细胞融合的浆母细胞。因此，在收获脾进行细胞融合前 3d 进行加强免疫。这一步是否是 VACV 活毒感染制备单克隆抗体所必需的，我们没有验证。

（12）在补骨脂素为 5μg/mL 的条件下，长波紫外灯照射 VACV 6min 可阻断至少 95% 以上的 VACV 早期基因的翻译[19]。但这种处理不会破坏病毒进入细胞的能力。

（13）一个小鼠脾的 B 细胞数量通常为 $(1\sim2) \times 10^8$ 个。

（14）SP2/0 细胞与脾细胞混合的比例为 1:（5~10）。

（15）细胞接种于 12 块 96 孔板能使大多数孔仅有一个克隆，且通常是针对单一 VACV 抗原。这减少了通过有限稀释法对杂交瘤细胞的亚克隆。

（16）HAT 培养液用于杂交瘤细胞筛选，在杂交瘤长成后，去除氨基蝶呤（氨基蝶呤抑制二氢叶酸还原酶促使细胞利用 HGPRT 和 HT）。细胞先在含 HT 的培养液中适应培养，然后转移至常规 DMEM 培养基中生长。

（17）我们发现，应用免疫荧光分析鉴定 VACV 杂交瘤细胞，比其他常用的筛选方法如 ELISA 具有更好的特异性和敏感性。用感染细胞的裂解液进行 ELISA 会产生较高的假阳性率，而用纯化病毒进行 ELISA 仅能检测主要病毒蛋白的抗体。相比之下，应用免疫荧光分析感染和未感染细胞能明确鉴定特异性的 VACV 杂交瘤细胞。此外，免疫荧光的图像有助于鉴定杂交瘤细胞的靶抗原。

（18）Hela 细胞和 BHK 细胞体积较大，胞浆较大，扁平，是免疫荧光分析细胞质中 VACV 蛋白和结构的理想细胞。

（19）我们通常使用的 100×1.4 N.A. 油浸—超级复消色差物镜，它能更清楚地显示细胞内抗原的免疫荧光图像，这对于杂交瘤分类和识别其抗原靶点至关重要。例如，MV 的结构蛋白通常定位于病毒 DNA 工厂，而 EV 膜蛋白主要定位于病毒 DNA 工厂以外的区域。针对病毒表面蛋白的抗体通常会被染成病毒粒子的大小。

（20）为了避免放射性污染 CO_2 培养箱，我们将培养皿放在 CO_2 培养箱内的 Nalge Nunc β 存储盒内。

（21）所有的固体和液体 ^{35}S 放射性废物必须置于贴有相应标签的废物容器中，进行适当处置。处置步骤包括将受感染的细胞用能灭活病毒的清洁剂处理，所以放射性废物是没有感染性的。

（22）蛋白质相对于分子量标准的表观分子量可以通过 Bio-Rad Quantity One 等程序进行测量。

（23）虽然这里描述的免疫程序不同于接种天花疫苗的做法，但所产生的单克隆抗体谱通常在天花疫苗多克隆抗体反应谱范围内 [10, 11]。因此，该单克隆抗体的靶抗原，首先应该考虑是 25 种 VACV 蛋白中的一个，在接种天花疫苗后，这些蛋白质被认为是抗体的靶点 [11]。

（24）抗体在免疫沉淀前先与蛋白 G– 琼脂糖结合，以防止抗体随沉淀蛋白一起洗脱，干扰质谱分析使质谱法鉴定蛋白质复杂化。这里介绍的将抗体的 Fc 结构域通过共价交联剂结合蛋白 G– 琼脂糖连接在一起的过程，使抗原抗体保持最佳结合方向。那么如果沉淀抗原可以很容易地在 SDS-PAGE 凝胶中与免疫球蛋白区分，或者抗体与琼脂糖的交联明显降低抗体沉淀抗原的能力，这种交联步骤则可以省略。

（25）对杂交瘤的初步鉴定，包括免疫沉淀后的质谱分析，都需要收集足够的在 D20 / HTO 中培养的杂交瘤上清液。我们通常选择一批低浓度牛免疫球蛋白的胎牛血清进行杂交瘤培养，这样免疫沉淀不受 20% 胎牛血清的影响。杂交瘤细胞生长培养基可以先用含 HT 的 DMEM-20，然后再逐步转换到 DMEM-20。杂交瘤也可以在无血清培养基（Invitrogen 公司）中培养，这样产生的小鼠抗体不含牛免疫球蛋白。

（26）这种方法的优点是 GST 融合蛋白可在大肠杆菌中过量表达，不需要纯化即可用于 Western 印迹分析。事实上，细菌细胞裂解物中的其他蛋白在 Western blot 中可以作为一个很好的阴性对照来检测抗体的特异性。特异性抗体往往只识别细菌细胞裂解液中的 GST 融合蛋白，甚至是一些后来发现识别构象表位的抗体，因为在 Western blot 过程中少量的过表达的 GST 融合蛋白发生了复性。当然，也有抗体不识别在原核细胞中表达的 GST 融合抗原。

致谢

Yan Xiang 获得了 NIH AI079217 项目和 272200900048C-0-0-1 协议的资助。

参考文献

[1] Upton C, Slack S, Hunter AL, Ehlers A, Roper RL. 2003. Poxvirus orthologous clusters : toward defining the minimum essential poxvirus genome. J Virol 77 : 7590–7600.

[2] Moss B. 2007. Poxviridae : the viruses and their replication. In : Knipe DM, Howley PM（eds）Fields virology. Lippincott Williams & Wilkins, Philadelphia, pp 2905–2946.

[3] Ichihashi Y, Oie M. 1988. Epitope mosaic on the surface proteins of orthopoxviruses. Virology 163 : 133–144.

[4] Wilton S, Gordon J, Dales S. 1986. Identification of antigenic determinants by polyclonal and hybridoma antibodies induced during the course of infection by vaccinia virus. Virology 148 : 84–96.

[5] Hooper JW, Custer DM, Schmaljohn CS, Schmaljohn AL. 2000. DNA vaccination with vaccinia virus L1R and A33R genes protects mice against a lethal poxvirus challenge. Virology 266 : 329–339.

[6] Lustig S, Fogg C, Whitbeck JC, Eisenberg RJ, Cohen GH, Moss B. 2005. Combinations of polyclonal or monoclonal antibodies to pro- teins of the outer membranes of the two infec- tious forms of vaccinia virus protect mice against a lethal respiratory challenge. J Virol 79 : 13454–13462.

[7] Aldaz-Carroll L, Whitbeck JC, Ponce de Leon M, Lou H, Hirao L, Isaacs SN, Moss B, Eisenberg RJ, Cohen GH. 2005. Epitope-mapping studies define two major neutralization sites on the vac- cinia virus extracellular enveloped virus glycopro- tein B5R. J Virol 79 : 6260–6271.

[8] Aldaz-Carroll L, Whitbeck JC, Ponce de Leon M, Lou H, Pannell LK, Lebowitz J, Fogg C, White CL, Moss B, Cohen GH, Eisenberg RJ. 2005. Physical and immunological characterization of a recombinant secreted form of the membrane protein encoded by the vaccinia virus L1R gene. Virology 341 : 59–71.

[9] Meng X, Zhong Y, Embry A, Yan B, Lu S, Zhong G, Xiang Y. 2011. Generation and characterization of a large panel of murine monoclonal antibodies against vaccinia virus. Virology 409 : 271–279.

[10] Davies DH, Liang X, Hernandez JE, Randall A, Hirst S, Mu Y, Romero KM, Nguyen

TT, Kalantari-Dehaghi M, Crotty S, Baldi P, Villarreal LP, Felgner PL. 2005. Profiling the humoral immune response to infection by using proteome microarrays : high-throughput vaccine and diagnostic antigen discovery. Proc Natl Acad Sci USA 102 : 547–552.

[11] Davies DH, Molina DM, Wrammert J, Miller J, Hirst S, Mu Y, Pablo J, Unal B, Nakajima-Sasaki R, Liang X, Crotty S, Karem KL, Damon IK, Ahmed R, Villarreal L, Felgner PL. 2007. Proteome-wide analysis of the serological response to vaccinia and small-pox. Proteomics 7 : 1678–1686.

[12] Meng X, Chao J, Xiang Y. 2008. Identification from diverse mammalian poxviruses of hostrange regulatory genes functioning equivalently to vaccinia virus C7L. Virology 372 : 372–383.

[13] Tsung K, Yim JH, Marti W, Buller RM, Norton JA. 1996. Gene expression and cytopathic effect of vaccinia virus inactivated by psoralen and long-wave UV light. J Virol 70 : 165–171.

[14] Yokoyama WM, Christensen M, Santos GD, Miller D. 2006. Production of monoclonal antibodies. Curr Protoc Immunol Chapter 2 : Unit 2.5.

[15] Davies DH, Wyatt LS, Newman FK, Earl PL, Chun S, Hernandez JE, Molina DM, Hirst S, Moss B, Frey SE, Felgner PL. 2008. Antibody profiling by proteome microarray reveals the immunogenicity of the attenuated smallpox vaccine modified vaccinia virus ankara is com- parable to that of Dryvax. J Virol 82 : 652–663.

[16] Weaver JR, Shamim M, Alexander E, Davies DH, Felgner PL, Isaacs SN. 2007. The identification and characterization of a monoclonal antibody to the vaccinia virus E3 protein. Virus Res 130 : 269–274.

[17] Earl PL, Moss B, Wyatt LS, Carroll MW. 2001. Generation of recombinant vaccinia viruses. Curr Protoc Mol Biol Chapter 16 : Unit 16.17.

[18] Dales S, Fujinami RS, Oldstone MB. 1983. Infection with vaccinia favors the selection of hybridomas synthesizing autoantibodies against intermediate filaments, one of them cross-reacting with the virus hemagglutinin. J Immunol 131 : 1546–1553.

[19] Ramsey-Ewing A, Moss B. 1998. Apoptosis induced by a postbinding step of vaccinia virus entry into Chinese hamster ovary cells. Virology 242 : 138–149.

（吴国华、张　强　译）

第 14 章　痘病毒基因组生物信息学分析

Melissa Da Silva，Chris Upton

概　要

近年来，在分子生物学领域发生了很多前所未有的技术进步，包括 DNA 测序、蛋白质谱分析法、mRNA 转录微阵列分析技术。然而，也许正是基因组学领域对普通病毒学研究者的影响最大，现在已经产生了 100 多种痘病毒的完整基因组序列，几乎所有的分子病毒学家都以许多不同的方式不断使用 DNA 序列数据。随着这些数据资源的增长，可用数据库和软件工具的重要性也随之增加，以使全体病毒学家能够处理和利用这些（有价值/昂贵的）DNA 序列信息。现代病毒学发展进步的关键包括：第一，要从大型数据库中选择和重新格式化基因组数据，为研究人员提供直观的软件；第二，比较或分析基因组数据；第三，可查看和解释大而复杂的结果集。本章面向全体病毒学家，描述了一些共性生物信息学技术所需的软件，这些技术在比较和分析痘病毒基因上很有用。在许多例子中，我们还特别介绍了我们为管理和分析完整的病毒基因组而开发的病毒同源基因簇数据库系统和集成工具。

关键词：痘病毒；痘苗病毒；天花；生物信息学；基因组学；Dotplot；多重序列比对；VOCs；VGO；BLAST；JDotter；MSA

1　引　言

自从 1990 年 [1] 第一个完整的痘病毒基因组公布以来，研究人员已经对 110 多个基因组完成了测序（见注释 1）。现在收集的数据中，既有很多不同的基因组，也有非常密切相关的基因组（例如，一系列的天花病毒基因组），这就需要进行不同类型的分析。近 10 年来，随着生物信息学研究领域的不断发展，许多新的生物信息学工具被设计和应用。这为实验研究人员提供了多种多样的分析方法。然而，对于普通病毒学家来说，即使是组织、操作和分析包括痘病毒基因组在内的大于 200kb 基因数据的过程也比较困难。这往往是非常耗费时间和冗长乏味的，一开始好像是一个简单的分析（例如，收集 20 种不同的痘病毒 DNA 聚合酶蛋白并进行多重序列比对），可是事实上却需要花费一整天的时间。为了解决这一重大问题，在过去的十多年中，我们研究小组开发了用于管理各种病毒家族（包括痘病毒）基因组数据的病毒原生态群（VOCs）数据库。它不仅提供了图形用户界面（GUIs），允许用户轻松访问、处理、显示和检索数据，还集成了各种易于使用的生物信息学软件工具。这给病毒学家提供了一系列工具，帮助其实现最常见的分子病毒学分析。

本章中，作者选择了执行常见的分子生物学任务并相对简单易用的软件工具。一旦研究人员能够以适合大多数生物信息学程序的数据格式有效地获取和检索基因组序列，那么他们就有更多的机会以合理、轻松和及时的方式进行生物信息学分析。因此，我们花费大量时间来演示 VOCs 数据库系统的功能和实用性。我们的主要目的是为使用者提供易于理解的演示：①数据检索和管理；②几种分析痘病毒基因组常见的生物信息学方法。后者包括：（i）比较整个痘病毒基因组；（ii）比较直系同源家族中的痘病毒基因和蛋白质；（iii）根据功能预测数据库检索痘病毒蛋白质的相似性；（iv）检索痘病毒蛋白质的基序和功能域。尽管不可能对所提及的所有软件进行详细说明，但提供了帮助文件和手册，并提供了有关如何访问 virology.ca 网站获取软件的详细说明（见注释 2）。

最后，应该注意的是，这项工作的大部分属于比较基因组学的范畴，我们的工具是专门设计用来管理和分析多个基因组的比较。此外，尽管我们在这里只讨论痘病毒的分析，但是数据库和工具也可以用于其他病毒，包括基因组中有内含子的病毒，如疱疹病毒和杆状病毒，并且可以应用于更大的 DNA 序列（如细菌基因组）。

2　材　料

（1）进行典型的生物信息学工作，需要一台新型台式电脑和相应的操作系统，可支持 Java SE 6 的安装（见注释 3）。

（2）在开发我们自己的工具时，我们首选 JAVA 客户端—服务器格式（见注释 3），这种格式下，软件的副本被自动加载到用户的计算机上。该程序在客户端有更大的灵活性和功能，并且 JAVA 也能支持多种浏览器和不同的操作系统。

（3）主要的软件有以下几种。

（a）VOCs：一个结构化查询语言（SQL）数据库（见注释 4），其中包含从所有完整注释的痘病毒基因组中获得的信息。建立有一个强大的、易于使用的查询数据库界面。它可以通过访问 virology.ca 网站进入或直接链接 http：//athena.bioc.uvic.ca/tools/vocs/poxviridae。

（b）病毒基因组管理器（VGO）：软件可直观显示和比较完整的痘病毒基因组。这个程序允许一个基因组蛋白质/DNA 序列的自定义检索，可以从大量分析的基因组数据中显示预处理的结果文件。可以对基因组水平的 DNA 序列进行多种检索。它可以通过访问 virology.ca 网站进入或直接链接 http：//athena.bioc.uvic.ca/tools/VGO/Poxviridae。

（c）DOTTER：在 UNIX 和 windows 操作系统上运行[2]。我们已经开发了一个

JAVA 客户端—服务器版本的 DOTTER，称为 JDOTTER[3]，它可以在 FASTA 文件中使用 DNA 序列，或者从 VOCs 数据库中导入基因组 / 序列（ http：//virology.ca/tools/JDotter/ Poxviridae ）。JDOTTER 也可以产生蛋白序列 dotplots 和多重 DNA 或蛋白质序列。

（d）Base-By-Base（BBB）：用于生成、显示和编辑多重序列比对的软件。这个程序可以利用 FASTA 文件的 DNA 或蛋白序列或者从 VOCs 数据库中导入的基因组序列。它应用标准比对算法，例如 ClustalW[4]、T-Coffee[5] 和 MUSCLE[6]。它能够从基因库文件显示注释，允许用户添加自己的注释，包括引物结合位点。它可以通过访问 Virology.ca 网站进入，或直接链接 http：//virology.ca/tools/BaseByBase/ Poxviridae。

（e）基因组注释转移实用程序（GATU）：软件使用一个参考基因组注释基因组，输入基因数据库。提供与研究者的交互注释。它可以通过访问 Virology.ca 网站进入，或直接链接 http：//virology.ca/tools/GATU/Poxviridae。

（f）ARTEMIS：一个 JAVA 程序（见注释 5），用于帮助 DNA 序列注释[7]。它可以在多个平台上运行，网址为 http：//www.sanger.ac.uk/ Software/Artemis/。

（g）HHPRED：一个基于 Web 的检索工具接口，它使用隐马尔可夫模型（HMM）配置文件匹配来识别与查询蛋白的远亲蛋白质，网址为 http：//toolkit.tuebingen.mpg.de/ hhpred。

（h）序列检索器：一个检索使用者指定的多重 DNA 和蛋白质序列的 JAVA（见注释 5）程序[8]。

（i）NAP：全球氨基酸到核苷酸对比程序[9]。该程序在 UNIX 机器上运行，但我们最近研发了一个该程序的 JAVA 客户端—服务器版本，并把它合并到 VOCs 和 VGO 中，与此同时也研发了一个独立的客户端，可通过 http：//virology.ca/tools/NAP/ 进入使用。

3 方 法

3.1 链接病毒学网站

通过互联网浏览器链接 http：//www.viroly.ca，访问 viroly.ca 网站。花一点时间浏览这个站点很有价值，这里讨论的大多数软件可通过如下方式找到。

（1）在"微生物"菜单下选择"双链 DNA/ 痘病毒"。

（2）从 VBRC Tools 菜单选择"工具"。

（3）点击"单击启动"按钮。

（4）有些程序要求在本地计算机上安装 JAVA-Web 启动。这是 Macintosh OS X 操作系统的组成部分；在其他操作系统中，如果需要安装 JAVA-Web 启动（注释 5），系统将提示警告。

3.2　组织痘病毒基因组数据

以现在的测序技术，一个 200~300kb 的基因组是很小的，应用专业的生物信息学软件，分析单个痘病毒基因组内的信息是非常有效率的，更不用担心 100 多 kb 大小的基因。在过去 10 年中，我们开发的用于描述痘病毒基因组特征的各种程序中，下面描述的两个程序有着特定的具体目标：①提供专用的 SQL 数据库，以整理和存储痘病毒基因组序列数据以及各种类型的序列注释；②为病毒学家提供直观的公用界面，来进入数据库和其他的分析软件，尽可能的免除链接到多个网站或程序，不必对使用方法进行学习。本章中其他几个部分都对其有所涉及，首先对这两个工具进行介绍。

3.3　病毒直系同源集群

VOCs[10] 是一个 JAVA 客户端—服务器应用程序，它访问一个大型的、最新的 MySQL 数据库，包含所有完整和完整注释的痘病毒基因组。该数据库由相应作者的实验室管理，可通过访问 virology.ca 网站或直接链接 http : //virology.ca/tools/vocs/poxviridae 向所有研究人员开放。VOCs 数据库存储完整的基因组序列，这些序列是从 GenBank 文件中分析出来的，还有来自单个基因的 DNA 和蛋白质序列、启动子区域序列、注释、分子量、预测的等电点、计算出的核苷酸（NT）和氨基酸（AA）频率和密码子用法。因此，研究人员可以在多个层次上与利用这些数据，例如：①在完整的基因组 DNAs 中可以检索基因组中的子序列；②可以从数据库中检索或排列基因和蛋白质序列；③可以比对确定哪些基因是所有痘病毒的共同基因。

一些痘病毒基因库序列文件中的注释和 DNA 序列有错误；一旦发现这些文件中的任何更正，我们就会更新我们的数据库，同样地，我们用文献中的新信息注释基因组。因此，VOCs 是痘病毒基因组最新信息的来源。事实上，由于疫苗病毒（天坛株）基因组序列中有着大量的错误，我们已将其排除在 VOCs 数据库之外[10]。

VOCs 的主要特征之一是，根据 BLASTP（蛋白质数据库中的蛋白质查询检索）相似性得分，将每个痘病毒基因 / 蛋白质归类于一个直系同源基因家族。目前（见注释 1），VOCs 数据库包含了 114 个完整的痘病毒基因组和 22 000 多个预测基因或基因片段。这些预测的基因被分为 489 个直系同源家族（需要来自 2 种或 2 种以上不同病毒的代表），并根据它们的功能（如果已知）命名。集成到 VOCs 中的应用包括特异性迭加 BLAST（PSI-BLISA）、BLASTP、BLASTX（针对一个蛋白数据库的 DNA 翻译和检索）、TBLASTN（对 DNA 数据库进行蛋白质查询检索，并将其翻译成 6 个动态阅读框）[11]；VGO[12]；BBB[13]；JDOTTER[3] 和 NAP（用于比较某一 DNA 序列的蛋白质）[9]。重要的是，BLAST 检索仅限于使用 VOCs 数据库的序列（通过限制痘病毒序列大大简化了结果）或者 NCBI 上完整的蛋白数据库。

　　用户每次打开 VOCs 程序时，JAVA-Web 会自动启动检查用户计算机上的客户端版本，并下载和更新所需要的版本。VOCs 专门为分子病毒学家设计，它的界面使研究人员能够轻松快速地进行各种复杂的 SQL 数据库查询。VOCs 程序有 3 个浏览窗口：序列过滤器窗口、直系同源过滤器窗口和基因组过滤器窗口。序列过滤窗口允许用户根据基因名称、大小、pI、NCBI 蛋白 ID、核苷酸和氨基酸序列等参数来检索数据库中的基因。直系同源过滤窗口允许用户根据家族名称、ID、每个家族的基因数和特定注释检索数据库。虽然这 3 个 VOCs 界面窗口的底部都允许用户选择或排除特定的基因组进行后续查询，但基因组过滤窗口允许用户对使用的基因组集进行限定，并在窗口的下部显示；例如，基因组过滤窗口可限定只查看 8 个羊痘病毒基因组，而不用显示出所有 114 个基因组。表 14-1 显示的是一些简便进行的 VOCs 查询示例。一旦选择了一个数据库进行查询，就可以对查询的基因组数据或直系同源组数据进行计数，在数据库中以特定的格式显示；或者，通过单击适当的查看按钮，在新窗口中查看基因和种属的列表。计数功能用于核对查询结果，防止下载大量的基因浪费时间。另一个附加的保护措施是，VOCs 要求用户确认他们想要显示 1 000 多个项目。单击列标题来对基因和直系同源结果表进行排序，例如，按 A+T% 排序，它可以揭示基因当中相当大的变异。在这些表格里，基因和直系同源群组可以运用前面提及的工具显示和进一步分析。可以十分简单的选择一个直系同源群组然后查看里面所有的基因。可以选择预测的蛋白质序列、DNA 或启动子区域序列输入工具生成多重比对，也可以使用任何一个 BLAST 程序检索 VOCs 数据库。

表 14-1　VOCs 查询示例

窗口	查询内容
SF	查找与 A10 相匹配的基因名
SF	用序列中含有给定序列（ACGATCGATT）核苷酸的 DNA 查找基因
SF	查找 4.5 < pI < 6.5 的蛋白
SF	查找分子量在 25 000 kDa< MW < 30 000 kDa 范围的蛋白
SF	查找丝氨酸含量多于 13% 的蛋白
SF	查找 leu + ile + val + ala > 40% 的蛋白
SF	画出 ECTV 基因组中基因的图谱
SF	参照参考基因组做出多个病毒基因比较表（表 14-2）
OGF	查找含有鼠痘病毒 108 基因的基因家族
OGF	查找含有单一（独特）基因的基因家族
OGF	查找所有正痘病毒都含有的基因家族
OGF	查找仅存在于黏液瘤病毒但在 SFV 中没有的基因家族

　　SF 为序列过滤器窗口，OGF 为直系同源过滤器窗口。

用户使用最多的 VOCs 数据库的功能是创建一个基因集合（直系同源）对照表，用来进行病毒和参照基因多重比对（见表 14-2）。在这里，将多个痘病毒基因组与参考基因组进行比较，以显示多个病毒中存在 / 不存在的基因。这个表格对决定不同病毒直系同源的名称也有作用。

对于希望建立自己数据库的用户，还有一个管理客户的程序（VOCs-Admin），提供各种各样的附加功能，用于来管理数据库。这些功能包括：从一个给出的 GenBank 格式文件中添加一个基因组和它所有的基因；删除或修改基因组和 / 或基因；向直系同源群组分配基因；编辑、删除或者修改用户的注释。

表 14-2 VOCs 工具生成的部分表格：基因组比对

CPXV-BR 基因编号	同源组	CPXV-BR 基因编号	CMLV-CMS 基因编号	ECTV-Mos 基因数量
CPXV-BR-119	CPV-B-116	CPXV-BR-119		
CPXV-BR-120	Unknown（Cop-H7R）	CPXV-BR-120	CMLV-CMS-121	ECTV-Mos-091
CPXV-BR-121	Large capping enzyme	CPXV-BR-121	CMLV-CMS-122	ECTV-Mos-092
CPXV-BR-122	VV_Cop-D ORF B	CPXV-BR-122	CMLV-CMS-124	ECTV-Mos-93
CPXV-BR-123	Virion core（Cop-D3R）	CPXV-BR-123	CMLV-CMS-125	
CPXV-BR-124	Uracil-DNA glycosylase	CPXV-BR-124	CMLV-CMS-126	ECTV-Mos-94
CPXV-BR-125	Uracil-DNA glycosylase	CPXV-BR-125	CMLV-CMS-127	ECTV-Mos-95
CPXV-BR-126	NTPase, DNA replication	CPXV-BR-126	CMLV-CMS-129	ECTV-Mos-96
CPXV-BR-127	VETF-s（early transcription factor small）	CPXV-BR-127	CMLV-CMS-132	ECTV-Mos-97
CPXV-BR-128	RNA pol 18（RPO18）	CPXV-BR-128	CMLV-CMS-133	ECTV-Mos-98
CPXV-BR-129	Carbonic anhydrase/virion	CPXV-BR-129	CMLV-CMS-134	ECTV-Mos-99
CPXV-BR-130	mutT motif/NTP-PPH	CPXV-BR-130	CMLV-CMS-135	ECTV-Mos-100
CPXV-BR-131	mutT motif/NPH-PPH/ RNA levels regulator	CPXV-BR-131	CMLV-CMS-136	ECTV-Mos-101
CPXV-BR-132	NPH-I/Helicase, virion	CPXV-BR-132	CMLV-CMS-137	ECTV-Mos-102
CPXV-BR-133	Small capping enzyme	CPXV-BR-133	CMLV-CMS-141	ECTV-Mos-103

选择 CPXV-Brighton 基因组作为参考，与 Camelpox-CMS 和 ECTV-Moscow 进行比对；表中所示的均为同源基因。

3.3.1 VOCs 使用示例 #1：痘病毒尿嘧啶 DNA 糖基化酶比对

（1）选择基因家族，根据 3.1 描述打开 VOCs。

（2）单击窗口顶部的"直系同源群组过滤器"。

（3）假设有以下几种情况。

（a）如果已知群组的名称，请在"选择直系同源群组"菜单中，选中"直系同源群组"左边的复选框，使用选项"包含"，然后输入关键字"尿嘧啶"。

（b）如果您不确定群组的名称，请使用此窗口的"选择直系同源群组"菜单（选中"仅选择同源群组"复选框），再在字母顺序排列的组名中滚动查找"尿嘧啶 DNA 糖基化酶"。

（c）如果你已知 VOCs 中病毒的基因序号，可以直接选择或从该病毒的基因列表中查找（见注释 6）。

（4）要排列组中的所有蛋白质（目前是 114 个），请单击"OrtgrpView"（直系同源群组视图）按钮，在表中的群组中选择基因家族，再单击窗口底部的"排列"按钮，选择对齐程序。

（5）或者，如果要排列直系同源群组的一个子集，请单击"查看基因"按钮，然后通过使用"shift"或"command"键单击表中的行来选择要对齐的蛋白质或几个基因。从"校准"菜单中，选择"蛋白质序列校准"和校准软件的类型（使用"MUSCLE"可选择更多远源相关蛋白）。

（6）返回 BBB 多序列排序编辑器窗口（见注释 6）。

3.3.2 VOCs 使用示例 #2：寻找存在于黏液瘤病毒中，但不在兔纤维瘤病毒中的蛋白质直系同源群组

（1）按 3.1 所述打开 VOCs，如果这个工具已经打开，进入"选择"菜单并点击"全部清除"，删除以前所有的检索记录。

（2）单击窗口顶部的"直系同源群组过滤器"。

（3）向下滚动到"同源直系群组查询"部分，然后选中"选择具有直系同源群组……"复选框。

（4）单击选择"包含"按钮；从菜单中选择"MyXV-LAU"；然后单击此项下面的"添加条件"。

（5）选择右侧的"AND"键，然后单击"添加操作员"。

（6）选择"不包含"单选按钮；从菜单中选择"RFV-KAS"，然后单击"添加条件"按钮。您查询的内容将在窗口内显示。

（7）单击"直系同源群组控制"或"直系同源群组视图"。检索仅需要几秒钟。

（8）结果显示，只有 4 个基因存在于黏液瘤病毒，但不在兔纤维瘤病毒中。

3.3.3　VOCs 使用示例 #3：找出存在于所有痘病毒基因组中的直系同源群组（即具有这个直系同源群组的病毒数量最多）

（1）按 3.1 所述打开 VOCs，如果这个工具已经打开，进入"选择"菜单并点击"全部清除"，删除以前所有的检索记录。

（2）单击窗口顶部的"直系同源群组过滤器"。

（3）向下滚动到"同源直系群组大小"部分，然后选中"病毒"复选框，然后在左侧框中输入数据库中的基因组数（该数字显示在右侧框中）。

（4）单击"直系同源群组控制"或"直系同源群组视图"。检索仅需要几秒钟。

3.4　病毒基因组管理平台

VGO[12] 最初基于"Genotator"平台[14]，是为了分析真核基因组序列而设计的一个注释平台，现在被重新设计，并应用于 JAVA 界面。VGO 提供了一个简单易用的图形界面来完成痘病毒基因组序列分析。由于 VGO 可以链接到 VOCs 数据库，因此它可以管理大量的信息，包括完整的基因组序列、所有基因和蛋白质序列，并且可以显示：① GenBank 文件中基因组指定的编码区；②预测用户所需的任意大小开放阅读框（ORFs）；③所有的起始密码子和终止密码子；④检索的限制位点或其他规则表达式中定义的子序列结果（例如 TTTTTNT）；⑤核苷酸组成图；⑥用户自定义输入文件的结果（图 14-1，见注释

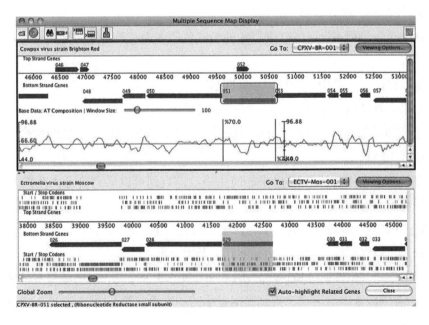

图 14-1　病毒基因组管理平台（VGO）

如 3.4.1 分析描述，带阴影的基因为直系同源基因。在计算机屏幕上（以及本章的电子版本中）起始密码子和终止密码子分别为绿色和红色。在这个例子里，还展示了牛痘基因组 A+T% 曲线图。

7）。VGO 还允许用户通过点击其基因组图中的图标，快速显示基因和蛋白质序列；这些序列可以在 Windows 中使用，允许用户将序列复制 / 粘贴到其他分析工具中。VGO 的一个特别有用的特性是，它允许用户通过与基因组图谱图标的简单链接，选择和检索基因组的任何区域（DNA 序列）。

VGO 的设计考虑了比较基因组学，可以在一个窗口中显示多个基因组（仅限于屏幕"锁定"）。作为一个"独立工具"，VGO 可以读取 GenBank 文件；如果基因组文件是从 VOCs 数据库导入的，还可以使用其他强大的功能。例如，"自动突出显示相关基因"功能可以突出显示选择的基因在其他病毒基因组中的所有直系同源基因。在比较多个基因组时，多个病毒中的同源基因会以相同的序号出现，可以通过它们的 VOCs "家族编号"（直系同源群组）十分方便地标记这些基因。例如可解决如下问题，DNA 连接酶基因在一系列正痘病毒中被称为 A50R、J4R、K4R、168R、148、171 和 188，但它们都属于同一 VOCs 正痘基因组 #292，即 DNA 连接酶。

3.4.1 VGO 使用示例 #1：确定小鼠痘病毒（ECTV-Moscow 株）中的一个大的（1kb）非编码区是否对应于牛痘病毒（CPXV-brighton 株）的一个基因编码区（见注释 8）

（1）按 3.1 所述打开 VGO。

（2）从"文件"菜单中，选择"打开"；选择"ECTV-Moscow 株"和"CPXV-Brighton 株"（见注释 9），然后单击"确定"。

（3）从"微生物列表"（VGO 窗口中的粉红色条）中，点击这两种病毒进行分析（见注释 9）。

（4）从"视图"菜单中，选择"序列图谱"。

（5）如果在默认情况下看不到启动 / 终止密码子，请使用"查看"选项显示这两种病毒的密码子，同时选择显示"GenBank 名称"。垂直拉伸窗口以查看这两种病毒的所有信息框（见注释 10）。

（6）在"ECTV-Moscow"窗口中，使用缩放，直到可以看到合适大小的基因和基因名称（见注释 10 和注释 11）。

（7）在"ECTV-Moscow"窗口中，使用"前往"菜单进入到 Gene 028。

（8）选择窗口底部的"自动突出显示相关基因"框。

（9）点击选择"ECTV-Moscow"基因 029（颜色变为橙色，该区域被着色突出显示）。

（10）沿着牛痘基因组滚动，直到突出显示的"直系同源基因"（橙色）出现（在本例中，为基因 051）。

（11）使用滚动条手动对齐 CPXV 和 ECTV 窗口中的 2 个基因。

（12）点击"ECTV-Moscow"基因 030，VGO 显示它相当于 CPXV 054。这表明 029

和 030 之间的 ECTV 1kb 区域可能与牛痘病毒 052 基因同源（图 14-1）。 为验证这个假设，继续执行后面的操作。

（13）从 "virology.ca 工具" 菜单中打开 "NAP"（核苷酸 – 氨基酸对齐[9]）。这个程序将蛋白质序列与翻译后的 DNA 序列进行缺口比对，因此很容易测试一个 DNA 区域是否有小的缺失 / 插入来打断 ORF。

（14）双击 CPXV 053 基因以显示蛋白质序列，用 "拷贝 / 粘贴" 命令将其复制到 NAP 窗口的 "蛋白质序列" 部分。

（15）从 VGO 的 "视图" 菜单中选择 "基因序列"，就会出现一个新窗口。

（16）用光标拖动一个选框（这将在 "基因组序列" 窗口中填充正确的坐标）覆盖在 ECTV Moscow 基因组 029 和 030 之间的区域。

（17）单击 "子序列抓取器" 窗口中的 "显示" 按钮，将 DNA 序列复制到 "NAP" 窗口的 "DNA 序列" 部分。

（18）点击 "提交" 按钮。

（19）滚动排列 NAP 中的 DNA 和蛋白序列。对齐的位置（密码子和氨基酸）之间由冒号相隔（部分保存使用周期），缺口用破折号表示。

（20）NAP 结果清晰地表明基因组的两个区域是同源的，但是一小部分核苷酸缺失导致了 ECTV Moscow 一系列移码突变，破坏了它的功能。这也可以通过观察 VGO 中 6 框基因组翻译起始 / 终止密码子看出来。也表明了在牛痘 ORF 052 的位置没有畸形基因组注释，畸形基因 026 在牛痘直接同源基因中缺失。

3.4.2　VGO 使用示例 #2：检索 ECTV-Moscow 基因组所有的 TTTTTNT 序列（见注释 12）

（1）根据 3.4.1 的叙述，打开 VGO 和 ECTV-Moscow 基因组。

（2）从 "分析" 菜单中，选择 "检索所选序列 / 区域"。进行 "表达式检索"（核苷酸模式表示为正则表达式；http : //en.wikipedia.org/wiki/regular uexpression）。

（3）在框中输入 "TTTTTNT" 或 "TTTTT.T"，点击 "确定"。

（4）结果显示在基因表达的上方（正向链）和下方（反向链）。

3.5　痘病毒基因组序列比较

点图是成对比较大片段 DNA 序列必不可少的工具之一。将一个序列的每个核苷酸或核苷酸的小窗口与另一个序列的每个核苷酸进行比较，结果以易于理解的图形直观显示。为了分析痘病毒基因组，软件必须能够处理超过 300kb 的 DNA 序列。我们发现，DOT-TER[2] 是一个非常有效的工具，因为在计算点图后，用户可以在查看绘图时实时更改评分参数，也可以通过使用光标选择一个区域来缩放点图的特定区域。这将重新对该较小区域中的点图进行计算。图 14-2 显示了天花病毒（Bangladesh 株）和猴痘病毒（Zaire 株）基因组的点图比较。高度相似的区域，以及对比时缺口，都是显而易见的。"Greyramp 工具"（图 14-2，插图）用于快速更改评分参数，无需重新计算完整点图。还提供了一个校准工具（未显示），该工具有一个连续滚动的窗口，显示用户选择的绘图中任意点上两个 DNA 序列的校准情况。点图对于检测直接重复和反向重复特别有用；图 14-2 中点图右上角可见部分痘病末端反向重复序列。比较大序列时，点图用户应注意图的分辨率可能较低（与核苷酸数量 / 屏幕像素有关）；因此，要从点图中获得序列相似性好的视图，必须进行"放大"。我们已经为 DOTTER（JDOTTER[3]）创建了一个 JAVA 接口，允许用户选择的基因、蛋白质序列或基因组片段在 VOCs 界面中以图形显示。

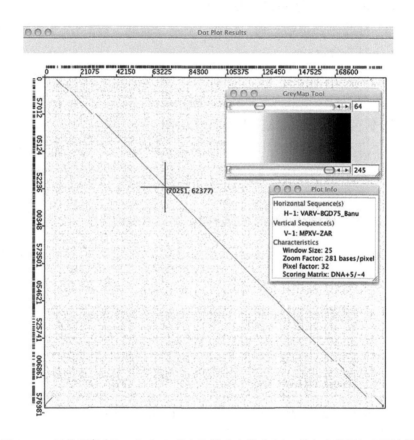

图 14-2　天花病毒（Bangladesh 株）和猴痘病毒（Zaire 株）全基因组点图比较

插图（1）Greyramp 工具用来改变得分参数；插图（2）绘图信息。坐标轴上带有颜色的小块代表转录的基因。

对于成对或多个基因组的序列比较，MAUVE 比对器[15, 16] 可以产生序列的全局比对，包括基因片段重新排序（反转），这些对痘病毒基因组比对非常有用。MAUVE 比对速度快且特别有用，因为用户可以总览比对所有区域（图 14-3），包括易位和染色体倒位。要在 MAUVE 中执行比对，需要使用 FASTA 格式文件或 GenBank 文件；GenBank 文件的注释更有用，因为这些信息有助于浏览基因组。"对齐序列"（Align Sequences）选项提供了基因组的快速比对，而"渐进紫红色"（Progressive Mauve）比对速度较慢但更敏感。一旦执行了比对任务，就会显示比对的可视图像（图 14-3）。重要的是，用户可以对比对结果放大，以便在核苷酸水平上显示单核苷酸多态性。但是，如果用户要手动编辑一个 MAUVE 产生的比对，必须使用一个单独的比对工具，因为 MAUVE 不提供编辑功能。

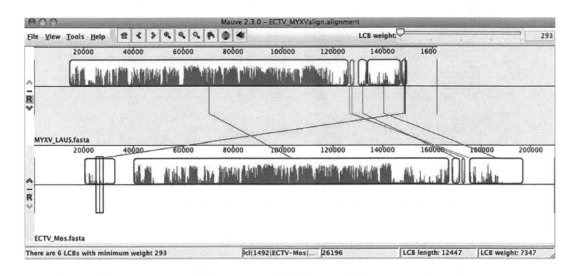

图 14-3　黏液瘤病毒（MYXV）和小鼠痘病毒（ECTV）基因组 Mauve 比对

淡紫色区域相互对齐，例如 MYXV 基因组上从 18 000~125 000 核苷酸的一大片大区域对应于 ECTV 基因组上从 40 000~165 000 核苷酸区域。

另一种展示痘病毒基因组之间相似性的有用的方法是同线性图。是病毒基因组之间的蛋白质直系同源物的散点图[17]。

3.6　痘病毒基因组注释

在确定了痘病毒基因组的 DNA 序列之后，注释基因组有时还存在着其他具有挑战性的问题，通常耗时较长。困难程度与之前正确注释序列相似性的时候成反比。尽管痘病毒基因不包含真核基因预测复杂化的内含子，但很棘手的一个问题（由于在富含 GC 的基因组中非编码序列中终止密码子的频率较低）是应指定哪一个 ORFs 基因在 GenBank 文件中被注释。

许多基因易于注释，因为它们保存在许多不同的痘病毒中。为了利用越来越多的已注释的痘病毒基因组资源，我们开发了 GATU 系统[18]（图 14-4），这是一个使用参考基因组将尽可能多的注释转移到新目标基因组的工具。根据参考基因组和目标基因组之间的相似性，70%~100%的基因可以被 GATU 注释，而用户基本上不需要费力。GATU 的一个重要特性是，该工具将注释过程的最终控制权留给用户（图 14-4）。GATU 建议的注释在复选框中，用户可选择接受，但也可以根据需要拒绝接受这些注释。同样地，新的 ORF 或那些与参考基因组中的直系同源基因显著不同的 ORF 都提供给用户，作为建议的 ORF，最终决定权还是在专家手中。当用户对最终注释满意时，这些注释可以写成一个 GenBank 文件，上传到公共数据库。

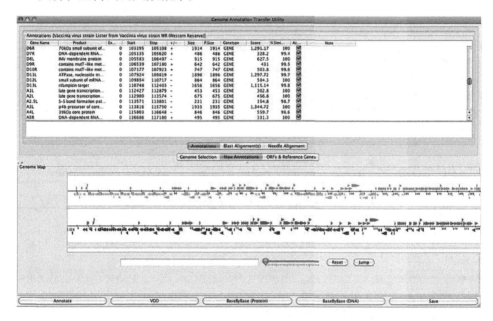

图 14-4　基因注释转移程序（GATU）

界面上部显示了预测的需要注释的本地基因组基因列表。下部显示了参考基因组的基因组图（第一行）和注释的预测基因组（下一行）。在计算机屏幕上基因被标记上颜色使其更加清晰。

然而，在参考基因或其他痘病毒基因组中都没有显示直系同源基因小的 ORFs，这对于注释学家来说更是个问题。VGO 基因组显示工具，可以用来检验目的和参照基因组之间的同线性，在这些情况下，它也提供了检索潜在的富含 AT 启动区的 A+T% 平面图，并方便在 6 个可能的编码框中显示起始 / 终止密码子，以便注释器查找会打破直接同源基因完整性的错误序列。我们还发现，具有类似图形界面的 ARTEMIS[7] 在帮助注释基因组方面是非常有用的工具。除了显示 ORF、起止密码子、六框翻译和核苷酸组成图等信息外，ARTEMIS 还可以提供链接进入到 BLAST 检索程序，并有半自动命名 ORFs 的功能。然而，它不能像 GATU 那样可以利用先前注释的参考基因组信息。许多标准已被应用于痘病毒基因预测，最简单的是 ORF 大小；其他标准包括与其他基因潜在的重复、存在类启动子元素、等电点、氨基酸组成[19] 和密码子使用。对于痘苗病毒和其他富含 AT 的痘病毒，基因编码链与嘌呤含量呈正相关[20]。

在基因组注释领域，一旦一个 GenBank 文件提交后，可能添加注释比删除注释更简单一些，例如，痘苗病毒（Copenhagen 株[1]）最初被注释为有主要的 ORFs（基因）和 65 个次要的 ORFs；后者大部分通常与较大的基因在另一条 DNA 链上基本重叠。这些额外的 ORFs 被命名为 "X-ORF-Y"，其中 X 代表 Hind Ⅲ 基因组片段，Y 代表 ORF 从左到右的排序。这些小的 ORF 不太可能是功能性基因，但在缺乏经验的人看来，它看起来就像这个病毒有一系列独特的基因。因此，如果注释系统包含 "可能非功能性 ORF" 选项，它将有利于相对较小的基因突变破坏基因功能，而无需大幅改变 ORF。例如，在基因编码序列 5′ 末端附近引入一个点突变，能产生一个终止密码子或者移码突变；在这种情况下，人们希望能产生正常的 mRNAs，但是翻译会导致产生一个严重截短蛋白。因此，将这些 ORF 标记为功能性基因是非常不准确的，尽管它们可能有原始基因长度的 95%。

另一个用来描述新基因组特征的有用工具是 NAP[9]，这是一个全球核苷酸与氨基酸比对程序。我们已经为 NAP 制作了一个易于使用的 JAVA 客户端—服务器接口；它可以作为一个独立的工具在 http：//virology.ca/tools/NAP 中使用。这个程序的实用性在于，它不仅产生蛋白质和 DNA 序列之间的比对，也产生有缺口的全局比对。因此，很容易定位和评估潜在的测序错误，这些错误可能通过引入移码突变或终止密码子破坏基因使之成为基因片段。

3.7　检索远亲蛋白

生物信息学中一个最常见的问题："我的蛋白质（或 DNA）序列与谁的相似？"。在相似性检索中，根据所有已知序列的数据库检索一个蛋白质或 DNA 序列，最常使用的程序之一是 BLAST 程序[11]。有各种检索算法策略，一个重要的设计因素是如何平衡检索灵敏度和检索速度。在这方面，重要的是要注意，并非要将 BLAST 检索参数设置到最灵敏；例如，"单词大小"，匹配长度触发的比对扩展序列区域，应该调整到尽可能最小。进行 "常规" 蛋白质数据库检索时，BLASTP 足以找到相同度超过 30% 的数据库。然而，一个更敏感的数据库检索程序是位置特异性迭代 BLAST（PSI-BLAST），它会将数据库匹配评分最高的多序列对比用于下一轮 BLAST 检索的迭代系列中，自动构建一个新的位置特异性评分矩阵（PSSM）。因此，在每一轮检索中，程序都使用了一个修订评分矩阵，该矩阵体现了已经识别的与查询相似的序列中最保守的部分。例如，作者发现，PSI-BLAST 在鉴定痘病毒尿嘧啶 DNA 糖基化酶家族成员方面优于 BLASTP，后者与其他尿嘧啶 DNA 糖基化酶几乎没有相似之处[21]。NCBI PSI-BLAST 使用程序最近添加了 "限定性多重比较工具"，它增强了远亲蛋白多重比对的功能（COBALT[22]）。

另一种鉴定远亲蛋白的方法为基于阴影图形的 "profile-based" 检索。一般情况下，profile-based 检索依赖于一系列相关蛋白不同剖面图的比较，而不是在一个数据库中用一个单一序列去鉴别同源物。它比基于序列检索的方法（PSI-BLAST[23]）更灵敏。HHpred（http：//toolkit.lmb.uni-muenchen.de/ hhpred）是应用profile-based检索的一个例子，它利用基于HMM的剖面来执行检索[23]。HHpred首先获取查询蛋白序列并进行几次PSI-BLAST迭代，以创建对加载的相关蛋白序列进行多重比对。然后将这个比对转化为一个HMM，搜索从蛋白质数据库（PDB）、蛋白质结构分类（SCOP）和CATH数据库创建的HMMs。查询的HMMs和每个数据库中的蛋白质都是基于PSI-PRED预测的二级结构或者三级结构（如果数据库中存在晶体结构）创建的。根据查询序列与命中序列真正匹配的概率显示结果（命中）。HHpred结果包含E值和概率得分，可以像BLAST结果那样理解，其中E值接近于0意味着命中的随机概率接近于0。考虑到仍然有一些痘苗病毒蛋白质功能未被鉴定，我们定期应用HHpred试图确定这些"未知"蛋白的远亲。对VACV G5R蛋白检索显示它与一个古细菌FEN-1蛋白[24]相似，对VACV G8R蛋白检索显示它与酵母菌增殖细胞核抗原（PCNA）蛋白相似[25]。

通常，一旦建立了数据库中的目标蛋白对另一种蛋白质有远亲关系，就可以对其三级结构进行建模，并利用这些结果来帮助设定假设，对目标蛋白质进行生化实验。我们使用2种不同的工具对三级结构进行建模：蛋白质同源性/类比识别引擎（PHYRE[26]）只对蛋白质的一部分进行建模，仅仅模拟数据库中比对的蛋白质的一小部分生成的结果，相对较快（在1 h内）；Robetta[27]使用从头开始的方法模拟难解的区域，需要很长的时间才能给出结果（在某些情况下超过1个月）。PHYRE工作时首先创建一个检索序列的概要文件，与初始PSI-BLAST运行中标识的几个相关序列比对。这个文件和PDB数据库中其他序列相比较，最相符的作为模板来构建比对模型。建模涉及替换算法，其中模板主干中与查询序列对齐的剩余部分被查询序列中的剩余部分替换。除非查询包含与模板相关的插入或删除，否则不会更改模板结构的主干。由于PHYRE在其初始阶段也采用了基于配置文件的搜索，因此它可以用于确认PHYRE结果。

因为PHYRE仅仅模拟查询的蛋白质与模板序列充分比较的区域，通常应用一个综合建模程序例如Robetta去查看蛋白假设的三级结构更加有效。Robetta是一个全自动化的结构预测服务器，如果PDB数据库中存在相关结构，则使用比较建模方法对蛋白质结构进行建模；如果不存在结构，则使用从头计算方法。当查询序列最初提交给Robetta服务器时，该算法开始执行Ginzu操作[28]，将查询序列分解为不同的域。Ginzu程序包括使用PDB-BLAST扫描蛋白质序列的域，然后进行HHsearch、PFAM比较，最后PSI-BLAST检索可以被各个鉴定域用作模板的序列。如果结构域被发现在数据库有一个相关结构，各个结构域利用比较建模法建模，如果数据库中没有则从头开始建模。我们应用Robetta在"预测基因"鉴定VACV G5R蛋白质，确定了古细菌核酸内切酶蛋白质是比较建模步骤中最好的模板。随后将所得模型与人类FEN-1蛋白的晶体结构进行比较，发现其在二级和三级结构中都具有高度保守性，并且FEN-1蛋白的5个主要特征中有3个特征包括活性位点，这表明 G5R 蛋白应被归类为一种皮瓣内切酶蛋白。随后，这种蛋白被证明是受感染细胞基因组加工所必需的，并且通过在重组转染细胞中参与修复双链断裂[29]。

3.8　基序检索

蛋白质基序可以定义为一系列氨基酸的功能 / 结构单元或蛋白质域的表征类型。蛋白质结构域通常被定义为"独立折叠结构单元"；因此，基序通常比结构域小得多。最常用的基序数据库之一是 PROSITE[30]（www.expasy.ch/prosite/ ）。至 2009 年 9 月，PROSITE包含 1 500 多个不同的条目。当与其他蛋白质不存在大面积的相似性时，基序检索通常可以用于识别蛋白质中的域。

例如，[KR]-[LIVA]-[LIVC]-[LIVM]-x-G-[QI]-DP-Y 为尿嘧啶 DNA 糖基化酶（UNG）的 PROSITE（PS00130）基序。随着时间的推移，随着蛋白质家族新成员的认可，PROSITE 的更新是很重要的。例如，自本书的第一版出版至今，在这个基序的第二个位置上可接受的氨基酸的数量随着丙氨酸的加入而增加到了 4 个。同样，我们需要了解的是，尽管这个基序检测超过 400 个 UNG 蛋白质，但也有 4 个 UNG 没有通过这个特定基序搜索而被发现；这些是 PROSITE 文档中指定的"假阴性"。这些假阴性是这个基序的结果，不产生任何假阳性。这个特殊的 PROSITE 基序被写成一个正则表达式（PROSITE中的模式），这种格式允许基序中残基之间的间距不匹配和可变。VOCs 中的软件工具允许用户使用任何正则表达式检索序列；在 www.expasy.ch/prosite/ 上，软件可用于搜索：①针对所有基序的蛋白质序列；②针对所有蛋白质序列的 PROSITE 或用户创建的基序。通过 VOCs 进行搜索的优点是搜索速度快，而且只搜索痘病毒序列。但需要注意的是，PROSITE（PS00130）基序仅与 VOCs 114 个 UNGs 中的 104 个匹配，其中，作为修饰基序 [KLNR]-[LIV]-[LIVC]-[LIVM]-x-G-[QIY]-[RD]-[SP]-[YF] 将在 VOCs 中找到 114 个 UNGs 中的 113 个，但与 SWISS-PROT 中的几个"假阴性"蛋白匹配。一些SWISS-PROT 图案（PROSITE 中的轮廓）是使用氨基酸匹配评分矩阵评分的，但包含在ScanProsite 检索中，网址为 www.expasy.ch/prosite。

除了 PROSITE 之外，还有几个系统集成了多个 Motif/Profile 搜索工具。profilescan 服务器（http：//hits.isb-sib.ch/cgi-bin/pfscan）检索用户提供的蛋白质序列中的 Pfam（p 蛋白家族比对和 HMM 数据库）和 PROSITE 基序。Pfam 网站（http：//pfam.sanger.ac.uk/）列出了许多痘病毒蛋白质家族共有的痘病毒蛋白质，是一个极佳的信息来源，但结果可能数量庞大，难以解释。InterPro（http：//www.ebi.ac.uk/interpro/）是另一个全面的基序集合和序列数据库，与各种其他的数据库链接。它对检索蛋白家族的保守基序或区域十分有用，但在大多数情况下，对简单基序的检索显得大材小用。

3.9 多序列比对

多序列比对（MSAs）是比较分子生物学中的一项重要技术。可以在一组蛋白质中特定的位置确定哪一个氨基酸是保守的，有助于预测哪些氨基酸残基在蛋白质结构或生物化学中可能具有的重要作用。这些保守的残基还被用于定义蛋白质家族的基序特征，MSAs是许多系统发育分析类型的基础。一些计算机程序可以用于 DNA 和蛋白质序列比对，试图从匹配的氨基酸或核苷酸中获得最大的分值，也可计算因为插入 / 缺失而损失的最小分值。最有名的比对工具之一是 CLUSTALW[4]，但有一些新的算法，例如 T-COFFEE[5] 和 MUSCLE[6]，据报道，当应用远亲相关序列时（小于 30% 的一致性），可以更好的比对。DNA 比对短的和中等长度的序列，例如启动子和基因，可以用相同的软件来实现，但是痘病毒基因组序列长度需要如 DIALIGN2[31] 和 MAUVE[16] 等专门的工具。

然而，无论使用什么软件，MSAs 通常最终都要手动编辑，尤其是在缺口附近，使用序列比对编辑器生成最终精确地比对。如果需要，最后的一个障碍是导出有质量的数据。我们开发了 BBB 工具，用于创建、编辑和查看蛋白质和短 DNA 序列的 MSAs，以及完整的痘病毒基因组。BBB 是由我们小组开发的一个 JAVA MSA 编辑器，与 VOCs 接口，但它也可以作为一个独立的工具发挥功能，并可以保存文件以供以后使用，以同样的方式进行文字处理。多年来，BBB 的几个独有的特点得到了增强：①易于显示相邻序列之间的差异；②显示 DNA 序列的三框翻译；③显示 DNA 序列的顶部或底部链；④能够读取 GenBank 文件，包括对 DNA 序列的注释；⑤能够从 VOCs 数据库中读取序列；⑥能利用正规表达式或模糊的（允许错配）基序检索内部序列；⑦能够向序列区域添加用户注释；⑧能够使用多个算法重新比对 MSA 的内部区域，并将结果导入现有的比对；⑨在比对中生成序列一致性百分比表格；⑩将引物序列映射到 DNA 序列；⑪保存比对结果图片以供发表。最后，BBB 最强大的功能之一是它能够总结出 MSAs 中基因组之间的差异。当从密切相关的病毒（例如，天花病毒分离株）中获得 2 个或多个比对和注释的基因组时，BBB 可以检测所有的核苷酸差异，并通过分析差异的后果（预测启动子区域中的 ORF 截断、沉默突变、编码变化）显示这些信息。

另一个强大的工具是 JAVA，是一个独立的平台，MSA 编辑器是 JalView（http：//www.jalview.org ）；JalView 独有的一些特性包括可展示预测的二级结构（利用 Jpred 3[32] 计算），将 MSA 窗口中的蛋白序列链接到 Jmol 结构查看窗口（一个 3D 化学结构源代码开放 JAVA 查看器）查看它的结构（如果可用）。

3.10 核糖核酸测序数据的显示

最近，对感染了牛痘病毒的组织培养细胞感染后数次进行 RNA 文库测序，提供了一个子代测序和对病毒生命周期进行分析的有益实例[33]。最后的结果，经过大量的计算处理后，测量特定的基因组核苷酸在 RNA 短序列库中出现的次数。从一个序列中获得的许多序列与短序列一起运行，从 5′ 末端转录，在某种程度上转录的次数相对定量。已有全套的程序来分析这些数据，但使用这些程序通常要进行学习，对普通分子病毒学家来说不需要了解这些工具的其他许多特性。我们在 BBB 中构建了一个简单易用的此类数据查看器。将一个带注释的基因组加载到 BBB 中后，显示出基因组序列（顶部或底部链）以及三框翻译和基因位置，将 mochiview[34] 的 RNA 序列汇总数据读取到程序中，并与序列一起查看，形成一个直方图（图 14-5a）。BBB 还提供了数据的基因组规模概述（图 14-5b）。

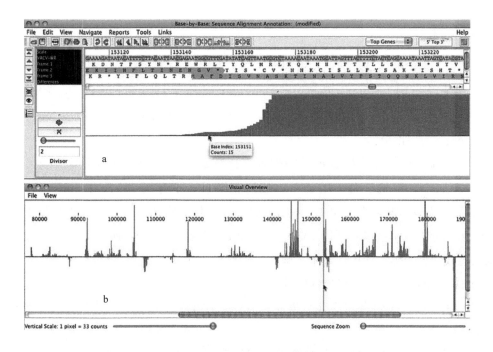

图 14-5　BBB 中 RNA 测序数据展示

　　VACV-WR 基因组与三框翻译（顶部）直方图显示早期的 RNA 序列映射到每个核苷酸。每个核苷酸可以通过移动光标在直方图的不同部分计数（a）。在（a）中显示的数据的概述（b），这个视图显示序列映射到顶部和底部，分别代表转录到左边和右边。RNA 序列数据由 Dr. Bernard Moss 友情提供。

3.11　未来的工作

　　很难预测基因组学和蛋白质组学信息的迸发将带我们到何处。很明显，如今基因组测序变得越来越容易，花费更低，我们对生物信息学数据库和工具的需求也相应增长。随着越来越多的痘病毒基因组得以测序，尽管变异少了，但是一些新问题又出现了（例如，天花病毒全基因组测序）。这就要人们开发新的软件分析工具。

另一个必须解决的问题是，不仅数据库随着新的序列信息快速增长，基因组注释也随着病毒蛋白质新功能的发现而迅速过时，在许多年前测序的基因组中还偶尔会发现新的基因。因此需要一个报告系统，向用户提供数据库中相关新信息的更新。大多数期刊都可以根据关键字信息搜索新出版物的标题，但由于公共蛋白质数据库和痘病毒数据库中的数据量大，登记号之间的差异很小，给查找带来困难，生物序列数据库中新的报告更是一个复杂的问题。还有的序列本身就在 NCBI 数据库中。

最后，随着越来越多的痘病毒蛋白质结构的进一步解析，需要良好的生物信息学工具来连接结构数据和大量序列数据。这将需要尽可能地提高分辨率，并加强我们对痘病毒生命周期和治疗学发展的了解。

4 注 释

（1）这个主题的一篇综述已经被提交。

（2）病毒学网站（http：//www.virology.ca）以前是痘病毒生物信息学资源中心（PBRC；ttp：//www.poxvirus.org）和病毒生物信息学资源中心（VBRC；http：//www.biovirus.org）的一部分。

（3）目前的台式计算机有足够的配置来运行基本的生物信息学工具。购买额外的 RAM 和第二个计算机屏幕（用于显示数据和结果）更有用。本章中描述的大部分软件：①都可以 WWW 表单（例如，NBLAST NBI）接口将请求发送到远程计算机，并在 WWW 浏览器中显示结果；②以 JAVA 客户端服务器格式，连接到远程服务器从数据库中下载信息或卸载密集型计算，其中本地客户端程序比 WWW 接口复杂得多。JAVA 是一个独立的、多功能平台、面向对象的编程语言。

（4）SQL 代表序列查询语言数据库（注意：这里的"序列"并不指 DNA 或蛋白质序列）。

（5）下载 JAVA-Web Start 非常简单，即使是新手也只需几分钟。当 JAVA-Web Start 首次下载 VOCs、VGO 或 Jdotter 中的一个 JAVA 用户客户端到本地机器上时，默认情况下会显示一个警告窗口，通知用户允许这个程序安装在他或她的计算机上潜在危险。这是因为这个软件与计算机上的大多数其他程序一样，可以写入硬盘。默认警告信息还包括有关软件来源和开发人员的信息，以便用户确定软件是否来自可靠的站点。我们建议您接受该软件，因为 virology.ca 网站在防火墙后面是安全的，能够阻止潜在的黑客篡改这些文件。我们的团队每天都以与外部用户完全相同的方式使用此软件，因此，我们将快速检测到软件的任何问题。

（6）如果在"基因家族分析器"中检索一个痘苗病毒基因，没有反馈任何序列，请检查病毒选择器是否未限制搜索其他病毒，或者是否无意中选择了其他搜索条件。选择菜单的"清除所有"功能可用于删除所有查询。

（7）用户定义的输入文件结果示例是一个简单格式的文本文件，定义要在 VGO 序列图上绘制框的位置、长度和颜色。我们经常使用它以图形方式显示由启动子预测程序生成的其他文本文件的结果。

（8）在 ECTV 基因 028 和 029 之间，大约有 1 kb 的没有任何注释的基因。在痘病毒基因组中有非编码区域是不常见的，因此，它对确定 ECTV 与 CPXV 基因组的比对很有用。这个试验要验证的假设为：ECTV 这个区域包含一个相当于一个 CPXV 基因的基因片段。

（9）使用控制或命令（Apple Macintosh 计算机）键进行多个选择。

（10）滚动速度更快，屏幕上显示的项目更少。要最大化速度，不要显示起始 / 终止密码子（除非需要），并在滚动前放大。

（11）带注释的病毒基因以深蓝色显示在比例尺上方（向右转录）和下方（向左转录）。

（12）TTTTTNT（T5 NT）序列是一个转录中止信号，该信号指示转录"早期"痘病毒基因的聚合酶从模板上脱落，从而导致早期基因的转录相对均匀。转录中间和晚期基因的病毒聚合酶不能识别这个信号。

致谢

感谢参与软件开发和测试的众多的程序员、研究人员和学生。本项工作由 NIH / NIAID 合同项目（Grant AI48653-02 和 HHSN266200400036C）支持，并由加拿大自然科学工程研究委员会提供资金。C. Upton、R. M. L. Buller 和 E. J. Lefkowitz 三位博士是痘病毒生物信息学的最初开发人员。

参考文献

[1] Goebel SJ, Johnson GP, Perkus ME, Davis SW, Winslow JP, Paoletti E. 1990. The complete DNA sequence of vaccinia virus. Virology 179：247–266.

[2] Sonnhammer EL, Durbin R. 1995. A dot-matrix program with dynamic threshold control suited for genomic DNA and protein sequence analysis. Gene 167：GC1-10.

[3] Brodie R, Roper RL, Upton C. 2004. JDotter：a Java interface to multiple dotplots generated by dotter. Bioinformatics 20：279–281.

[4] Thompson JD, Higgins DG, Gibson TJ. 1994. CLUSTAL W：improving the sensitivity of progressive multiple sequence alignment through sequence weighting, position-specific gap penalties and weight matrix choice. Nucleic Acids Res 22：4673–4680.

[5] Notredame C, Higgins DG, Heringa J. 2000. T-Coffee：A novel method for fast and

accurate multiple sequence alignment. J Mol Biol 302：205–217.

[6] Edgar RC. 2004. MUSCLE：multiple sequence alignment with high accuracy and high throughput. Nucleic Acids Res 32：1792–1797.

[7] Mural RJ. 2000. ARTEMIS：a tool for displaying and annotating DNA sequence. Brief Bioinform 1：199–200.

[8] Marass F, Upton C. 2009. Sequence searcher：a Java tool to perform regular expression and fuzzy searches of multiple DNA and protein sequences. BMC Res Notes 2：14.

[9] Huang X, Zhang J. 1996. Methods for com- paring a DNA sequence with a protein sequence. Comput Appl Biosci 12：497–506.

[10] Upton C, Slack S, Hunter AL, Ehlers A, Roper RL. 2003. Poxvirus orthologous clusters：toward defining the minimum essential poxvi- rus genome. J Virol 77：7590–7600.

[11] Altschul SF, Madden TL, Schäffer AA, Zhang J, Zhang Z, Miller W, Lipman DJ. 1997. Gapped BLAST and PSI-BLAST：a new gen- eration of protein database search programs. Nucleic Acids Res 25：3389–3402.

[12] Upton C, Hogg D, Perrin D, Boone M, Harris NL. 2000. Viral genome organizer：a system for analyzing complete viral genomes. Virus Res 70：55–64.

[13] Brodie R, Smith AJ, Roper RL, Tcherepanov V, Upton C. 2004. Base-by-base：single nucle- otide-level analysis of whole viral genome alignments. BMC Bioinformatics 5：96.

[14] Harris NL. 1997. Genotator：a workbench for sequence annotation. Genome Res 7：754–762.

[15] Rissman AI, Mau B, Biehl BS, Darling AE, Glasner JD, Perna NT. 2009. Reordering contigs of draft genomes using the Mauve aligner. Bioinformatics 25：2071–2073.

[16] Darling AC, Mau B, Blattner FR, Perna NT. 2004. Mauve：multiple alignment of con- served genomic sequence with rearrangements. Genome Res 14：1394–1403.

[17] Lefkowitz EJ, Upton C, Changayil SS, Buck C, Traktman P, Buller RM. 2005. Poxvirus Bioinformatics Resource Center：a compre- hensive Poxviridae informational and analytical resource. Nucleic Acids Res 33：D311–316.

[18] Tcherepanov V, Ehlers A, Upton C. 2006. Genome Annotation Transfer Utility（GATU）：rapid annotation of viral genomes using a closely related reference genome. BMC Genomics 7：150.

[19] Upton C. 2000. Screening predicted coding regions in poxvirus genomes. Virus Genes 20：159–164.

[20] Da Silva M, Upton C. 2005. Using purine skews to predict genes in AT-rich poxviruses. BMC Genomics 6：22.

[21] Li W, Pio F, Pawlowski K, Godzik A. 2000. Saturated BLAST：an automated multiple inter-mediate sequence search used to detect distant homology. Bioinformatics 16：1105-1110.

[22] Papadopoulos JS, Agarwala R. 2007. COBALT：constraint-based alignment tool for multiple protein sequences. Bioinformatics 23：1073-1079.

[23] Söding J, Biegert A, Lupas AN. 2005. The HHpred interactive server for protein homol- ogy detection and structure prediction. Nucleic Acids Res 33（Web Server issue）：W244-8.

[24] Da Silva M, Shen L, Tcherepanov V, Watson C, Upton C. 2006. Predicted function of the vaccinia virus G5R protein. Bioinformatics 22：2846-2850.

[25] Da Silva M, Upton C. 2009. Vaccinia virus G8R protein：a structural ortholog of proliferat- ing cell nuclear antigen（PCNA）. PLoS One 4：e5479.

[26] Kelley LA, Sternberg MJ. 2009. Protein struc- ture prediction on the Web：a case study using the Phyre server. Nat Protoc 4：363-371.

[27] Kim DE, Chivian D, Baker D. 2004. Protein structure prediction and analysis using the Robetta server. Nucleic Acids Res 32：W526-531.

[28] Kim DE, Chivian D, Malmstrom L, Baker D. 2005. Automated prediction of domain boundaries in CASP6 targets using Ginzu and RosettaDOM. Proteins 61（Suppl 7）：193-200.

[29] Senkevich TG, Koonin EV, Moss B. 2009. Predicted poxvirus FEN1-like nuclease required for homologous recombination, dou- ble-strand break repair and full-size genome formation. Proc Natl Acad Sci USA 106：17921-17926.

[30] Falquet L, Pagni M, Bucher P, Hulo N, Sigrist CJ, Hofmann K, Bairoch A. 2002. The PROSITE database, its status in 2002. Nucleic Acids Res 30：235-238.

[31] Morgenstern B. 1999. DIALIGN 2：improve-ment of the segment-to-segment approach to multiple sequence alignment. Bioinformatics 15：211-218.

[32] Cole C, Barber JD, Barton GJ. 2008. The Jpred 3 secondary structure prediction server. Nucleic Acids Res 36：W197-201.

[33] Yang Z, Bruno DP, Martens CA, Porcella SF, Moss B. 2010. Simultaneous high-resolution analysis of vaccinia virus and host cell tran-scriptomes by deep RNA sequencing. Proc Natl Acad Sci USA 107：11513-11518.

[34] Homann O, Johnson A. 2010. MochiView：versatile software for genome browsing and DNA motif analysis. BMC Biol 8：49.

（赵志荀、吴　娜、张　强　译）

第 15 章　应用抗原呈递分析研究非特征性免疫调节基因

Rachel L. Roper

概　要

抗原呈递到 T 淋巴细胞的同时，触发了特异性免疫应答，也产生了阻断这一过程的痘苗病毒编码免疫调节基因。强大的、易于操控的抗原递呈和 T 淋巴细胞应答系统是抗原呈递过程中阻断病毒蛋白的先决条件。传代细胞系在体外呈递抗原的能力并不能完全替代体内抗原递呈细胞，且其对于刺激反应较弱，因此，新鲜的原代抗原递呈细胞是较优的选择。为了研究痘病毒免疫调节基因，我们应用感染大鼠的原代巨噬细胞做了一个抗原模型，即髓鞘碱性蛋白肽，来模拟同源的 CD4$^+$ RsL11 T 细胞克隆。使用这个系统，不仅可评估病毒在免疫调节方面的差异，也可以通过比较野生型病毒和突变型病毒的作用（例如假定的免疫调节基因缺失）预测病毒基因的功能。抗原呈递是一个单一的事件，却是一个大的、复杂的过程，包括多个步骤：抗原采集，抗原加工，肽装载到 MHC 分子，转运到表面，MHC 与 T 细胞受体结合，共刺激分子，细胞信号传导，由 2 种细胞合成细胞因子，抗原特异性 T 淋巴细胞的增殖。该系统初步判定是否存在表型，然后逐步解析免疫调节机制中的几个焦点问题。我们使用这个模型系统来阐明一个高度保守但以前未被标记的痘病毒基因的功能，发现它对啮齿动物的毒力很重要。这一成熟的实验系统应被广泛地应用于分析病毒对免疫的影响。

关键词：抗原递呈；CD4；免疫调节机制；T 淋巴细胞；细胞因子；牛痘；痘病毒；MHC

1　引　言

病毒在宿主机体中有许多生存、复制和传播的策略。正痘基因组编码约 200 个基因，其中许多功能仍有待阐明[1]。例如，病毒毒力基因具有的编码能力包括：①在其他限制性细胞类型（宿主范围基因）中生长[2-5]；②阻止炎症和免疫反应[6-9]；③抑制细胞凋亡[10-12]；

④借用宿主蛋白增强病毒粒子的扩散[13,14]；⑤干扰细胞信号传导[15,16]；⑥宏观调节细胞的基因表达[17,18]。病毒通过控制免疫反应来确保生存，包括阻断抗原加工和呈递、MHC 表达、细胞因子和趋化因子产生、抗体和细胞毒性 T 细胞介导的杀伤[8,9]。

当病毒的一个新的毒力因子被确定的同时，其免疫效应同样也需被确定。免疫调节剂可大致分为分泌蛋白或细胞相关蛋白。分泌蛋白也可能影响邻近的未感染细胞，并有可能转变为生长因子，结合和灭活免疫组分的可溶性受体，或者结合细胞表面受体的可溶性因子，从而传递免疫抑制信号或阻断免疫刺激信号。细胞相关病毒蛋白可以在细胞内或细胞间以多种方式发挥作用，包括抑制信号通路、抗原加工、MHC 转运、Fas/ 配体相互作用和防止补体介导的溶解。本章介绍了我们实验室建立的快速检测病毒对抗原递呈及后续的巨噬细胞和 T 淋巴细胞活化效果的技术。

大量研究表明，先天性免疫和被动性免疫对抵御病毒入侵具有十分重要的作用。由于 CD4$^+$ 辅助性 T 淋巴细胞能够充当 B 淋巴细胞和 T 淋巴细胞的效应细胞，因此其对于刺激和形成免疫应答都很重要。CD4$^+$ 辅助性 T 淋巴细胞分泌的细胞因子能够促进抗体产生，诱导 B 淋巴细胞的免疫球蛋白同型转化，并协助其模拟 CD8$^+$ 细胞毒性 T 淋巴细胞杀死病毒感染的细胞。尽管有证据证明具有众多分支的免疫系统能够使细胞免受痘病毒侵害，在敲除了 MHC Ⅰ类分子或者削弱了 CD8$^+$T 淋巴细胞保护作用的小鼠体内，CD4$^+$ 辅助性 T 淋巴细胞依然存在，小鼠的免疫保护作用不会降低，但是 CD4$^+$ 减少或者 MHC Ⅱ类分子表达降低将导致保护性免疫功能丧失[19]。因此，我们研究了抗原递呈细胞（APC）对痘病毒感染的影响及其与 CD4$^+$T 淋巴细胞的相互作用[8]。我们还进行了扩展研究，证明痘苗病毒的 A35R 基因对于病毒复制是不需要的，但是在啮齿类鼻内接种模型中，缺失 A35R 基因的病毒毒力显著降低[9,20]。

我们想要建立一种能够检测抗原递呈过程中各阶段免疫应答反应的分析方法，包括：APC 捕获抗原，MHC 装载与转运，巨噬细胞与 T 细胞相互作用和共同刺激改变表面活性蛋白，2 种细胞共同分泌可溶性效应器和细胞因子。本章中，我们介绍了我们用于定位原代大鼠 APC 在体内炎症部位的一种抗原递呈细胞。这些细胞是非常棒的模型，因为培养真正能替代体内 APC 的细胞株非常困难。大鼠是一种很好的模型动物，因为它们是正痘病毒感染的天然宿主，它们可以将病毒传播给灵长类动物[21]，它们的 APC 能被痘苗病毒感染[22]，而且它们体型大，能够为多种检测提供足够的细胞。用不同病毒或病毒突变株感染大鼠 APC，用模式抗原刺激，然后分析其刺激模式抗原特异性 CD4$^+$T 细胞系的能力（见图 15-1）[8,9,22]。在这些抗原递呈分析的上清液中测定各种细胞因子、趋化因子和生物活性介质，以确定响应是否有降低，病毒或病毒基因是否改变了免疫反应的特征。例如，我们使用 Luminex 荧光珠技术测定了一份 50μL 的上清液中 23 种不同的细胞因子[8,22]。我们检测到了 MIP1α、IL-1β、GMCSF、IL-1α、IL-2、IL-6、IFN-γ、IL-17、IL-18、GROKC、RANTES、MCP1 和 TNFα。大量趋化因子，G-CSF、瘦素、IL-4、

IL-5、IL-9、IL-13、IP-10 和 VEGF 未检出。用一氧化氮（NO）和白细胞介素 -2（IL-2）分别测定巨噬细胞和 T 淋巴细胞的反应。

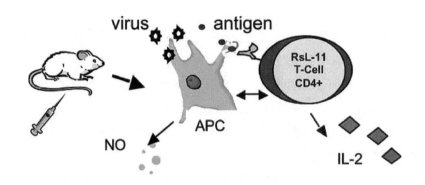

图 15-1　注射灭活的痤疮丙酸杆菌获得抗原呈递细胞（APC），在接种 2~3d 后收集腹膜渗出细胞

用野生型或突变型病毒株感作 APC 3 h，用抗原刺激，然后加入到 CD4⁺T 细胞克隆 RSL11 中。APC 将抗原递呈至 RsL11，激活的 RSL11 产生 IL-2 和其他细胞因子，刺激 APC 生成一氧化氮（NO）和细胞因子。测定这些生物活性化合物，以确定病毒和病毒基因对抗原递呈效率的影响。

我们已使用该系统或其中的一部分来评估 APC 的病毒杀灭、病毒复制、诱导细胞凋亡以及 MHC II 类分子和共刺激蛋白的表面表达[8,9,22]。该系统的优点是，运行一次就可分析并确定终点，以查看是否有效果。如果有效果，系统可接着被分解成更小的步骤来确定引起的免疫应答变化及其位点[8,22]。

2　材　料

（1）Lewi 大鼠，3 月龄至 1 岁。

（2）灭活的痤疮丙酸杆菌（*Propionibacterium acnes*）（见注释 1）。

（3）RPMI/10%FBS：含有 10%FBS，2 mM 谷氨酰胺，100 μg/mL 链霉素，100 U/mL 青霉素，50 μM 2-ME（β 巯基）（见注释 2 和 3）。

（4）Hanks 氏平衡盐溶液（HBSS）。

（5）豚鼠髓鞘碱性全蛋白（GPMBP）或 GPMBP 的 68—82 肽段（PQKSQRSQDENPV）。

（6）CD4⁺ RsL11 T 细胞克隆[8,22,23]。

（7）0.1 M 亚硝酸钠。

（8）Griess 试剂：1% 磺胺和 0.1% 的 N，N- 二乙基 -1- 萘胺溶于 2.5% 磷酸溶液中（见注释 4）。

（9）CTL L2 细胞（ATCC#TIB-214）。

（10）白细胞介素 -2。

（11）MTS,3-（4,5-二甲基-2-基）-5-（3-羧基甲氧）-2-（4-磺基苯基）-2H-四唑，内盐：2.0 mg/mL 溶解在 PBS（对光敏感）（见注释 5）。

（12）吩嗪硫酸甲酯：0.1mg/mL 溶解在 PBS 中（对光敏感）。

（13）MTS/PMS：每 2.0 mL MTS 中加入 100 μL PMS，现配后加入含有细胞的细胞培养皿中。

3　方　法

3.1　腹腔巨噬细胞（APC）的分离

（1）用 5mL HBSS 稀释 200μg 灭活的痤疮丙酸杆菌，用 25^G 注射器腹腔注射 Lewis 大鼠（3 月至 1 岁龄）。

（2）2~3d 后，处死大鼠，于无菌环境下打开腹腔。

（3）每次用 13mL 冷 HBSS 清洗腹腔和内脏，回收清洗液收集腹腔渗出细胞（APC），共清洗回收液体 3 次。用移液管轻轻搅动内脏器官以收集 APC。注意不要刺破血管和内脏。在腹腔内应能收集到大约 40 mL 液体，置于 50mL 的离心管中。在感染之前，收集到的细胞应置于冰上保存。

（4）用 800×g 离心沉淀细胞 10 min。

（5）弃上清液，用 20 mL 含 10% FBS 的 RPMI 重悬细胞（见注释 2 和注释 3）。

（6）800×g 离心沉淀细胞 10 min。

（7）弃上清液，用 20 mL 含 10% FBS 的 RPMI 重悬细胞。

（8）细胞计数 [每只鼠预期可获得（2~4）×10^7 个细胞]。

3.2　大鼠腹腔巨噬细胞的病毒感染

（1）将每个实验组所需数量的细胞（例如，野生型、缺失突变株或未感染对照组）分离到 15mL 离心管中（见注释 6 和注释 7）。

（2）每管加入大约 1 mL 含 10% FBS 的 RPMI。由于感染率由病毒和细胞浓度决定，因此各实验组之间的体积应保持一致。

（3）计算所需的感染复数（MOI，每个细胞感染病毒数量，通常为 3~10），并将病毒（如野生型、缺失突变株或未感染的对照）加入到含有 APC 的离心管中，轻轻敲击管混匀。不要剧烈震荡细胞以免其死亡。保持管内体积一致（见注释 8 和注释 9）。

（4）将离心管置于 5% CO$_2$ 培养箱中，37℃培养。瓶盖不要过紧，旋开一点以便气体交换，离心管水平静置于另一空离心管或移液管上以防液体漏出（见注释 10）。

（5）将病毒孵育 2h，期间每隔 20min 用手指轻弹以重悬细胞，小心固定盖子的位置，以保持无菌。尽管 2h 就能够使病毒完全感染细胞，但是延长感染时间可以使蛋白表达和加工更充分。我们发现感染 3~5h 能够观察到良好的免疫抑制活性[22]。

3.3 模式抗原装载至 APC

（1）感染细胞后，在 15mL 离心管中向 APC 中加入 5mL 预热（37℃）的 RPMI/10% FBS，800×g 离心 5min 收集细胞。

（2）弃去不含病毒的上清液（见注释 11 和注释 12）。

（3）用 1 mL 预热的 RPMI/10% FBS 重悬细胞，加入抗原、豚鼠髓磷脂碱性蛋白质或肽，使其终浓度为 50 nM（见注释 13）。

（4）如上文所述，将其置于 37℃培养箱中孵育 30 min，保持管盖松弛，使抗原能够充分包装（见注释 10）。

（5）在 15 mL 离心管中加入 5 mL 预热（37℃）的 APC 溶液，800×g 离心 5 min 以洗掉抗原（见注释 14）。

（6）将 600 000 个细胞重悬于 600μL RPMI/10% FBS 中，终浓度为每 200μL 溶液中有 200 000 个细胞。

（7）如图 15-2 所示，在 96 孔平底细胞培养板中按 1：2 倍倍比稀释细胞，每孔事先加入 100 μL 的 RPMI/10% FBS，每次吸取 100 μL 液体。

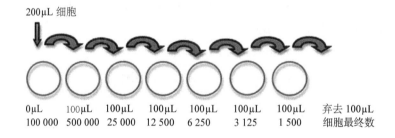

200μL 细胞

0μL	100μL	100μL	100μL	100μL	100μL	100μL	弃去 100μL
100 000	500 000	25 000	12 500	6 250	3 125	1 500	细胞最终数

图 15-2　通过在 96 孔板中的 2~7 号孔中加入 100 μL 培养基进行 1：2 系列稀释

我们推荐做 3 个重复便于统计分析。在第 1 孔中加入 200 μL 细胞（原先无培养基），从第 1 孔中吸取 100μL 液体加入第 2 孔中混匀。从第 2 孔中吸取 100μL 液体加入第 3 孔中混匀。重复上述操作完成剩余 4 个孔的稀释。当到最后一个孔时，加入 100μL 液体，混匀，然后吸出 100μL 液体弃掉，这样所有孔的最终体积均为 100μL。如果一开始时第 1 孔中 200μL 液体中含有 200 000 个细胞，可建立最终的滴度曲线，每孔中的 APC 数量如图所示。

（8）在第一孔中加入 200μL 细胞重悬液，然后每次吸取 100μL 置于下一相邻孔内吸打混匀。

（9）弃去最后一孔的 100μL 液体，以保证每一孔终体积均为 100μL。

（10）请记住要有质量控制措施，以监控实验的正常进行。确保对照孔内仅有培养基或仅有抗原，或仅有 APC（见注释 15）。

（11）每孔内加入 100 μL 含有 25 000 Lewis 大鼠 CD4$^+$ RsL11 细胞的 RPMI/10% FBS （见注释 16 ）。

（12）37℃、5% CO_2 的培养箱内孵育 15~72h，以刺激细胞和细胞因子的分泌。

（13）培养至预期时间后，从培养箱中取出培养板，观察培养基颜色，检查细胞是否过度生长（若培养液为黄色表明培养液呈酸性，细胞生长拥挤）。在特定的时间点小心收集上清液，在组织培养罩中支起板子的一边，将板倾斜，小心缓慢地从孔液体较深一侧顶部收集 40~50μL 上层培养液（建议使用多道移液器）。避免吸入细胞，因为要用上清液来分析抗原呈递而释放的可溶性效应物（见注释 17 和注释 18 ）。

（14）将所需时间点的上清液直接转移至一个空的 96 孔组织培养板（或微量离心管，如果进行其他分析）立即分析，或按下述的方法冻存以备日后分析。

（15）将培养板放回培养箱继续培养至下一收集时间点。我们已经检测到 12h 和 96 h 结果有差异，而 24h 和 48h 为可用的时间点（见注释 19 ）。

3.4　上清液的分析

正如本章 1 引言中所述，不同的细胞因子、趋化因子和生物活性介质都可用来检测抗原递呈的结果。这里我们描述了 2 种测定抗原递呈释放的生物活性物质的方法：一种用于测定 T 淋巴细胞分泌的 IL-2 因子[22, 24]，另一种用于测定 T 淋巴细胞激活的 APC 释放的 NO[8, 22]。

3.4.1　APC 应答的测定，NO 含量的测定

为了测定 T 淋巴细胞激活 APC 后的抗原递呈效应，可以分析上清液中 NO 的含量[22, 25]。

（1）上清液取自 96 孔板内新鲜的，或是将冻存的解冻至室温。

（2）使用 0.1 M 的亚硝酸钠溶液做阳性对照，绘制样品增长曲线。为了获得标准曲线，在 96 孔板上对亚硝酸钠进行 0 ~100μM 倍比稀释（见注释 20 ）。

（3）将在 96 孔板上收集的 40~50μL 上清液中加入 50μL 的 Griess 试剂（亚硝酸钠溶液作对照孔）。

（4）等待 5 min，在 540 nm 处读取吸光度值。

（5）NO 产物应仅存在于包含模式抗原和 2 种细胞的上清液内。如果在没有 3 个抗原递呈反应基本成分中任何一个的情况下检测到 NO，则说明存在影响检测的污染物。

3.4.2　T 淋巴细胞应答的测定，IL-2 的生物测定

T 淋巴细胞对于抗原的刺激反应可通过测定产生的 IL-2 来监测。IL-2 的含量能很容易的用 CTLL 细胞来测量。CTLL 细胞是一种 IL-2 依赖的 T 细胞系，能够反映小鼠和大鼠 IL-2 的增殖。由于培养基的吸光度与 CTLL 细胞增殖，IL-2 浓度以及抗原递呈的效率

相关，因此可以用于 IL-2 的生物测定。

（1）CTLL 细胞能够在 IL-2 存在的培养基（例如，含 10%FBS 的 RPMI）中不断的增殖（见注释 21）。

（2）为使背景尽量接近空白，本实验在 IL-2 即将耗尽或者细胞快死亡时收取细胞。应在 CTLL 细胞出现半数死亡的时候取用（见注释 22）。

（3）最好是每孔 10 000 个活细胞，因此，要有计划性地获取该数目的细胞。将细胞从培养瓶转移至 50 mL 离心管中。

（4）加入相同体积的不含 IL-2 的 RPMI，800 × g 离心 10 min 洗掉残留的 IL-2。

（5）弃去上清液，并用 10 mL 不含 IL-2 的 RPMI 重悬细胞，800 × g 离心 10 min。

（6）用 5 mL 不含 IL-2 的 RPMI 重悬细胞，并计数活细胞（例如，应用台盼蓝拒染法）（见注释 23）。

（7）将细胞稀释到检测样品所需的数量，以保证每孔中含有 10 000 个 CTLL 细胞（通常每孔加入 150 μL）。

（8）将 CTLL 细胞培养液加入到 96 孔板内，每孔内含上清液 40~50 μL，检测 IL-2。若孔多时可使用多道移液器。

（9）确保每孔加入相同量的细胞，并在加入的过程中混匀，否则影响读数。

（10）对照组的设置见注释 24 和注释 25 的详细介绍。

（11）用显微镜观察 96 孔板，以确保每孔有大体相同数量的 CTLL 细胞。

（12）细胞培养板置于 5% CO_2 培养箱，37℃过夜培养。

（13）用显微镜观察细胞培养板，等到阳性对照组（含 IL-2 孔）的细胞大而亮，阴性对照组（无 IL-2 孔）的细胞几乎死亡。通常情况下是在培养 15~30 h 后。

（14）每孔加入 10 μL 的 MTS/PMS，由于其光敏特性，所有操作应避光。

（15）加入 MTS/PMS 后，一旦有可视颜色变化（通常为 6~12 h 后）即读取 492 nm 波长下的吸光度（690 nm 做参照）。每 2 d 读取一次，直至颜色或者吸光度值趋于稳定。

（16）每天在显微镜下观察培养皿中是否存在可能的污染，确保培养皿读数器和分析工作正常，细胞增殖最多的孔吸光度值最大（见注释 26）。

3.5　结果分析

如果抗原递呈被病毒或病毒基因抑制，则 IL-2 和 NO 的产生量降低，因为二者都可作为抗原递呈的成分[8,22]。不过这是探索病毒基因影响该系统的线索，因为 APC 先激活 T 淋巴细胞，随后活化的 T 淋巴细胞激活 APC。例如，假如 IL-2 正常产生，NO 减少，则表明 APC 能够递呈抗原，T 淋巴细胞能够回应 IL-2 机制，但也可能 APC 靶向的 T 淋巴细胞介质被阻断，或者在抗原递呈后，T 淋巴细胞分泌了一种不同的细胞因子，进而使 APC 受到了不同的作用。因为这是一个连续的过程，既然病毒可以在特定点阻断这一过程，那么就有多种可能。

如果发现了一种可能的表型，那么下一步需要解析这一分析系统，以进一步阐明病毒或病毒基因的作用机制。分离 APC 并通过感染 APC 分析 T 淋巴细胞的存在，再通过脂多糖和 / 或 IFN 刺激 NO 的产生 [8]。如果对 APC 有影响，则可进行对病毒影响的分析。如果痘苗病毒在 APC 中不能正常复制，会影响新陈代谢，细胞凋亡的诱导，表面共刺激标记物、MHC 和抗原肽的表达 [8, 9, 22, 23]。同样的，分离 T 淋巴细胞，培养并接种病毒，然后用佛波醇酯、离子霉素和伴刀豆球蛋白 A 刺激，以研究病毒效应 [8]。不过我们以及其他的研究人员均发现，痘苗病毒很难影响到 T 淋巴细胞 [8, 22, 27]，大多数病毒影响都是针对 APC 的。

4　注　释

（1）痤疮丙酸杆菌，曾称短小棒状杆菌。市售的灭活痤疮丙酸杆菌的兽药产品名为 EqStim（Neogen 公司），也可以自行制备。

（2）许多 FBS 都能够很好地维持免疫细胞的生长和功能。但并没有特定的血清或者已知能够保证正常免疫反应的成分。所以在大量实验前，最好先进行血清测试。一旦发现好的血清源，保存足够的量以供后续的体外免疫实验。

（3）免疫细胞通常需要含 5×10^{-5} M 的 β 巯基乙醇的培养液。我们强烈建议培养基中应添加 β 巯基乙醇。

（4）Griess 试剂盒购自 Promega 公司。

（5）MTS（Cell Titer 96）也为 Promega 公司试剂盒中的组成部分。

（6）要使用聚丙烯离心管，APC 不会黏附在上面。如果组织细胞经塑料管处理过，APC 会黏附在上面而有损失，在检测期间，APC 不会因添加 T 淋巴细胞而悬浮。

（7）我们通常以 1∶2 的比例对每孔 100 000~1 500 APC 滴定 3 次，因此每组需要大约 600 000 个细胞。我们建议对 APC 进行滴定，以便能看到一系列的响应，最大限度地提高捕获差异对递呈效率的影响。

（8）由于病毒的滴度可能影响抗原递呈的效率，因此病毒的滴度非常重要。我们推荐使用反复滴定的高滴度病毒储液，以确保在比较 2 种或更多病毒时滴度的可信度。而且，感染当天也可以再次确认病毒滴度。

（9）制备纯化病毒用于感染，是为了消除从原始细胞溶解物中携带的微量细胞因子或其他生物分子可能带来的干扰。

（10）保持管倾斜的目的是允许良好的气体交换，确保该细胞不在管底部沉淀，维持细胞活力。

（11）切记，接触到病毒的耗材都需经高压灭菌或清洁剂处理，使病毒失活后才能废弃。

（12）此步骤是可选的，在后续的步骤中使用的 RsL11 T 细胞和 CTLL 基本不受痘苗病毒的影响[22]。

（13）可以增加抗原浓度以增加刺激的效应。我们使用的抗原浓度范围在 50~500 nM[8]，但也有人将浓度提高到 μM 级[24]。GPMBP 肽片段比整个蛋白花费要少。

（14）洗掉抗原这步也可省略；使用规定的抗原刺激时间可以更好地检测抗原摄取或处理效率的变化，能更好地检测抗原被摄取和递呈的改变。

（15）抗原递呈反应的背景被定义为在没有抗原或没有任何一种细胞类型的情况下检测到的结果，因为抗原递呈反应需要所有 3 种成分。最好的对照是细胞类型和抗原都没有，但是缺失其中的一种成分对于分析产生背景的来源都是有用的。

（16）也可向每个孔中添加 150 μL 的细胞，以增加可用上清液的体积（每孔 250μL，而不是 200 μL 的体积），并为细胞提供更多培养基，以延长培养时间。

（17）为测定上清液中生物效应器的浓度，此步骤中每个时间点从每孔中收集的上清液体积必须相同，如果样品之间的体积不同，将影响浓度的测定。

（18）通过显微镜观察收集的细胞上清液来验证移液器是否正常。我们通常能够从含有 200 μL 的细胞孔中收集到总量为 150 μL 的液体（即 50μL 3 次，每个时间点一次），或者从总体积 250 μL 的孔内收集 200 μL 上清液（如果需要其他的时间点）。

（19）注意！在后来的时间点上，细胞可能会过生长或培养基营养枯竭，影响结果的分析。刺激最强烈地细胞增殖迅速，死亡也最快，达到峰值。

（20）由于 Griess 试剂可测量亚硝酸盐，如果你想测量实际样品中有多少 NO，则可用亚硝酸钠制作标准曲线。

（21）维持细胞生长的 IL-2 浓度的用量由供货商决定。我们使用的 IL-2 来自由杆状病毒感染的细胞。细胞由 ATCC 提供，该机构建议"使用 Becton Dickinson 公司的含有刀豆蛋白 A 的 10% T-STIM"。

（22）对于我们而言，在不存在 IL-2 的情况下，通常可以维持 3~4d 的生长。这取决于细胞在不含 IL-2 的培养基之前已经生长了多少 IL-2。

（23）台盼蓝染色，吸取 10 μL 细胞加入 90 μL 0.4% 台盼蓝染料（1：10 稀释）并混合。使用新的吸管把 10 μL 的混合溶液滴到血细胞计数器，并计数明亮的白色细胞（死细胞会出现灰色或蓝色）。按照血细胞计数器说明计算细胞数 /mL。通常（细胞数 / 格）× 稀释系数 × 10^4= 细胞数 /mL。

（24）重要的阴性对照：①培养基对照，3 个孔只加 200 μL RPMI 培养基，不加 IL-2；②无 IL-2 或上清液对照，3 个孔只加 150 μL CTLL 细胞和 50 μL RPMI，不加 IL-2。

（25）重要的阳性对照（CTLL 和 IL-2）：3 个孔加 150 μL CTLL，50 μL RPMI CTLL生长培养基，并加入 IL-2。用已知浓度的 IL-2 制作 IL-2 标准曲线。

（26）绘制曲线最佳的时间点：阴性对照孔的背景很低，阳性组吸光度接近其峰值但未达到数据不再增长的平台期。最佳的分析时间点通过对比阴性对照的最高值而得。最高读数与阴性对照值之比最大时的时间点很可能就是分析数据的最佳时间点。

致谢

感谢东卡罗来纳大学的 Mark Mannie 博士开发了大鼠抗原递呈系统，以及他给予的大力协助和建议。本项工作得到了北卡罗来纳生物技术中心和美国国家卫生研究院（NIH）以及东南部地区生物防御和新发传染病中心项目（U54 AI057157）的支持。

参考文献

[1]　Upton C，Slack S，Hunter AL，Ehlers A，Roper RL. 2003. Poxvirus orthologous cluster：toward defining the minimum essential poxvi- rus genome. J Virol 77：7590–7600.

[2]　Ludwig H，Mages J，Staib C，Lehmann MH，Lang R，Sutter G. 2005. Role of viral factor E3L in modified vaccinia virus ankara infection of human HeLa cells：regulation of the virus life cycle and identification of differentially expressed host genes. J Virol 79：2584–2596.

[3]　Guo ZS，Naik A，O'Malley ME，Popovic P，Demarco R，Hu Y et al. 2005. The enhanced tumor selectivity of an oncolytic vaccinia lack- ing the host range and antiapoptosis genes SPI-1and SPI-2.Cancer Res65：9991–9998.

[4]　Bradley RR，Terajima M. 2005. Vaccinia virus K1L protein mediates host-range function in RK-13 cells via ankyrin repeat and may interact with a cellular GTPase-activating protein. Virus Res114：104–112.

[5]　Langland JO，Jacobs BL. 2002. The role of the PKR-inhibitory genes, E3L and K3L, in deter- mining vaccinia virus host range. Virology 299：133–141.

[6]　Johnston JB，Barrett JW，Nazarian SH，Goodwin M，Ricuttio D，Wang G et al. 2005. A poxvirus-encoded pyrin domain protein interacts with ASC-1 to inhibit host inflammatory and apoptotic responses to infection. Immunity 23：587–598.

[7]　Jackson SS，Ilyinskii P，PhilipponV，GritzL，Yafal AG，Zinnack K et al. 2005. Role of genes that modulate host immune responses in the immunogenicity and pathogenicity of vaccinia virus. J Virol79：6554–6559.

[8]　Rehm KE，Connor RF，Jones GJB，Yimbu K，Mannie MD，Roper RL. 2009. Vaccinia virus decreases MHC class Ⅱ antigen presentation，T cell priming，and peptide association with MHC class Ⅱ. Immunology 128：381–392.

[9]　Rehm KE，Jones GJ，Tripp AA，Metcalf MW，Roper RL. 2010. The poxvirus A35 protein

is an immunoregulator. J Virol 84：418–425.

[10] Stewart TL，Wasilenko ST，Barry M. 2005. Vaccinia virus F1L protein is a tail-anchored protein that functions at the mitochondria to inhibit apoptosis. J Virol 79：1084–1098.

[11] Gomez CE，Vandermeeren AM，Garcia MA，Domingo-Gil E，Esteban M. 2005. Involvement of PKR and R Nase L in translational control and induction of apoptosis after Hepatitis C polyprotein expression from a vaccinia virus recombinant. J Virol 2：81.

[12] Wang G，Barrett JW，Nazarian SH，Everett H，Gao X，Bleackley C et al. 2004. Myxoma virus M11L prevents apoptosis through constitutive interaction with Bak. J Virol 78：7097–7111.

[13] Roper RL，Payne LG，Moss B. 1996. Extracellular vaccinia virus envelope glycoprotein encoded by the A33R gene. J Virol 70：3753–3762.

[14] Roper RL，Wolffe EJ，Weisberg A，Moss B. 1998. The envelope protein encoded by the A33R gene is required for formation of actincontaining microvilli and efficient cell-to-cell spread of vaccinia virus. J Virol 72：4192–4204.

[15] Nichols DB，Shisler JL. 2006. The MC160 protein expressed by the dermatotropic poxvirus molluscum contagiosum virus prevents tumor necrosis factor alpha-induced NF-kappa B activation via inhibition of I kappa kinase complex formation. J Virol 80：578–586.

[16] Shisler JL，Jin XL. 2004. The vaccinia virus K1L gene product inhibits host NF-kappa B activation by preventing I kappa Balpha degradation. J Virol 78：3553–3560.

[17] Guerra S，Lopez-Fernandez LA，Conde R，Pascual-Montano A，Harshman K，Esteban M. 2004. Microarray analysis reveals characteris- tic changes of host cell gene expression in response to attenuated modified vaccinia virus Ankara infection of human HeLa cells. J Virol 78：5820–5834.

[18] Rubins KH，Hensley LE，Jahrling PB，Whitney AR，Geisbert TW，Huggins JW et al.2004. The host response to smallpox：analysis of the gene expression program in peripheral blood cells in a nonhuman primate model. Proc Natl Acad Sci USA101：15190–15195.

[19] Wyatt LS，Earl PL，Eller LA，Moss B. 2004. Highly attenuated smallpox vaccine protects mice with and without immune deficiencies against pathogenic vaccinia virus challenge. Proc Natl Acad Sci USA101：4590–4595.

[20] Roper RL. 2006. Characterization of the vaccinia virus A35R protein and its role in virulence. J Virol 80：306–313.

[21] Martina BE，van Doornum G，Dorrestein GM，Niesters HG，Stittelaar KJ，Wolters MA et al. 2006. Cowpox virus transmission from rats to monkeys，the Netherlands. Emerg Infect Dis 12：1005–1007.

[22]　Rehm KE, Connor RF, Jones GJ, Yimbu K, Roper RL. 2010. Vaccinia virus A35R inhibits MHC class II antigen presentation. Virology 397：176–186.

[23]　Mannie MD, Dawkins JG, Walker MR, Clayson BA, Patel DM. 2004. MHC class II biosynthe- sis by activated rat CD4+ T cells：development of repression in vitro and modulation by APC- derived signals. Cell Immunol 230：33–43.

[24]　Mannie MD, Norris MS. 2001. MHC class-Ⅱ-restricted antigen presentation by myelin basic protein-specific CD4+ T cells causes prolonged desensitization and outgrowth of CD4- responders.Cell Immunol 212：51–62.

[25]　Campos-Neto A, Ovendale P, Bement T, Koppi TA, Fanslow WC, Rossi MA et al. 1998. CD40 ligand is not essential for the develop- ment of cell-mediated immunity and resistance to Mycobacterium tuberculosis. J Immunol 160：2037–2041.

[26]　Li P, Wang N, Zhou D, Yee CS, Chang CH, Brutkiewicz RR et al. 2005. Disruption of MHC class Ⅱ-restricted antigen presentation by vaccinia virus. J Immunol 175：6481–6488.

[27]　Chahroudi A, Chavan R, Koyzr N, Waller EK, Silvestri G, Feinberg MB. 2005. Vaccinia virus tropism for primary hematolymphoid cells is determined by restricted expression of a unique virus receptor. J Virol 79：10397–10407.

（赵志荀、王　曼　译）

第 16 章 调节天然免疫信号通路的痘病毒
编码蛋白特征

Florentina Rus, Kayla Morlock, Neal Silverman, Ngoc Pham,

Girish J. Kotwal, William L. Marshall

概　要

对病原体的天然免疫识别对快速控制感染至关重要，该过程可以引起适应性免疫应达，从而使宿主产生长期的免疫力。由痘病毒编码的蛋白质家族可以抑制下游的 toll 样受体信号，严重限制转录因子，诸如 IRF3 以及 NF-κB 的核转运过程，从而抑制宿主释放干扰素与细胞因子。本章中，我们描述了根据蛋白家族（例如，A52、A46 以及 N1 蛋白）的相似性，来识别痘病毒对天然免疫应达具有抑制作用蛋白质的生物信息学技术。荧光素酶试验可以稳定地检测已知痘病毒基因是否会影响先天性免疫信号传导，在结合其他方法后还可以确定痘病毒先天性免疫逃逸基因的靶细胞。由于细胞凋亡是细胞对病毒感染的一种先天免疫反应，因此该试验也可以用于鉴定抑制细胞凋亡的痘病毒基因。目前，正在使用这几种方法对新出现的痘病毒天然免疫抑制剂进行鉴定，同时这些方法也可以检测宿主天然免疫与痘病毒之间极其复杂的作用机理。

关键词：Toll 样受体；Toll/ 白介素 -1 受体；干扰素调节因子 -3；TANK-binding 激酶 1；I-κB 激酶复合物；干扰素刺激效应元件；bcl-2；痘苗病毒

1　引　言

1.1　Toll 样受体与信号通路

Toll 样受体（TLRs）是天然免疫过程中防止病毒性病原体感染的一个关键组成部分。TLRs 是模式识别分子中能对感染做出免疫应答的一个大家族，例如在果蝇的抗真菌感染中，原型 Toll 样受体具有关键的作用。TLR 信号是由病原体组分结合到 TLR 富含亮氨酸的重复区域时触发的。下述配体依赖性结合以及信号转导是通过 TLRs 以及 TIR 结合信号蛋白间的相互作用完成的，这种相互作用在空间上与受体的细胞质，Toll/IL-1 受体（TIR）结构域相互关联[1,2]。这种进化保守的信号通路也与 IL-1 受体（IL-1R）的信号转导有关。信号转导包括 TLRs 的连接，以及之后 TIR 衔接蛋白的聚集（例如，Mal/TIRAP、TRIF/TICAM-1、MyD88[2-6] 以及 TRAM/TICAM-2[7,8]）。TIR 衔接蛋白聚集与TRIF 共同导致了受病原体感染细胞的凋亡[9]。TIR 衔接蛋白聚集往往会刺激机体产生IL-1 受体相关激酶（IRAKs），肿瘤坏死相关因子 6（TRAF6）以及 I-κB 激酶（IKK）等的混合物[2]。即便是对该信号通路最低限度的利用也可以刺激产生 NF-κB 激活物，同时激活大量 MAPK 信号通路（包括 p38、JNK 以及 ERK 信号通路）[6]。

　　病毒感染后激活机体天然免疫应答。TLR3 与 TLR4 通过各自的配体连接，例如双链RNA（dsRNA）与脂多糖（LPS）的连接，TIR 衔接蛋白 TREF 与 TRAM 的连接，其中后者的信号传导通过 IKK 复合物传导至 NF-κB 和干扰素调节因子 3（IRF3）[8,10]。下游激酶，包括 TANK- 结合激酶 1（TBK1）[11] 以及 IKK-ε[2]，都参与到 IRF3 的信号传导，其中，IKK-ε 位于非磷酸化的细胞质区域，对 IRF3 转录因子具有磷酸化的作用。经磷酸化，IRF3 被激活，并转移到细胞核，在细胞核中结合到启动子元件（例如，干扰素刺激反应元件 ISRE 以及 IFN-β 启动子）。最终会导致部分抗病毒细胞因子的产生，如干扰素 -α/-β 和趋化因子 RANTES 以及 IP-10[8,12]。

1.2　痘病毒对宿主天然免疫信号通路的干扰

　　痘病毒可以通过多个途径干扰宿主天然免疫。例如，痘苗病毒（VACV）可溶性 IFNα/β受体可以抑制 I 型干扰素在受体水平上的免疫应答[13]。此外，由痘苗病毒 E3L 基因与K3L 基因编码的蛋白可以结合双链 RNA，同时抑制 IRF3 的磷酸化作用，并抑制 IFN 的产生[14]。即便可溶性 IFNR 对 IFN 的信号抑制与 E3- 和 N1- 诱导抑制子对 IRF3 至 ISRE的信号抑制几乎同时发生，可溶性干扰素受体仍然对 ISRE 关联转录因子具有抑制作用。由于 TIR 衔接蛋白、TRIF 向 IRF3 传递信号[5,8]，并在体外调节痘病毒滴度降低 20 倍[15]，因此痘病毒对干扰素的抑制具有关键作用，这表明 TLR 介导的通过 IRF3 执行的天然免疫在控制痘病毒感染中具有关键性作用。

　　痘病毒以及其他的病毒，都能够编码人 bcl-2（vbcl-2s）基因的同源蛋白，该蛋白对天然免疫（例如，细胞凋亡）的抑制起到关键性的作用。细胞凋亡是一种先天性细胞免疫，细胞凋亡可以通过程序性细胞死亡的其中一种途径来终止病毒复制。对重组人类疱疹病毒四型（Epstein–Barr Virus，EBV）敲除自身 BHRF1 以及 BALF1 vbcl-2s 基因过程的研究表明，单个 EBV bcl-2 基因在转化过程中是非必须的，但 2 个 EBV bcl-2 基因的同源蛋白同时缺失时在转化时 EBV 不能存活[16]。痘苗病毒是已知除 EBV 外唯一编码两组 vbcl-2s 的病毒。痘苗病毒的 vbcl-2s 包括 N1[17,19] 以及 F1[19]。F1 片段可能在病毒感染后抑制天然免疫介导的细胞凋亡中起关键作用，在病毒敲除 F1 片段后感染细胞，细胞将在没有凋亡刺激的情况下发生凋亡[19]。相反，N1 片段可以抑制天然免疫过程中的信号转导[20]，N1

为一段抗凋亡 vbcl-2 片段，在结构上与 bcl-xl 相似[17,18]。N1 与 F1 片段在功能上有一个明显的区别，即细胞在感染无 N1 vbcl-2 片段的痘苗病毒时不会产生自发的细胞凋亡。因此，来自痘苗病毒或其他几种病毒的 *vbcl-2s* 片段似乎对某些病毒存活相关的天然免疫逃避功能具有关键性作用。

1.3 痘病毒先天免疫抑制剂的生物信息学鉴定

目前，发现许多病原体都已进化出抑制 TLR 信号传导通路的机制。痘苗病毒编码几种抑制 TLR 信号通路的蛋白质[20,21]，这些蛋白质包括 A52、A46 以及 N1，小鼠痘病毒感染模型表明这些蛋白都具有调节病毒毒力的作用[19-22]。细胞试验证实，N1 蛋白在 TLR 的刺激作用下，可抑制 NF-κB 和 IRF3 的激活[20]。

猪痘病毒（Swinepox virus，SPV）可以编码 5 种不同的"A52R 样"基因[23]，与 N1 片段具有同源性。数据库检测显示，在 SPV 病毒编码的 5 个 A52 同源染色体中，有 4 个在牛痘病毒与天花病毒基因组中结构上同源，并位于相似的位置，包括 A52、A46 以及 B22/C16（见表 16-1）。由猪痘病毒编码的"A52R 样"蛋白与 VACV 的 K7、B15 蛋白相似（见图 16-1）。我们研究发现，痘苗病毒 N1 蛋白与 A52 非常相似（PHI-BLASTe = 3 × 10⁻¹²），目前的研究表明，A52 蛋白对 Toll、IL-1 以及 IL-18 向 NF-κB 的信号传导过程有抑制作用[20]。N1 与 SPV"A52R 样"蛋白同源性较远（数据未显示），同时他们在痘苗病毒中也具有一定的同源性（见图 16-1）。N1 与 A52 都可以抑制 Toll 与 IL-1 的信号传导，同时二者在结构上相似，从而使得人们开始研究 N1 对 Toll 以及 IL-1 的信号通路的影响。该研究发现，N1 对天然免疫的调节在某种意义上与 A52 以及 A46 不同[20]。折叠识别法分析（"threading"）[24]预测表明，N1 与 bcl-2 家族成员具有相似的折叠（研究未公开）。随后发现 N1 具有 bcl-2 家族成员的溶解结构以及特定功能[17,18]。

表 16-1 通过功能确定痘苗病毒 A52R/N1L 基因家族成员

基因	猪痘病毒同系物	抑制的转录因子	机制	功能
A52R	SPV135	NF-κB（激活 MAPK）	靶向 IRAK2 和 TRAF6	抑制 IL-1、IL18、TLR 到 NF-κB 的信号通路
N1L	未知	NF-κB 和 IRF3	靶向 TBK1	抑制 IL-1、TNF、LT 和 TLR 信号
C16L/B22R	SPV001/SPV150	未知	未知	结构上与 TLR 抑制因子相似
A46R	SPV133	NF-κB&IRF3	显性抑制 TIR	抑制 TL-1R、TLR 信号

其他痘病毒天然免疫调节蛋白包括 K1（抑制 NF-κB 转运）、E3 和 K3，这些蛋白都通过各自的机制来抑制干扰素的应答过程。

IKKs 对 NF-κB 以及 IRF3 的激活具有关键性作用，N1 可能是通过与 IKKs 的相互作用从而抑制信号传导的过程。近期发现了分别来自博纳病毒、丙型肝炎病毒以及狂犬病毒这 3 种不同的蛋白，经鉴定这 3 种蛋白具有与 N1 靶标 IKK 复合物相似的作用机理[25-27]。这说明此 3 种病毒与痘苗病毒在病毒天然免疫信号转导抑制作用中有趋同进化的现象。而在图 16-2a 的射线系统发育树中显示，相同痘病毒原始基因对天然免疫抑制的系统进化为趋异进化，这与之前的研究形成鲜明对比。天然免疫抑制的系统进化过程中，原始基因的趋异进化过程与痘病毒通过复制和重组进行进化的假设一致。在图 16-2b 中，所有已报道和预测的 A52/N1 家族成员，与 EBV 编码的 2 个 vbcl-2s 以及痘苗病毒编码的 2 个 vbcl-2s 均一致。意外的是，虽然 F1 v-bcl-2 与 EBV 编码的 vbcl-2s 具有更为紧密地关联，但对部分痘病毒的基因组中的重复序列，尤其是末端重复序列的研究中发现，N1 VAVC vbcl-2 在进化上与 F1 v-bcl-2 却是分开的。

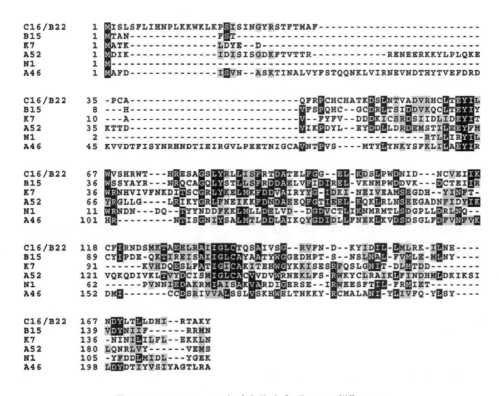

图 16-1　Boxshade 比对痘苗病毒"A52R 样"ORFs

　　显示出与 7 个 A52R/N1L 免疫逃避家族成员相似，部分功能仍不清楚。使用 TCoffee 进行比对并使用 Boxshade3.21 软件从网址 URL：http：//www.ch.embnet.org/software/BOX_form.html 打印。

　　显然，在进化上与痘苗病毒以及猪痘病毒相异的痘病毒却编码了一个相似的蛋白家族，该蛋白家族对痘病毒天然免疫具有抑制作用。这些痘病毒编码的蛋白可以抑制 TLR 介导的信号转导，依赖细胞因子的信号转导，以及细胞凋亡信号转导。痘病毒基因家族中部分基因还未发现对天然免疫有抑制作用，如 C16/B22。但已发现有部分基因与 A52/

N1 家族具有相似性（见图 16-2），目前已知 A52/N1 家族对天然免疫的信号转导具有抑制作用。例如，近期发现的 B14 蛋白为痘苗病毒蛋白，可以抑制 IKK β 信号转导，同时具有类 bcl-2 蛋白溶解结构。但在 BLAST 检索中，B14 与 A52/N1 的氨基酸序列同源性较低[28]。目前，对 A52/N1 家族蛋白与其他一些痘病毒蛋白的关系进行了研究，这些痘病毒蛋白与 A52/N1 家族蛋白具有不同的作用，但在抑制天然免疫方面具有类似的功能（例如，VACV 中 N1 与 F1 vbcl-2s 的关系）。本章提供了分析影响痘病毒蛋白先天性免疫信号传导的方法。

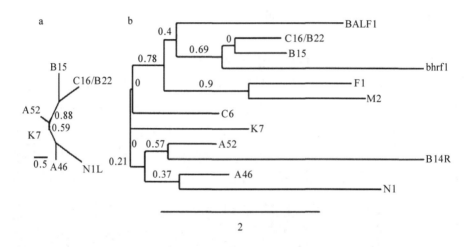

图 16-2 进入网站：http：//www.phylogeny.fr[32]，使用 TreeDyn198.3 程序进行进化分析

（a）VACV N1 以及 VACV 蛋白与 5 SPV "A52 样" 蛋白的相似性。（b）所有已知 VACV 天然免疫抑制家族成员，VACV vbcl-2 以及 EBV bcl-2s。

2　材　料

2.1　痘病毒基因的克隆及表达载体构建

（1）pCR3.1（Invitrogen 公司，Carlsbad，加尼福尼亚）。

（2）PFU Turbo 聚合酶（Agilent 公司）。

（3）10 × PCR buffer（Agilent 公司）。

（4）dNTPS 混合物（Promega 公司）。

（5）200 μL 薄壁 PCR 管。

2.2　转染细胞

（1）细胞系：野生型 HEK 293 细胞（ATCC CRL-1573），HeLa 细胞（ATCC CCL2.2），

稳定表达 CD14、MD2、TLR2、TLR3 或 TL4 的 HEK 293 细胞[29, 31]（见注释 1）。

（2）组织细胞培养液：杜氏改良 Eagle 培养基，含 10% 热灭活的小牛血清，青霉素 / 链霉素和 L- 谷氨酰胺，10 μg/mL 的环丙沙星。

（3）Flag 标记的 Mal、TRAM TRIF、IKKε、TBK1 构建以及 pGL（3~5）×κB-luc 质粒如前所述[12]。编码 MyD88 的质粒来自 M. Muzio（Mario Negri 研究所，意大利，米兰）。

（4）ISRE 荧光霉素表达质粒（pISREluc；Stratagene/Agilent 公司，Santa Clara，美国加利福尼亚州）。

（5）海鳃荧光霉素表达质粒（pTk-renilla；Promega 公司，Madison，美国威斯康星州）。

（6）Poly I：C（GE Healthcare 公司），用水稀释成 2 mg/mL 储液（100×），–20℃ 保存。

（7）人的 IL-1 和 TNF-α（Cell Sciences 公司，Canton，美国马萨诸塞州），使用浓度为 10 ng/mL。

（8）TE 缓冲液：10 mM Tris–HCl，pH 值 7.2 和 1 mM EDTA。

（9）痘苗病毒 Western Reserve 毒株（WR）（ATCC VR-1354）。

（10）抗 V5 抗体（例如，Sigma-Aldrich 公司，Cat.# V8137）。

（11）GeneJuice 转染试剂（Novagen 公司，Madison，美国威斯康星州）。

（12）pEFBosTRAF6 表达载体，由 D. Golenbock 和 Brian Monks 博士惠赠（Brian.Monks@umassmed.edu）。

（13）商业来源的海鳃底物（Promega 公司，Madison，美国威斯康星州）。

（14）被动裂解液（如 Promega 公司的 Part#E397A，Madison，美国威斯康星州）。

2.3　由实验室材料制备荧光素酶底物

（1）10 mM ATP 溶液（0.12 g ATP 溶于 20 mL 水中）。

（2）乙酰辅酶 A，锂盐。购买 2×25mg 包装，每个小瓶中加入 2mL 水使其浓度为 25 mg/mL。

（3）准备终体积为 228 mL 的萤火虫荧光素酶底物（1×），按下列顺序加入化学试剂（见注释 2）：0.817 g 三甲基甘氨酸（Tricine，终浓度为 20 mM），1.21 mL 浓度为 500 mM 的 $MgSO_4$（终浓度为 2.67 mM），45.6 mL 浓度为 500 mM 的 EDTA，pH 值 8.0（终浓度为 0.1 mM），7.41 mL 浓度为 1 M 的 DTT（终浓度为 32.5 mM），12 mL 的现配 10 mM ATP 溶液（终浓度为 530 mM ATP），1.89 mL 的 25 mg/mL 新鲜的乙酰辅酶 A 溶液（终浓度为 270 mM），30 mg 活体成像试剂 D- 荧光素（如购自 Biosynth 公司的 L-8200；见注释 3），添加 199.86 mL 水使其终体积为 222.6mL，然后加入 570 mL 的 2 M NaOH（见注释 4）

和 1.21 mL 的 50 mM 碱式碳酸镁。

2.4 免疫共沉淀及免疫印迹

（1）免疫共沉淀裂解缓冲液：0.5% Triton X-100，300 mM NaCl，50 mM Tris–HCl（pH 值 7.6），1 mM EGTA，10 mM HEPES，5 mM $MgCl_2$，142 mM NaCl 以及完全 TM 蛋白酶抑制剂混合物（Roche Diagnostic 公司）。

（2）Protein G 琼脂凝胶柱（GE Healthcare 公司）。

（3）Laemmli 缓冲液。

（4）15% SDS-PAGE Tris–HCl 凝胶。

（5）制备 10 L 凝胶电泳缓冲液：144.4 g 甘氨酸，30 g Tris base，添加 SDS 使其终浓度为 0.1%。

（6）0.45μm PVDF 膜。

（7）制备 10 L 印迹转移缓冲液：434g 甘氨酸，87g Tris base 溶于 10 L 水中，添加 SDS 使其终浓度为 0.1%。

（8）抗 FLAG 单克隆抗体（M5；Sigma-Aldrich 公司）。

（9）5% 奶粉：Carnation 牌速溶奶粉溶于 PBS/T20 中。

（10）辣根过氧化物酶标记的驴抗鼠二抗（Amersham 公司；Arlington Heights，美国伊利诺伊州）。

（11）磷酸盐缓冲液（PBS）/T 20：1 × PBS/0.5% Tween 20。

（12）ECL 显影系统（Perkin-Elmer 公司）。

（13）Fuji-1000 成像仪。

2.5 流式细胞仪分析凋亡

（1）GFP 表达载体（pEGFPN1，Clontech 公司）。

（2）1 μM 十字孢碱（Sigma 公司）。

（3）结合缓冲液（Biovision 公司，MountainView，美国加利福尼亚州，如 Cat# K103）。

（4）Cy5 标记的 Annexin V（Biovision 公司，Mountain View，美国加利福尼亚州）。

（5）BD-LSR FACStar 流式细胞仪（Becton-Dickinson 公司，San Diego，美国加利福尼亚州）。

（6）Flowjo 软件（版本为 4.1.1）（Tree Star 公司，San Carlos，美国加利福尼亚州）。

2.6 细胞和痘病毒蛋白间的异二聚化分析

（1）bax 抗体：bak 抗体或者 bad 抗体（Santa Cruz Biologicals 公司，Santa Cruz，美国

加利福尼亚州）。

（2）10%（*V/V*）蛋白 G 琼脂糖柱悬液（GE healthcare 公司）。

3　方　法

3.1　构建含有编码 VACV ORFs 天然免疫逃避蛋白的载体

（1）通过 PCR 扩增编码痘苗病毒天然免疫逃逸基因候选基因 ORF 框，获得编码痘苗病毒天然免疫逃逸基因，将其克隆到 pCR3.1 上。

（2）PCR 扩增模板为痘苗病毒（COP 株或 WR 毒株），溶于 TE 缓冲液中浓度为 1 000 000 PFU/μL，于 100℃加热处理 5 min。

（3）为了便于 VACV ORF 转染表达效果的检测，一条引物 C 端应当编码 V5 标签。因此，为了便于克隆到 pCR3.1 中，引物中需添加 3′和 5′限制性酶切位点。5′引物含有一个 *Bam*H I 酶切位点，3′引物含有 V5 标签和 *Pst*1 酶切位点（见注释 5）。

（4）引物由 Eurofins MWG Operon 公司合成（Huntsville，美国阿拉巴马州）。

（5）PCR 反应体系（于 200 μL 薄壁 PCR 管中）和程序如表 16-2 所示。

（6）PCR 产物和 pCR3.1 同时经 *Bam*H I 和 Pst1 酶切（见注释 5）。

（7）应用反向引物 T7 和 BGH 引物对含有 VACV ORF 的重组 pCR3.1 载体进行双向测序。

（8）使用 1∶1 000 的抗 V5 抗体通过免疫印迹（见 3.3）检测 V5 标签的表达产物。

表 16-2　PCR 反应体系和反应条件 [a]

试剂	体积（μL）
5′引物（50 pmol）	1
3′引物（50 pmol）	1
VACV DNA 模板	1
Puff Turbo 聚合酶	1
10× 缓冲液	5
dNTP 混合物	1
dH$_2$O	40
总计	50

[a] 扩增条件为：94℃ 30s，55℃ 30s，按 VACV 的 ORF 大小于 68℃下 1 min/kb 扩增。共计 35 个循环。

3.2　荧光素酶检测

（1）转染前，将 HEK 293 细胞以 6 × 10^4 个细胞 /mL 的浓度平铺于 96 孔板，培养 24 h

239

（见注释6-8）。

（2）根据制造商的建议，所有HEK 293细胞的转染均使用GeneJuice进行。简单来说就是，准备转染混合物加到96孔板上。将20 μL DMEM与0.5 μL GeneJuice混合作用5min，然后加入200 ng DNA，孵育15 min后加入到96孔板的一个孔内（见注释9）。

（3）以等量的ISRE荧光素酶质粒（25ng/孔）或NF-κB荧光素酶质粒（25ng/孔）、Tk-Renilla荧光素酶质粒（25ng/孔）与100 ng/孔含有痘苗病毒天然免疫抑制剂的质粒或空载体共转染HEK细胞（见注释10）。

（4）转染后24~48 h（一旦细胞生长融合度达80%左右），通过以下几种方法之一刺激信号通路。

（a）在某些特定情况下，每孔加入25~50 ng NF-κB信号通路的组分（如pEFBo-sTRAF6表达质粒），以使其过表达。

（b）使用TLR3配体（如Poly I：C，可用于TLR3表达细胞），激活NF-κB或IRF3信号通路。

（c）通过NF-κB刺激信号通路，使用10 ng/mL的IL-1或TNF-a就可以激活信号通路。

（5）为测定萤火虫荧光素酶和海鳃荧光素酶的活性，用50 μL的被动裂解液将细胞裂解，该裂解反应应在室温（约20℃）条件下作用15 min，并轻轻摇动。然后加入20 μL荧光素酶反应物至20 μL裂解液中[3]，立即测定荧光素酶活性。用同样的方法检测海鳃荧光素酶活性[3]。典型的检测结果如图16-3所示（见注释11）。

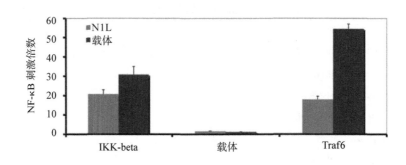

图16-3　N1抑制了由IKK-b或TRAF6诱导的NF-κB启动子的信号

用50ng的NF-κB荧光素酶和海鳃荧光素酶报告质粒和0或100 ng/孔N1编码质粒共转染HEK293细胞，补充空载体质粒使其总量达到200 ng DNA/孔。在信号刺激18 h后，收集细胞并测定萤火虫荧光素酶活性，除以测定的Tk海鳃荧光素酶活性3个重复孔的最低平均值，得到转染效率的标准值，即荧光素酶刺激倍数。

3.3　免疫共沉淀和免疫印迹

（1）用 V5 标记的痘病毒天然免疫抑制基因和 FLAG 标记的 NF-κB 或 IRF3 信号传导系统组件（可用成分如图 16-4 所示）共转染 HEK 细胞（见注释 12）。

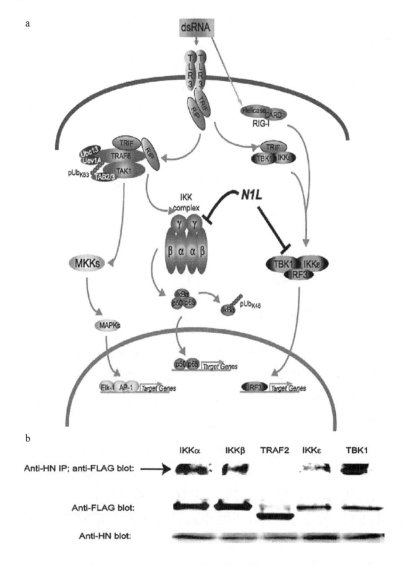

图 16-4　N1 通过与 IKK 信号复合物的成分结合抑制信号通路

（a）N1 抑制 TLR3 介导信号转导的示意图。该模型用一个简化的图形描述了 TLR3 诱导 NF-κB 和 IRF3 效应的突出特点。N1L 通过与 IKK α/β/γ 复合物的未知成分相互作用和直接与 IKKε/TBK1 复合物的 TBK1 激酶相互作用来抑制这两种信号通路的激活。（b）N1 相关的 IKK 信号复合物成分（上），图形左边所示。组氨酸—精氨酸（HN）标记的 N1L 在 HEK 细胞中与 FLAG 标记的 IKK α、IKK β、TRAF2、IKK ε 或 TBK1（裂解物—底部两个杂交点）共表达。用 Anti-HN 抗体与 N1L 进行免疫共沉淀分析，用 anti-FLAG 免疫杂交（顶部杂交点）检测相互作用的蛋白。HN 标签通过亚克隆 N1L cDNA 的 6 个 HN（His-Asn）C 末端融合的多肽，添加到 pDNR-dual 载体上，该载体编码 6 个组氨酸—精氨酸标签。

（2）转染过程中，将 T25 瓶内的细胞用胰酶消化并清洗（见注释 8）。然后向细胞内加入 300 μL 免疫沉淀反应裂解缓冲液，于冰上作用 1h。

（3）将裂解液 14 000 ×g 4℃离心 20 min，蛋白沉淀用 V5 抗体结合至 G 蛋白琼脂糖柱上。

（4）免疫沉淀反应的蛋白加入 20 μL 的 2×Laemmli 缓冲液，煮沸 5 min，然后经 15% SDS-PAGE 电泳分离。

（5）用 Biorad Mini Trans Blot，将蛋白转移至 0.45 μm PVDF 膜上，时间为 20~30min，电流为 50~100 mA，随后用 5% 奶粉封闭。

（6）用 1∶1 000 的抗 FLAG 单克隆抗体对印迹作用过夜，并用 PBS/T20 洗涤 4 次，每次 5 min。

（7）然后用驴抗鼠辣根过氧化物酶二抗作用 1~3 h[22]。

（8）二抗孵育过后，用 PBS/T20 洗涤 PVDF 膜 3~4 次。

（9）免疫印迹上的结果条带用 ECL 显影系统显影，并在 Fuji 成像系统或 X 射线胶片上成像（见注释 13）。

（10）将 FLAG 抗体加到 G 蛋白琼脂糖柱上进行免疫沉淀，用抗 V5 抗体进行免疫杂交，以确定抗 V5 抗体与 IP 检测结果的特异性。

3.4 流式细胞术检测细胞凋亡

在这里，我们用 VACV 天然免疫抑制表达质粒和表达诱导凋亡的 GFP 质粒共转染 HeLa 细胞。然后将细胞膜联蛋白 V 着色，并通过流式细胞术进行分析。

（1）24 孔板平铺 HeLa 细胞，用 VACV 天然免疫抑制表达质粒和表达诱导凋亡的 GFP 质粒（pEGFPN1）共转染细胞并孵育。

（2）转染 18h 后，用 1μm 十字孢碱处理一些孔的细胞，作用 2 h 诱导细胞凋亡（见注释 14）。

（3）同时，对照细胞单独用含 0.2% DMSO 的培养液处理。

（4）作用 2h 后，经十字孢碱处理的细胞和对照组细胞用胰酶消化收集，800×g 离心 2 min。

（5）用 500 μL 结合缓冲液重悬细胞，加入 5 μL Annexin V-Cy5，孵育 5 min，然后用流式细胞仪分析。

（6）用 BD-LSR FACStar 流式细胞仪分析细胞。

（7）结果数据用 FlowJo 软件（版本为 4.1.1）分析。

3.5 促细胞凋亡蛋白和痘病毒候选凋亡蛋白的异二聚化分析

（1）6 孔板平铺 HeLa 细胞，用 V5 标记的 VACV 编码天然免疫抑制基因共转染，之后如 3.3 中描述的方法，用 300 μL 免疫沉淀裂解缓冲液处理细胞。

（2）细胞裂解液中获得的蛋白，用每样品中加入 2 μg 结合于 20 μL 蛋白 G 琼脂糖珠的 anti-bax、anti-bak 或 anti-bad 抗体，使其沉淀。

（3）沉淀的蛋白加入 Laemmli 缓冲液，煮沸 5 min，然后经 15% SDS-PAGE 凝胶电泳分离。

（4）将蛋白转至 0.45 μm PVDF 膜，封闭，然后用 PBS/T20 洗涤 3~4 次。

（5）1 : 1 000 稀释的抗 V5 抗体作用印迹，孵育，PBS/T20 清洗 3~4 次，然后用驴抗鼠辣根过氧化物酶二抗孵育 30 min，基本上如参考文献所述[22]，然后用 PBS/T20 洗涤 3~4 次。

（6）免疫印迹上产生的条带结果用 ECL 显影系统显影，用 Fuji 成像系统或用 X 射线胶片成像。

4　注　释

（1）稳定转染的 HEK293 细胞系需要含遗传霉素硫酸盐的培养基（0.8 mg/mL）。

（2）海鳃荧光素酶底物溶液需要分装，然后避光保存于 −20℃，反复冻融不影响其稳定性。

（3）加入荧光素酶后，溶液应立即避光。

（4）加入 NaOH 后，溶液变黄。

（5）如果 VACV ORF 本身含有 *BamH* I 或 *Pst* I 酶切位点中的一种，则应考虑其他酶切位点。

（6）HEK 细胞的转染效率是荧光素酶反应成功的关键。达到高转染效率的关键是使用健康的、低传代次数细胞，并且其生长为 50%~80% 融合度。

（7）细胞裂解后转染前，应使其过夜恢复，理想的转染时间为铺板后 1 d。

（8）HEK 细胞对 EDTA 非常敏感，EDTA 不能用于 HEK 细胞的裂解，因此用胰蛋白酶代替。

（9）反应体系可根据用量按比例放大，将预混合试剂添加到所有孔。例如，如果要转染整个 96 孔板，就需要在 2 mL 的 DMEM 中加入 50 μL GeneJuice 和 20 μg DNA。

（10）转染效率的标准化通过在所有的转染中加入编码海鳃荧光素酶的质粒而实现。通过添加适当数量的空载体质量，使实验中转染的 DNA 的量相同。

（11）导致 VACV 蛋白低水平表达的原因有许多：①产物的毒性；②转录在细胞核内进行而不是在胞质中进行；③ VACV 蛋白的表达可能抑制 NF-κB 依赖的启动子，例如 CMV 启动子。

这里有几种可能的解决方案：①如果 VACV 的蛋白对细胞有毒性，可使用诱导表达系统（如 Gene Switch™，Invitrogen 公司），短时间的实验和瞬时转染同时进行可以尽可能地模拟 VACV 感染和蛋白表达的效应；②既然 VACV 的转录一般在胞质内由 VACV 启动子激发，一种解决方案是将 VACA 基因插在 T7 启动子下游，由 T7 启动子激发其转录。由于这些转录物是无上限的，因此克隆 ATG 翻译起始位点上游的 IRES 时可提高翻译效率数倍[31]；③由于 CMV 启动子是 NF-κB 依赖性的，许多针对抑制 NF-κB 蛋白的研究都是采用 pEFBos 质粒表达这些蛋白，pEFBos 质粒上的启动子 Sp1-driven 对 NF-κB 蛋白并无抑制作用。

（12）目前还不清楚，转染的细胞中，细胞和痘病毒蛋白之间的物理联系实际是否发生在感染期。我们可以检测感染期间 IKKs 和天然免疫抑制的关系。借助于特定的异种血清和 IKK 激酶的抗体（例如，IKKγ，Santa Cruz Biotech 公司），在受感染的细胞中对这种相互作用进行研究。

（13）免疫共沉淀实验过程中可能会产生一些问题。首先，IKKγ 和 TANK 的预期大小接近 50 kDa，并且 IKKγ 催化蛋白的大小大约为 80 kDa。这些蛋白质中的许多可以在免疫印迹检测和鉴别。50 kDa 的 IKKγ 和 TANK 蛋白可通过抗体免疫沉淀反应检测。在此情况下，可以使用 TrueBlot™ 二抗（eBioscience 公司，San Diego，美国加利福尼亚州），该试剂不识别 SDS-PAGE 凝胶上的变性免疫印迹一抗。

（14）使用替代凋亡刺激物（例如，用质粒编码促凋亡蛋白替代十字孢碱进行转染）并重复试验来确证细胞凋亡是必要的。

致谢

感谢 Eicke Latz、Kate Fitzgerald、Andrew Bowie、Brian Monks 和 Doug Golenbock 给予的宝贵建议。本项目由国家过敏和传染病研究所（National Institute of Allergy and Infectious Diseases）、国家健康研究所（National Institutes of Health）基金项目（W.L.M. 的项目 R01 AI070940，N.S. 的项目 R21 AI069167）资助。

参考文献

[1] Akira S, Takeda K, Kaisho T. 2001. Toll-like receptors：critical proteins linking innate and acquired immunity. Nat Immunol 2：675–680.

[2] Akira S, Hoshino K, Kaisho T. 2000. The role of Toll-like receptors and My D 88 in innate immune responses. J Endotoxin Res 6：383–387.

[3] Fitzgerald K, Palsson-Mc Dermott E, Bowie A, Jefferies C, Mansell A, Brady G, Brint E, Dunne A, Gray P, Harte M, Mc Murray D, Smith D, Sims J, Bird T, O' Neill L. 2001. Mal（My D 88- adapter-like）is required for Toll-like receptor-4 signal transduction. Nature 413：78.

[4]　Horng T, Barton G, Medzhitov R. 2001.（2001）TIRAP：an adapter molecule in the Toll signaling pathway. Nat Immunol 2（9）: 835–41.

[5]　Oshiumi H, Matsumoto M, Funami K, Akazawa T, Seya T. 2003. TICAM-1, an adaptor mole- cule that participates in Toll-like receptor 3-mediated interferon-beta induction. Nat Immunol 4 : 161–167.

[6]　Yamamoto M, Sato S, Mori K, Hoshino K, Takeuchi O, Takeda K, Akira S. 2002. Cutting edge : a novel Toll/IL-1 receptor domaincontaining adapter that preferentially activates the IFN-beta promoter in the Toll-like receptor signaling. J Immunol 169 : 6668–6672.

[7]　Bin L, Xu L, Shu H. 2003. TIRP, a novel Toll/ interleukin-1 receptor（TIR）domain-con- tain- ing adapter protein involved in TIR signaling. J Biol Chem 278 : 24526–24532.

[8]　Fitzgerald KA, Rowe DC, Barnes BJ, Caffrey DR, Visintin A, Latz E, Monks B, Pitha PM, Golenbock DT. 2003. LPS-TLR4 signaling to IRF-3/7 and NF-kappaB involves the toll adapters TRAM and TRIF. J Exp Med 198 : 1043–1055.

[9]　Ruckdeschel K, Pfaffinger G, Haase R, Sing A, Weighardt H, Hacker G, Holzmann B, Heesemann J. 2004. Signaling of apoptosis through TLRs critically involves toll/IL-1 re- ceptor domain-containing adapter inducing IFN-beta, but not My D 88, in bacteria-infected murine macrophages. J Immunol 173 : 3320–3328.

[10]　Doyle S, Vaidya S, O'Connell R, Dadgostar H, Dempsey P, Wu T, Rao G, Sun R, Haberland M, Modlin R, Cheng G. 2002. IRF3 mediates a TLR3/TLR4-specific antiviral gene program. Immunity 17 : 251–263.

[11]　McWhirter S, Fitzgerald K, Rosains J, Rowe D, Golenbock D, Maniatis T. 2004. IFN- regulatory factor 3-dependent gene expression is defective in Tbk1-deficient mouse embryonic fibroblasts. Proc Natl Acad Sci USA 101 : 233–238.

[12]　Fitzgerald K, Mc Whirter S, Faia K, Rowe D, Latz E, Golenbock D, Coyle A, Liao S, Maniatis T. 2003. IK Kepsilon and TBK1 are essential components of the IRF3 signaling pathway. Nat Immunol 4 : 491–496.

[13]　Alcami A, Symons J, Smith G. 2000. The vac- cinia virus soluble alpha/beta interferon（IFN）receptor binds to the cell surface and protects cells from the antiviral effects of IFN. J Virol 74 : 11230–11239.

[14]　Langland J, Jacobs B. 2002. The role of the PKR-inhibitory genes, E3L and K3L, indeter- mining vaccinia virus host range. Virology 299 : 133–141.

[15]　Hoebe K, Du X, Georgel P, Janssen E, Tabeta K, Kim S, Goode J, Lin P, Mann N, Mudd S, Crozat K, Sovath S, Han J, Beutler B. 2003. Identification of Lps2 as a key transducer of My D 88-independent TIR signalling. Nature 424 : 743–748.

[16] Altmann M, Hammerschmidt W. 2005. Epstein-Barr virus provides a new paradigm : a requirement for the immediate inhibition of apoptosis. PLo S Biol 3 : e404.

[17] Aoyagi M, Zhai D, Jin C, Aleshin AE, Stec B, Reed JC, Liddington RC. 2007. Vaccinia virus N1L protein resembles a B cell lymphoma-2 (Bcl-2) family protein. Protein Sci 16 : 118–124.

[18] Cooray S, Bahar MW, Abrescia NG, Mc Vey CE, Bartlett NW, Chen RA, Stuart DI, Grimes JM, Smith GL. 2007. Functional and structural studies of the vaccinia virus virulence factor N1 reveal a Bcl-2-like anti-apoptotic protein. J Gen Virol 88 : 1656–1666.

[19] Wasilenko ST, Banadyga L, Bond D, Barry M. 2005. The vaccinia virus F1L protein interacts with the proapoptotic protein Bak and inhibits Bak activation. J Virol 79 : 14031–14043.

[20] DiPerna G, Stack J, Bowie AG, Boyd A, Kotwal G, Zhang Z, Arvikar S, Latz E, Fitzgerald KA, Marshall WL. 2004. Poxvirus protein N1L targets the I-kappa B kinase complex, inhibits signaling to NF-kappaB by the tumor necrosis factor superfamily of receptors, and inhibits NF-kappaB and IRF3 signaling by toll-like receptors. J Biol Chem 279 : 36570–36578.

[21] Bowie A, Kiss-Toth E, Symons J, Smith G, Dower S, O'Neill L. 2000. A46R and A52R from vaccinia virus are antagonists of host IL-1 and toll-like receptor signaling. Proc Natl Acad Sci USA 97 : 10162–10167.

[22] Harte M, Haga I, Maloney G, Gray P, Reading P, Bartlett N, Smith G, Bowie A, O'Neill L. 2003. The poxvirus protein A52R targets Toll-like receptor signaling complexes to suppress host defense. J Exp Med 97 : 343–351.

[23] Afonso CL, Tulman ER, Lu Z, Zsak L, Osorio FA, Balinsky C, Kutish GF, Rock DL. 2002. The genome of swinepox virus. J Virol 76 : 783–790.

[24] Shi J, Blundell TL, Mizuguchi K. 2001. FUGUE : sequence-structure homology recognition using environment-specific substitution tables and structure-dependent gap penalties. J Mol Biol 310 : 243–257.

[25] Brzozka K, Finke S, Conzelmann KK. 2005. Identification of the rabies virus alpha/beta interferon antagonist : phosphoprotein P interferes with phosphorylation of interferon regulatory factor 3.J Virol 79 : 7673–7681.

[26] Otsuka M, Kato N, Moriyama M, Taniguchi H, Wang Y, Dharel N, Kawabe T, Omata M. 2005. Interaction between the HCV NS3 protein and the host TBK1 protein leads to inhibition of cellular antiviral responses. Hepatology 41 : 1004–1012.

[27] Unterstab G, Ludwig S, Anton A, Planz O, Dauber B, Krappmann D, Heins G, Ehrhardt

C, Wolff T. 2005. Viral targeting of the interferon-{beta}-inducing Traf family member-associated NF-{kappa}B activator（TANK）- binding kinase-1. Proc Natl Acad Sci USA 102：13640–13645.

[28] Graham SC, Bahar MW, Cooray S, Chen RA, Whalen DM, Abrescia NG, Alderton D, Owens RJ, Stuart DI, Smith GL, Grimes JM. 2008. Vaccinia virus proteins A52 and B14 Share a Bcl-2-like fold but have evolved to inhibit NF-kappaB rather than apoptosis. PLoS Pathog 4：e1000128.

[29] Kurt-Jones E, Mandell L, Whitney C, Padgett A, Gosselin K, Newburger P, Finberg R. 2002.Role of toll-like receptor 2（TLR2）in neutrophil activation：GM-CSF enhances TLR2 expression and TLR2-mediated interleukin 8 responses in neutrophils. Blood 100：1860–1868.

[30] Latz E, Visintin A, Lien E, Fitzgerald K, Monks B, Kurt-Jones E, Golenbock D, Espevik T. 2002. Lipopolysaccharide rapidly traffics to and from the Golgi apparatus with the toll-like receptor 4-MD-2-CD14 complex in a process that is distinct from the initiation of signal transduction. J Biol Chem 277：7834–7843.

[31] Fuerst TR, Niles EG, Studier FW, Moss B. 1986. Eukaryotic transient-expression system based on recombinant vaccinia virus that syn- the sizes bacteriophage T7 RNA polymerase. Proc Natl Acad Sci USA 83：8122–8126.

[32] Dereeper A, Guignon V, Blanc G, Audic S, Buffet S, Chevenet F, Dufayard J-F, Guindon S, Lefort V, Lescot M, Claverie J-M, Gascuel O. 2008. Phylogeny.fr：robust phylogenetic anal ysis for the non-specialist. Nucleic Acids Res（Web Server Issue）36：W465–W469.

（赵志荀、王　曼　译）

第 17 章　石英晶体微天平与耗散监测技术在研究痘病毒蛋白与其配体相互作用中的应用

Amod P. Kulkarni，Lauriston A. Kellaway Girish J. Kotwal

概　要

痘病毒为最复杂的动物病毒之一，编码 150 多种病毒蛋白。许多痘病毒编码的蛋白与宿主蛋白以及其他蛋白（如转录复合物）之间相互作用的定性研究已经非常透彻。一些已经通过双杂交系统和表面等离子体共振的方法进行了定量研究。本章以痘苗病毒的补体调控蛋白（complement control protein，VCP）为例，介绍了另外一种能够解释病毒蛋白与多种受体之间复杂相互作用的方法。补体系统是抵御微生物的第一道防线，如果不能适当地调节它，就会导致许多炎症性疾病，如创伤性脑损伤、阿尔茨海默病（Alzheimer's disease，AD）和风湿性关节炎。补体调节蛋白能够结合到补体中心 C3，因此，可有效用于治疗和预防这些疾病。有很多生物化学和 / 或免疫学分析用于研究蛋白质与补体成分之间的相互作用。不过，这些方法中很多都比较耗时，而且并不是所有的分析对多重筛选都有用。此外，这些分析方法中的大多数可能无法提供有关结合性质、与补体成分 C3 相互作用的分子数以及结合动力学的信息。有些分析方法需要进行标记，这有可能导致要证明的蛋白发生变化。我们报告了一种基于石英晶体微天平和耗散监测技术（QCM-D）的实验分析流程，该方法可以有效地用于研究痘病毒蛋白与其配体相互作用的能力。本实验室为研究 VCP 与补体成分 C3 的相互作用，用 Q-sense（D-300）和基于 QCM-D 技术设备建立了该方法。该方法也可用于蛋白质和小分子化合物（用于抗痘病毒药物）与其配体相互作用和 / 或抑制其活性的研究。

关键词：痘病毒蛋白—配体相互作用；石英晶体微天平与耗散监控；补体调控蛋白（VCP）

1　引　言

痘病毒病疫情在世界各地都很常见[1-4]。病毒分泌多种蛋白质，帮助病毒感染宿主。

这些蛋白质中的大多数通过与免疫系统相互作用和 / 或逃避宿主的免疫反应，在病毒的发病机制中发挥着重要的作用。研究这些病毒蛋白与宿主免疫机制蛋白的相互作用，可能有助于制定有效的治疗策略，以治疗或预防这些病毒感染的发病进程。一些痘病毒还会分泌补体调节分子，以逃避补体介导的免疫反应。这些补体调节分子也可能对补体系统上调的许多疾病的治疗和预防有很大的帮助。痘苗病毒是痘病毒家族中能分泌补体调控蛋白的病毒之一。痘苗病毒补体调控蛋白（VCP）由于其补体调节活性，成为众所周知的调节补体系统 [5-7]，已证明在创伤性脑损伤 [8]、阿尔茨海默病（AD）[9, 10]、脊髓损伤 [11] 和动脉粥样硬化 [12] 的啮齿动物模型中有效，在这些模型中，能显著地上调补体系统。VCP 先前已用表面等离子体共振技术（SPR）证明与补充系统的 C3b 和 C4b 补体成分相互作用 [13]。最近，用一种新的石英晶体微天平与耗散监测技术（QCM-D）进行研究，VCP 还可以结合到补体成分 C3 上 [14]。本章将详细地介绍所用技术的操作流程。

补体成分 C3 是补体系统中的其中一个蛋白，研究发现在一些神经炎症疾病如 AD 中，C3 被上调。已知 C3 表达水平升高，伴有轻微到严重的临床症状，补体调节分子水平较低 [15]。因此，有些人认为在这样的疾病状态下，需要调节激活补充成分，特别是补体激活的核心 C3。发现并开发能够阻止这些补体成分有害影响的药物，可能具有治疗潜力。鉴定能与 C3 结合并抑制补体激活的化合物的技术是很有用的。然而，通过免疫分析和其他生化分析方法研究蛋白质—蛋白质之间的相互作用花费大且很耗时。而且，这些实验大多数都不能提供关于 2 个相互作用部分的结合性质、结合的分子数量以及结合动力学方面的信息。此外，如果需要研究小分子量复合物与这些蛋白质之间的相互作用，还需要对分析进行定制。

有很多技术可用于蛋白质吸附或相互作用分析 [16]。为了进行蛋白结合研究，我们使用了基于 Q- 传感器的 QCM-D（D-300）技术，这是一个由瑞典哥德堡查尔默理工大学（Chalmer's University of Technology）研发的用于深入研究蛋白质吸附的技术 [17]。QCM-D 是一种迅速发展起来的，用于研究蛋白表面相互作用以及受体—配体相互作用的技术。这种技术最近被用于研究在共沉淀过程中蛋白质分子的构象变化 [18]、纳米颗粒的沉积动力学 [19]、筛选膜活性的抗菌肽 [20]，以及豇豆褪绿斑驳病毒在两种状态之间相变过程中黏弹性性质的变化 [21]。

与其他常用技术相比，QCM-D 技术具有能实时监测、快速、简单、灵敏度高和花费少等优点。QCM 作为生物传感器的潜力，其灵敏度与常用于蛋白结合研究的 SPR 技术相当 [22, 23]。使用裸金晶体的 QCM，与基于 gp41 的 HIV-ELISA 相比，其灵敏度与 ELISA 相当 [24]。它具有可实时监测和快速的优点（仅需 10min 至 2 h，而 ELISA 需要数小时到 1~2 d），同时保持原有的灵敏度。该技术不涉及蛋白质分子的标记，因此，当蛋白质需要标记时，减少了对构象可能引起变化的担心。该技术还考虑到在同一时间点的耗散值（D）或耗散变化与频率变化的比率（dD/dF）。这些值用于研究蛋白质结合的性质（刚性与可逆性）以及动力学，稍后将在本文中解释。QCM-D 技术与上述其他常规使用技术相比具有许多优点，所以我们采用 Q-sense D-300（Q-sense）来研究 VCP 与补体成分之间的相互作用。

QCM-D 曾被用于研究补体系统与生物材料之间的相互作用[25]。该技术还用于研究补体成分与补体抑制分子之间的相互作用。将 QCM-D 与 ELISA 技术进行比较，结果表明，生物材料表面激活补体系统以及活性，都可以被补体调节分子（如因子 H）抑制[26]。利用 QCM-D，还发现聚苯乙烯表面可激活补体激活的替代途径（AP）。沉积在聚苯乙烯表面的 C3 能形成 C3 转化酶，并激活补体激活的 AP[25]。因此，基于 QCM-D 的 Q-sense 可用于研究补体调节分子与活性形式的 C3 结合的能力。本章介绍了利用聚苯乙烯传感器（PS）晶体技术，研究 VCP 与吸附在 PS 晶体上的补体成分 C3 的相互作用。

应用 QCM-D 技术的总目标是具体比较 VCP 和 VCP 的截短体（tVCP）与 PS 表面上 C3 之间的相互作用。

目标：

（1）比较 VCP 和 tVCP 与 PS 表面上 C3 结合的性质。

（2）比较 VCP 和 tVCP 与 PS 相互作用的吸附动力学。

（3）比较 C3 与上述表面之间的相互作用，以及吸附在这些表面上的 VCP 和 tVCP 之间的相互作用。

2　材　料

（1）Q 传感器，D-300 模型。

（2）聚苯乙烯传感器晶体（PS；Q- 传感器）。

（3）Piranha 溶液：HCl、H_2O_2（30%）与 H_2O 三者按 1∶1∶5 比例配制。

（4）1% Hellmanex-II 溶液（洗涤吸收池浓缩液）。

（5）氮气。

（6）紫外线室（例如，Bioforce、nanoscience 公司）（见注释 1）。

（7）磷酸盐缓冲液（PBS）。

（8）纯化蛋白质，通过 0.22 μm 过滤，使用前脱气（见注释 2）。

3　方　法

3.1　QCM 基本原理、使用的术语及 Q-Sense 说明书

QCM 利用压电式传感器晶体来测量蛋白质或吸附分子与晶体表面以及彼此之间的相互作用。为了进行 QCM 研究，这种压电传感器晶体的两侧都覆盖着一层非常薄的金质层。底面是施加交流电压的电极。这导致传感器晶体在其共振频率 f 下振荡。石英晶体的

这种固有 f 改变了吸附部分（adsorbing moiety，AM）的薄层吸附作用。在 QCM 中，这一频率的改变（dF）与质量的变化（ΔM 或者 dM）相关。根据 HööK 在其论文中讨论的 Sauerbrey 氏方程，用频率变化确定沉积在晶体表面的物质的量[17]。正如 HööK 所讨论的，Sauerbrey 氏方程是基于这样的假设：AM 应牢牢地沉积在晶体上，均匀分布，并且添加的质量小于晶体的重量。按 Q-Sense 操作手册中列出的"拟合分析"，检查实验是否符合 Sauerbrey 氏方程的假设。

QCM-D 中的耗散因数或 D 因数提供了有关 AM 在晶体上吸附后一次振荡期间耗散的能量信息。dD/dF 的比值反过来又给出了结合界面刚度的有关信息[27-29]。该因素进一步的信息可以从已发表的研究性论文文献中获取[14,27-31]。

3.2　Q-Sense：应考虑的问题（Q-Sense 参考手册[14,17]）

（1）Q-sense（D-300 型）的基本设计见图 17-1。由 4 个基本部件构成：晶体传感器、测量室、电子单元和采集软件。

（2）测量室（图 17-1b）内部，聚苯乙烯晶体（图 17-1d）在厚度剪切模式下以 5 MHz 的频率进行操作，并按照操作手册中的说明进行安装。

（3）晶体的表面平滑，用于测量，晶体的对侧连接到电气装置的 A/C 电源。

（4）测量室还包括一个样品架（图 17-1c），其中保存 AM 溶液。通过控制器旋钮使样品架指向任何一个"温度回路"或"压力传感器"。

（5）测量室与计算机连接，测量在不同频峰的 f 和 D 值变化。使用随设备提供的 q-soft/QTools 软件在线监测 f 和 D 值的变化并用于进一步分析。

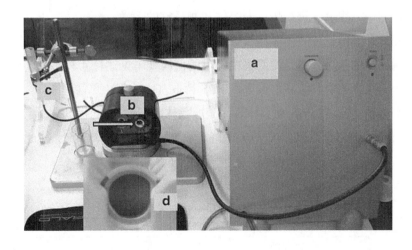

图 17-1　Q-sense（D-300）装置及其组件

图中显示的（a）电子单元，（b）测量室，（c）样品架。箭头所示的是安装在 O 型环状测量室的聚苯乙烯传感器晶体，插入孔（d）所示的是 AM 被吸附在传感器晶体光滑表面。

3.3 术语解释

（1）AM1 是指结合到传感器晶体上的 AM。因此，AM1 的表示方法是将表面材料的第一个字母（ps= 聚苯乙烯）小写放在 AM1 旁边。例如，当 AM 为 VCP 或 C3 且 AM 与传感器晶体表面结合时，就简写为 VCPps 和 C3ps。

（2）AM2 是指结合到 AM1 上的第二吸附基团。例如，当 C3 结合到 VCPps 上时，就简写为 C3-VCPps，或者当 VCP 结合到 C3ps 上时，就简写为 VCP-C3ps。

（3）dF_{30} 和 dD_{30} 分别指 30min 后的 dF 和 dD 值。AMs 的 dF_{30} 和 dD_{30} 值通过下列公式计算。

（a）$dF_{30}=dF（30min）-dF_{初始}$，其中 $dF_{初始}$ 是指吸附 AMS 之前的基线或初始 F 或 D 值。

（b）$dF_{最终}$ 或 $dD_{最终}$ 值表示吸附结束后用 PBS 清洗完表面后记录的最终 dF 和 dD 值。$dF_{最终}=$PBS 洗完的最终的 dF（或 dD）$-dF_{初始}$（或 $dD_{初始}$）。

（c）使用这些 dD 和 dF 值来计算 dD/dF 比率，获得有关结合的刚度（亲和力）或黏弹性的信息。

（d）使用阿伏伽德罗公式计算吸附到晶体表面或吸附到其他 AM 上的 AMs 分子数（N），N$=\left[（6.02\times10^{23}\times$ 吸附的质量（ng/cm^2）$）\right]$/AMs 的分子量。

3.4 应用 QCM-D 技术研究痘病毒蛋白与其配体的相互作用

（1）在实验开始前和实验结束后，根据 Q-sense 的操作手册中提供的操作指南，用 Piranha 溶液清洗晶体的表面，用 1% Hellmanex-Ⅱ 溶液清洗测量室（见注释 3）。

（2）清洗完毕，用氮气进行传感器晶体和测量室的干燥。

（3）打开紫外灯照射传感器晶体 5~10 min 以消除传感器表面的杂质（见注释 1）。

（4）确保晶体的共振频率与说明书中提供的值匹配（见注释 4 和注释 5）。

（5）每个实验开始前和吸附之前都用 PBS 读取基线数据（见注释 6）。

（6）AM1 吸附前，加 PBS 到晶体表面获取晶体共振频率的基线。

（7）一直添加 PBS，直到频率不再下降。表 17-1 列出的是 AMs 表面和系列吸附基团的例子。

表 17-1　表 1 Q-sense 实验概述

系列号（Sr）	表面材料	AM1	AM2
1	PS	VCP	C3
2	PS	C3	VCP
3	PS	tVCP	C3

Sr 为系列号；PS 为聚苯乙烯；AM 为吸附部分（AM1，AM2）

（8）AM（如 VCP、tVCP 或者其他的痘病毒蛋白或者 C3）吸附到 PS 晶体表面，即为 AM1（见注释 7 至注释 9）。

（9）在吸附第一 AM 到传感器晶体表面后的一段特定时间（30~50 min），用 PBS 洗去多余的未吸附分子。

（10）添加第二 AM（AM2）到传感器晶体表面去吸附 AM1，并让其吸附相同的一段时间（30~50 min）（见注释 7 和注释 8）。

（11）用 PBS 洗去多余的未吸附分子。

（12）用 QTools 软件测定不同频峰时 f 和 D 值的变化。

（13）用 q-soft/QTools 软件分析捕获的数据（见注释 10 至注释 12）。

（14）使用合适的分析和节点数据确认 AM 吸附是否遵循 Sauerbrey 方程（见图 17-2）。

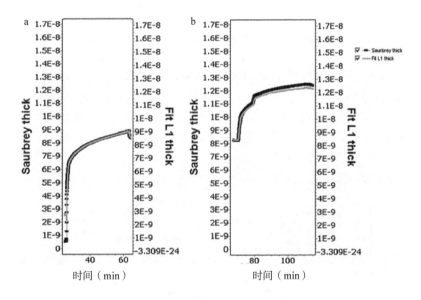

图 17-2 C3 与已吸附在 PS 上的 VCP 的吸附拟合分析

使用 QTools 软件进行拟和分析后获得的 Saurbrey 厚度的值（Y1 轴）和拟合 L1 厚度（Y2 轴）值，表明 VCP 在 PS（a）和 C3 到 VCP（b）的吸附作用遵循 Saurbrey 方程。

（15）计算 dD/dF 比值，获得 AMs 结合刚度有关的信息。

（16）绘制不同时间间隔的 dD 值（Y 轴）和同一时间间隔的 dF 值，可显示有关结合动力学的信息。

（17）用阿伏伽德罗公式计算吸附到 PS 表面上（和 / 或者彼此吸附）的 AMs 的分子数（见注释 13）。

3.5 数据的分析和图形表示

可以手动分析数据或使用随设备提供的软件进行分析，结果可以用图形表示，如图 17-3 和图 17-4，用 Excel/ 其他图形程序制成表格如表 17-2 和表 17-3。

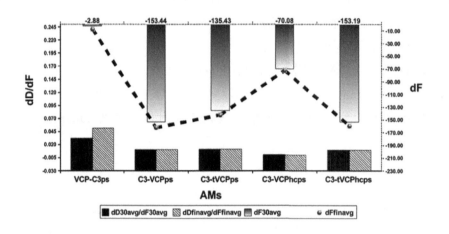

图 17-3 VCP、tVCP 和 PS 结合到 PS 的 dD/dF 比值（X 和 Y 主轴）和 dF 值[Y 次轴（右）和 X 次轴（上）]

黑柱表示 30 min 间隔的 dD/dF 比值，阴影柱表示最终的 dD/dF 比值。灰色渐变柱表示 dF$_{30}$ 值。黑色黑点折线表示 dF 最终值。显示的 dD 和 dF 值表示从两组实验中获得的平均值（除非表 17-1 另有规定）。"hcps" 中的 "hc" 和 "ps" 分别代表高浓度和聚苯乙烯表面[14]。图片来自发表在 *Open Journal of Biochemistry* 上的参考文献[4]，经过修改。

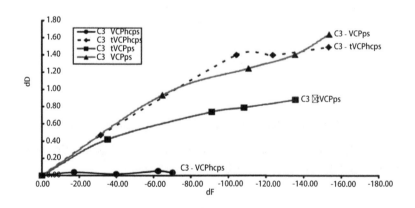

图 17-4 C3 吸附于 VCP 表面和 tVC P 吸附于 PS 晶体表面

吸附在 PS 表面的 VCP 和 tVCP 相互作用的 dF 值与 C3（X 轴）对应的 5 个不同时间点的 dD 值（Y 轴）。每个系列的图例分别表示 AMS（图例：C3-VCPhcps，C3-tVCPhcps，C3-tVCPps 和 C3-VCPg。C3-VCPg 表示 C3 分别吸附到 VCPhcps，tVCPhcps，tVCPps 和 VCPg 上。"hcps" 中的 "hc" 和 "ps" 分别代表高浓度和聚苯乙烯表面）（见注释 14），数据来自发表在 *Open Journal of Biochemistry* 上的参考文献[4]，图片经过修改。

表 17-2　吸附到 ps 上与 C3 相互作用的 VCP 和 tVCP 的 AMs 分子数量

序号	吸附基团 AMs	最终 dD/dF	最终 dF	dF 修正	质量 Mass（ng/cm^2）	吸附的分数（×1013）
1	VCP-C3ps	0.0517	−7.3670	−5.1569	30.4257	0.6362
2	VCPps	0.0141	−24.7845	−17.3492	102.3600	2.1403
3	tVCPps	0.0137	−35.4495	−24.8147	146.4064	4.6897
4	VCPhcps	0.0340	−140.8510	−98.5957	581.7146	12.1635
5	tVCPhcps	0.0124	−35.9400	−25.1580	148.4322	4.7546
6	C3ps	0.0105	−177.9875	−124.5913	735.0884	2.3298
7	C3-VCPps	0.0099	−162.2495	−113.5747	670.0904	2.1238
8	C3-tVCPps	0.0110	−142.2435	−99.5705	587.4657	1.8620
9	C3-VCPhcps	0.0002	−72.4925	−50.7448	299.3940	0.9489

sr 为序号，AM 为吸附部分，Ps 为聚苯乙烯；"hcps" 中 "hc" 代表高浓度（见注释 14），dF 校正是指结合到蛋白质分子的水校正后的 dF 值（见注释 13、注释 16 和注释 17）。

表 17-3　AM1 与 AM2 分子的结合比

序号（Sr）	结合基团（AM1：AM2）	AM1：AM2
1	VCPps : C3-VCPps	12.818 : 1
2	tVCPps : C3-tVCPps	2.519 : 1
3	C3ps : VCP-C3ps	3.662 : 1

3.5.1　结合的本质

为了研究结合的黏弹性特征（结合的刚度和强度），可绘制出特定时间点（30 min 和/ 或终点）的 dD/dF 比值和同一时间点 dF 值的图（图 17-3）。除了化合物与补体成分 C3 的相互作用的黏弹性特征之外，dF 值也提供了有关同一时间点 AMs 吸附量的信息。

低 dF 值表示没有吸附或很少吸附（如图 3 中的 VCP-C3ps）。dD/dF 比值表示结合刚度。在图 17-3 中，不同的 AMs 的 dD/dF 比值的顺序为（C3 vs. VCPhcps）Đ（C3 vs. VCPps）=（C3 vs. tVCPps）=（C3 vs. tVCPhcps）<（VCP vs. C3ps）。C3 vs. VCPhcps 比值最低，其 dD/dF 比值接近于零，表明结合非常强（见注释 14）。

3.5.2　结合动力学

图 17-4 显示了 AMs 的结合动力学。在该图中，5 个不同时间点（0 min、1 min、5 min、15 min 和 30 min）的 dD 值（Y 轴）和相同时间点的 dF 值（X 轴）相对应（见注释 15）。在吸附的第一阶段，即 C3 吸附到 PS 或者 VCP 和 tVCP 上的阶段，dD 值随着 dF 值呈线性变化。紧随其后的是第二阶段，在其他大多数情况下，dD 值随 dF 值的变化要么增加要么减少。在某些情况下，AMs 的吸附可能构成一个单相吸附（如图 17-4 所

示，VCPHcps 对 C3 的吸附）。单相吸附可能是由于 AM 形成了一个单分子层，进入第二阶段表明可能形成了一个双分子层。

3.5.3 吸附到表面和 / 或吸附到其他 AM 上的 AMs 分子的数量

使用 dF 值计算吸附在晶体表面或者其他 AM 上的 AMs 质量，如表 17-2 所示。使用阿伏伽德罗公式和吸附的质量计算吸附到晶体表面或吸附到其他 AM 的 AMs 分子的数量（见注释 13 和注释 16 至注释 18）。吸附在表面或其他 AMs 上的 AMs 的比率计算如表 17-3 所示。

4 注 释

（1）紫外线室产生的 185nm 和 254nm 特定波长的紫外线，可用于去除晶体表面的有机污染物。

（2）本章的例子中，我们展示了 VCP 和补体成分 C3 的数据。利用 Hi-Trap 肝素柱纯化在毕赤酵母表达系统中表达的 VCP 和 VCP 的 N- 端截短片段（tVCP）。tVCP 缺失了 VCP 第一个短串联重复（SCR）域，因此，是一个包含第二、第三和第四 SCR 结构域的组氨酸标记 VCP 蛋白。tVCP 终浓度比提供的 VCP 高 1.8767 倍，而 tVCP 分子量（18.8 kDa）比提供的 VCP 少 1.5319 倍（28.8kDa）。因此，在本章中所描述的工作中，为了准备相同浓度的 tVCP 与 VCP，实验前将 40.82~76.06 μL 的 tVCP 溶解在 2 mL PBS 溶液中。准备 C3 时，在实验前将 15μL 浓度为 2mg/mL 的 C3 稀释于 2 mL PBS 中。C3 由美国伯明翰阿拉巴马大学 Krishna Murthy 教授的实验室惠赠。

（3）也可以使用比例为 1∶1∶5 的氨∶H_2O_2（30%）∶H_2O 的溶液清洗晶体。实验用水和 / 或清洗传感器晶体表面的水为去离子双蒸馏微孔过滤水，使用前用氮气对其进行脱气。

（4）当传感器晶体的共振频率与说明书中提供的值不匹配时，就得将该传感器晶体丢弃。然而，有时传感器晶体的共振频率与说明书中提供的值不匹配，可能是由于洗涤和干燥不充分导致。所以在丢弃之前，首先要尝试重新清洗传感器晶体与测量室。然后，用氮气干燥，按照流程进行紫外线照射之后，再次检查共振频率。

（5）对于所有的实验，仅当晶体显示出 f 和 D 值可比较且模式相似时才能使用。

（6）在大多数 Q-sense 的实验中，需要通过电子单元的控制旋钮适当控制温度。实验可在 15~40℃中的不同温度下操作，但极端的温度可能引起异常的频率变化。此处描述的操作程序，实验是在 25℃环境下开展。在将溶液添加到传感器晶体上之前，要确保所有 AMS 溶液的温度都达到室温并且几乎相同。

（7）可以通过调节样品架（图 17-1c）来调节优化流速。所有实验中都应保持相同的流速。

（8）建议使用的每种 AM 的最终体积应为 2mL 左右，以便精确测量。

（9）为了制备 VCP 溶液，在实验时用冰冷 PBS 溶液将约 50μL 的 1.2 mg/mL 无内毒素纯化 VCP 稀释至 2mL。本研究中使用的 tVCP 通过脱盐和 PBS 洗涤进行纯化后，并通过 5kDa 滤器将溶液多次过滤浓缩。

（10）如果吸附不遵循 Sauerbrey 方程，建议使用一种称为 Z-match 和 / 或黏弹性建模的方法。有关建模的说明都随软件提供。

（11）AMS 的取向对于结合是非常重要的。例如，我们发现当 C3 先吸附到晶体表面时，VCP 不结合 C3。在这种情况下，先颠倒一下 AMS 加样顺序，检查结合方向后再下结论。

（12）该传感器晶体的表面还可以涂有单层的特异性抗原、抗体，或任何其他需要研究的蛋白质 / 多肽。许多类型的传感器晶体还用于特定用途。例如，PEG-COOH 和 / 或胺偶联反应可用于某些特定的表面。

（13）如果不知道 AMs 的结合水能力，则相互结合的分子数和与表面结合的分子数将不是一个真实值，而是一个近似值。为了得到 AMs 分子间或与传感器晶体表面结合的确切数值，应通过实验测定与蛋白质结合的水。光学技术，如椭圆光度法（ellipsometry，ELM）或光波制导轻型显微镜（OWLS），可给出关于吸附的蛋白的"干质量"信息，而 QCM-D 可提供"湿质量（蛋白质和水结合）"信息。因此，可以通过光学技术与通过 HööK 等人描述的 QCM-D 相结合的方法计算吸附蛋白质结合的水的信息[32]。另外，可以估计，水大约占与之结合的蛋白质分子质量的 30%，在例子中，水要从 AMs 与表面或其他 AMs 相互作用的最终质量中扣除。

（14）VCPhc 是指浓度较高的 VCP。VCPhc 和 tVCPhc 的浓度分别高于 VCP 和 tVCP 2.5 倍。

（15）图 17–4 所示 dD 相对 dF 为零值，并不表示时间点或一个数据点，而仅表示图的起点。这些图表绘制避免了时间依赖，目的是揭示图的形状，以便研究 AMs 在表面或其他 AMs 上的吸附相。

（16）用阿伏伽德罗数计算吸附在晶体表面或其他 AM 上的 AMs 分子数，AMs 的分子量用纳克（ng）表示，因为 AMs 吸附的质量也用相同的单位表示。示例中，C3、tVCP 和 VCP 的分子量分别是 $1\,900 \times 10^{11}$，188×10^{11}，288×10^{11}。这些值可从 Calbiochem 目录（C3）或文献（VCP 和 tVCP）中查到。

（17）当与 AM 结合的水分子数未知时，利用基于文献中给出的蛋白质分子水合水的近似值，用 Sauerbrey 方程计算沉积质量，用 Avogadro 方程计算吸附在表面的分子数。

（18）为了得到更多的关于 AMs 的黏弹性特性的信息，也可用设备提供的 QTools 软件来建模（本文未介绍）。

参考文献

[1] Silva DC, Moreira-Silva EA, Gomes JA, Fonseca FG, Correa-Oliveira R. 2010. Clinical signs, diagnosis, and case reports of Vaccinia virus infections. Braz J Infect Dis 14：129–134.

[2] Abrahão JS, Silva-Fernandes AT, Lima LS, Campos RK, Guedes MI, Cota MM, Assis FL, Borges IA, Souza-Júnior MF, Lobato ZI, Bonjardim CA, Ferreira PC, Trindade GS, Kroon EG. 2010. Vaccinia virus infection in monkeys, Brazilian Amazon. Emerg Infect Dis 16：976–979.

[3] Prasad VG, Nayeem S, Ramachandra S, Saiprasad GS, Wilson CG. 2009. An outbreak of buffalo pox in human in a village in Ranga Reddy District, Andhra Pradesh. Indian J Public Health 53：267.

[4] Formenty P, Muntasir MO, Damon I, Chowdhary V, Opoka ML, Monimart C, Mutasim EM, Manuguerra JC, Davidson WB, Karem KL, Cabeza J, Wang S, Malik MR, Durand T, Khalid A, Rioton T, Kuong-Ruay A, Babiker AA, Karsani ME, Abdalla MS. 2005. Human monkey pox outbreak caused by novel virus belonging to Congo Basin clade, Sudan. Emerg Infect Dis 16：1539–1545.

[5] Kotwal G, Moss B. 1988. Vaccinia virus encodes a secretory polypeptide structurally related to complement control proteins. Nature 335：176–178.

[6] Kotwal G, Isaacs S, McKenzie R, Frank M, Moss B. 1990. Inhibition of the complement cascade by the major secretary protein of vaccinia virus. Science 250：827–830.

[7] McKenzie R, Kotwal G, Moss B, Hammer C, Frank M. 1992. Regulation of complement activity by vaccinia virus complementcontrol protein. J Infect Dis 166：1245–1250.

[8] Hicks RR, Keeling KL, Yang MY, Smith SA, Simons AM, Kotwal GJ. 2002. Vaccinia virus complement control protein enhances functional recovery after traumatic brain injury. J Neurotrauma 19：705–714.

[9] Kulkarni AP, Pillay NS, Kellaway LA, Kotwal GJ. 2008. Intracranial administration of vac- cinia virus complement control protein in Mo/Hu APPswe PS1dE9 transgenic mice at an early age shows enhanced performance at a later age using a cheese board maze test. Biogerontology 9：405–420.

[10] Pillay N, Kellaway L, Kotwal G. 2008. Early detection of memory deficits in an Alzheimers disease mice model and memory improvement with Vaccinia virus complement control protein. Behav Brain Res 192：173–177.

[11] Reynolds DN, Smith SA, Zhang YP, Mengsheng Q, Lahiri DK, Morassutti DJ et al. 2004. Vaccinia virus complement control protein reduces inflammation and improves spinal cord integrity following spinal cord injury. Ann NY Acad Sci 1035：165–178.

[12] Thorbjornsdottir P, Kolka R, Gunnarsson E, Bambir SH, Thorgeirsson G, Kotwal GJ, Arason GJ. 2005. Vaccinia virus complement control protein diminishes formation of atherosclerotic lesions：complement is centrally involved in atherosclerotic disease. Ann N Y Acad Sci 1056：1–15.

[13] Smith S, Sreenivasan R, Krishnasamy G, Judge K, Murthy K, Arjunwadkar S, Pugh D, Kotwal G. 2003. Mapping of regions within the vac- cinia virus complement control protein involved in dose-dependent binding to key complement components and heparin using surface plasmon resonance. Biochim Biophys Acta 1650：30–39.

[14] Kulkarni AP, Randall PJ, Murthy K, Kellaway LA, Kotwal GJ. 2010. Investigation of interaction of vaccinia virus complement control protein and curcumin with complement components C3 and C3b using quartz crystal microbalance with dissipation monitoring tech-nology. Open J Bio Chem 4：9–21.

[15] Zanjani H, Finch C, Kemper C, Atkinson J, McKeel D, Morris J, Price J. 2005. Comple-ment activation in very early Alzheimer disease. Alzheimer Dis Assoc Disord 19：55–66.

[16] Ramsden JJ. 1993. Experimental methods for investigating protein adsorption kinetics at surface. Q Rev Biophys 27：41–105.

[17] Höök F. 2004. Development of a novel QCM technique for protein adsorption studies. Thesis, Chalmers University of Technology, Goetberg University, Goetberg, Sweden.

[18] Giamblanco N, Yaseen M, Zhavnerko G, Lu JR, Marletta G. 2011. Fibronectin conforma-tion switch induced by coadsorption with human serum albumin. Langmuir 27：312–319.

[19] Jiang X, Tong M, Li H, Yang K. 2010. Deposition kinetics of zinc oxide nanoparticles on natural organic matter coated silica surfaces. J Colloid Interface Sci 350：427–434.

[20] McCubbin GA, Praporski S, Piantavigna S, Knappe D, Hoffmann R, Bowie JH, Separovic F, Martin LL. 2011. QCM-D fingerprinting of membrane-active peptides. Eur Biophys J 40：437–446.

[21] Rayaprolu V, Manning BM, Douglas T, Bothner B. 2010. Virus particles as active nanoma-terials that can rapidly change their viscoelastic properties in response to dilute solutions. Soft Matter 6：5286–5288.

[22] Ayela C, Roquet F, Valera L, Granier C, Nicu L, Pugnière M. 2007. Antibody–antigenic peptide interactions monitored by SPR and QCM-D. A model for SPR detection of IA-2 autoantibodies in human serum. Biosens Bioelectron 22：3113–3119.

[23] Vikinge T, Hansson K, Liedberg P, Lindahl T, Lundström I, Tengvall P, Höök F. 2000. Comparison of surface plasmon resonance and quartz crystal microbalance in the study of whole blood and plasma coagulation. Biosens Bioelectron 15 : 605–613.

[24] Aberl F, Wolf H, Kößlinger C, Drost S, Woias P, Koch S. 1994. HIV serology using piezo-electric immunosensors. Sensors Actuators B 18–19 : 271–275.

[25] Andersson J, Ekuhl KN, Larsson R, Nilsson UR, Nilsson B. 2002. C3 Adsorbed to a polymer surface can form an initiating alternative pathway convertase. J Immunol 168 : 5786–5791.

[26] Andersson J, Larsson R, Richter R, Ekuhl K, Nilsson B. 2001. Binding of a model regulator of complement activation (RCA) to a biomaterial surface : surface bound factor H inhibits complement activation. Biomaterials 22 : 2435–2443.

[27] Rodahl M, Höök F, Kasemo B. 1996. QCM operation in liquids : an explanation of measured variations in frequency and Q factor with liquid conductivity. Anal Chem 68 : 2219–2227.

[28] Höök F, Rodahl M, Brzezinski P, Kasemo B. 1998. Energy dissipation kinetics for protein and antibody-antigen adsorption under shear oscillation on a quartz crystal microbalance. Langmuir 14 : 729–734.

[29] Höök F, Rodahl M, Kasemo B, Brzezinski P. 1998. Structural changes in hemoglobin during adsorption to solid surfaces : effects of pH, ionic strength, and ligand binding. Proc Natl Acad Sci USA 95 : 12271–122276.

[30] Rodahl M et al. 1997. Simultaneous frequency and dissipation factor QCM measurements of biomolecular adsorption and cell adhesion. Faraday Discuss 107 : 229–246.

[31] Brash JL, Horbett TA. 1995. In proteins at interfaces II. In : Brash JL, Horbett TA (eds) ACS symposium series 602, Washington DC, 1995.

[32] Höök F, Vörös J, Rodahl M, Kurrat R, Böni P, Ramsden J, Textor M, Spencer N, Tengvall P, Gold J, Kasemo B. 2002. A comparative study of protein adsorption on titanium oxide surfaces using in situ ellipsometry, optical waveguide lightmode spectroscopy, and quartz crystal microbal- ance/dissipation. Colloids Surf B 24 : 155–170.

（赵志荀　译）

第 18 章　鼻腔接种痘病毒蛋白后在中枢神经系统的分布及颅内接种痘苗病毒后脑内病毒滴度

Amod P. Kulkarni, Dhirendra Govender, Lauriston A. Kellaway, Girish J. Kotwal

概　要

痘病毒的许多蛋白都能够与宿主免疫系统相互作用。其中有些蛋白与宿主的转录因子相互作用，而另外有些蛋白则与免疫系统的成分相互作用。痘苗病毒分泌的 28.8kDa 的补体调控蛋白（VCP），是已知的补体系统调节蛋白。该蛋白有助于病毒逃避宿主的免疫反应。这种病毒蛋白能够明显上调补体系统，可能有益于疾病治疗和预防。实验证明，在阿尔茨海默病（AD）、脊髓损伤、创伤性脑损伤和类风湿性关节炎的啮齿动物模型中，VCP 能有效地保护组织免受炎症损伤。除了 VCP 之外，其他一些痘病毒蛋白也可用于治疗或预防免疫系统难以防御的大脑疾病。然而，由于蛋白质太大不能通过血脑屏障，能否递送这种蛋白质到中枢神经系统（CNS）就成了其能否成为中枢神经系统药物的限制因素。本章我们展示了一种方法，可用于鼻内途径进行蛋白质给药，并介绍了检测脑脊液（CSF）和大脑不同部位蛋白分布的方法。该技术方案也可扩展用于检测大脑中病毒抗原的分布。应用该技术方案，在颅内注射病毒后，对大脑中不同部位的痘苗病毒进行定量分析。

关键词：痘苗病毒蛋白；痘病毒；鼻腔给药；脑脊液；免疫组化；大脑；中枢神经系统；颅内给药；脑病毒分布

1　引　言

补体系统可形成天然免疫反应的重要组成部分，补体系统的上调，在大脑的许多疾病如脊髓损伤（SCI）、创伤性脑损伤（TBI）和阿尔茨海默病（AD）中都很明显[1-3]。补体系统也可在外周神经障碍中被异常激活，如类风湿性关节炎和动脉粥样硬化病变的形成[4, 5]。除了补体系统外，细胞因子和趋化因子也构成免疫系统的重要组成部分，在许多炎症性疾病中明显上调[6]。器官移植时免疫系统也被激活。在这种炎症性疾病中，免疫系统中的补体调节是很有意义的。因此，目前许多针对免疫系统调节的技术，都被开发用于治疗和预防这些疾病。

痘病毒分泌许多蛋白质，使病毒能够通过逃避宿主的免疫反应感染宿主。已知一些由牛痘病毒编码类细胞因子反应修饰剂 E（CRME；18kDa）的蛋白质可模拟人类细胞因子受体，从而逃避免疫反应[7]。已知痘苗病毒编码的 28.8 kDa 痘苗病毒补体调节蛋白（VCP）调节宿主补体系统[8-10]。一些痘病毒的免疫调节蛋白可能为开发调节免疫系统提供新策略。

外周神经疾病，如动脉粥样硬化、类风湿关节炎，药物不必跨血脑屏障（BBB）就能到达作用部位。痘病毒蛋白不经过任何修饰就可用于治疗这些疾病。确实，VCP 在系统性治疗类风湿性关节炎和动脉粥样硬化时是有效的，并且无需任何修饰。除了这些外周神经疾病外，VCP 和其他痘病毒蛋白还可以用于调节许多中枢神经系统疾病的免疫系统。在一些啮齿类动物模型中，VCP 在经鞘内或直接注入大脑后[8-14]，对神经炎症疾病的预防和治疗是有效的。然而，直接给药是一种侵入性手术，因此我们决定看一下 VCP 是否可以实施无创给药，给药后能否在脑脊液和脑组织中检测到药物。许多蛋白质和肽分子以前通过鼻内给药途径[15-17]输送到大脑。神经生长因子（NGF）是一种 20kDa 的蛋白质，经鼻内注射后可改善小鼠的认知能力[18]。辣根过氧化物酶（HRP；40kDa）和 HRP 标记的小麦胚芽凝集素（WGA-HRP；62kDa）以前都是通过这种给药途径被输送到中枢神经系统的[19-21]。VCP（28.8kDa）小于 HRP（40kDa）和一些其他通过该途径传递到中枢神经系统的蛋白质。由于许多痘病毒蛋白质相对较小，因此这些蛋白通过鼻内给药途径就能到达大脑的可能性很大。然而，使用鼻内给药途径的限制因素之一是鼻内酶对蛋白质的降解。Kulkarni 等最近报道了通过鼻腔给药的方式将 VCP 递送到了 CNS[22]。本章将介绍有关 VCP 截短体（tVCP）的鼻内给药、优化收集脑脊液（CSF）的程序、心外灌注、脑组织的收集，ELISA 的优化以及免疫组化检测 VCP 的具体流程。本实验程序被证明对研究痘病毒蛋白在中枢神经系统中的分布是有用的。

除了蛋白的鼻腔给药和中枢神经系统中蛋白的检测之外，本章还介绍了痘苗病毒的颅内给药和对大脑不同部位中的病毒进行定量分析。

2 材 料

（1）VCP 或 tVCP，在毕赤酵母中进行表达纯化。

（2）大鼠：维斯塔（Wistar）大鼠（300 g）。

（3）调温加热垫。

（4）细柔的凝胶移液器上样吸头。

（5）齿科注射针（$27^G \times 1/2$" [0.4 × 13 mm]）。

（6）能够与牙科针紧扣的小内径厚 Technicon 管。

（7）大鼠立体定位仪。

（8）大鼠脑立体坐标图谱[28]。

（9）显微镜。

（10）氯胺酮 / 甲苯噻嗪麻醉：氯胺酮盐酸盐（Anaket-V；90 mg/kg）和甲苯噻嗪（甲苯噻嗪 2%；10 mg/kg）的混合物，通过混合 9 mL 浓度为 100 mg/mL 的氯胺酮胺与 5 mL 的 20 mg/mL 的甲苯噻嗪制备。

（11）无内毒素生理盐水和无内毒素双蒸馏去离子水。

（12）汉密尔顿注射器（Hamilton，50 mL）。

（13）型号为 341A 的注射泵（例如，SAGE 体温调节仪）。

（14）ELISA 板。

（15）洗涤缓冲液：含 0.1% Tween-20 的 PBS。

（16）封闭缓冲液：含 0.5% Tween-20 的 PBS。

（17）过氧化酶阻断溶液：加入体积为 0.6% 的浓度为 30% 的 H_2O_2 到含 2% 甲醛的 PBS 中，pH 值 7.2（见注释 1）。

（18）TMB 底物。

（19）1 M 的磷酸溶液。

（20）戊巴比妥钠。

（21）50 mL 注射器。

（22）钝 18^G 注射针（见注释 2）。

（23）4% 多聚甲醛溶液：将 4g 多聚甲醛溶于 100 mL 0.1M PBS 中，pH 值 7.2，加入一小颗氢氧化钠并搅拌加热到 60~70℃（见注释 3）。

（24）心外灌注装置、夹子、动脉钳和医用棉（见注释 4 和 3.5.1）。

（25）蜡块，熔点为 56~58℃（Merck 公司提供，Saarchem）。

（26）切片机。

（27）组织病理载玻片。

（28）二甲苯或对二甲苯。

（29）含 2%~3% H_2O_2 的 PBS。

（30）含 50% 甲醛的 PBS。

（31）0.05% 的胰蛋白酶：50 mg 牛胰腺胰蛋白酶溶于 10 mL 三蒸水中，-20℃保存。

（32）1% 氯化钙：1 g 氯化钙溶于 1 L 双蒸水中。

（33）含氯化钙的胰蛋白酶溶液：该溶液应在实验前现制备，通过混合溶解 1 mL 0.05% 胰酶和 1 mL 的 1% 氯化钙到 10 mL 水中，用 NaOH 调节 pH 值至 7.4 即可。

（34）山羊血清。

（35）洗涤缓冲液Ⅱ：含 0.05% Tween-20 的 PBS。

（36）卵白素或链霉素蛋白亲和素。

（37）DAB 底物试剂盒。

（38）5% 硫酸铜溶液：5 g 硫酸铜（Ⅱ）或硫酸铜加入 100 mL 去离子双蒸馏水中（该溶液应在使用前 30 min 制备，现配现用）。

（39）Mayer 法苏木精染色液：1 g 苏木精，50 g 钾明矾或铝明矾溶解在 1 L 去离子双蒸水中。

（40）Scott 溶液：2 g 碳酸氢钠和 20 g 硫酸镁溶于 1 L 去离子双蒸水。

（41）Entellan 封固剂。

（42）BALB/c 小鼠。

（43）二氟二氯乙基甲醚。

（44）胰岛素注射器，2/10-cc，29.5^G 针。

（45）野生型痘苗病毒和 vGK5（Bernard Moss 惠赠）。

（46）BSC-1 细胞：非洲绿猴细胞（ATCC）。

3　方　法

由于鼻内给药后痘病毒蛋白的吸收和分布不确定，因此将蛋白直接给药到大脑不同的结构做为对照。这种阳性对照可用于 ELISA 和免疫组化检测，非常重要。当中枢神经系统的分布格局未知时，应将大鼠分为四组颅内给药。在本操作程序中，VCP 被直接注入左侧脑室（4 只大鼠）、嗅叶（1 只大鼠）和海马体（1 只大鼠）。为了进行蛋白的鼻内给药，给大鼠进行蛋白质（例如，VCP 和 tVCP）滴鼻或生理盐水滴鼻。

3.1　蛋白质大鼠鼻内给药

（1）按照 1 μL/g 体重（或 i.m./i.p.）用氯胺酮 / 甲苯噻嗪麻醉大鼠。例如，大鼠体重 300 g，则使用麻醉合剂的量为 300 μL。

（2）一旦大鼠被手术麻醉，将其后背放置在加热垫上，使其头与加热表面形成 70°~90°倾斜角[23]（见注释 5）。

（3）用细柔的凝胶上样吸头，加入 50~70 μL 的 VCP、tVCP 或生理盐水。各组分别在 20min 内从 2 个鼻孔依次加入（见注释 6）。

（4）按照以下章节描述的方法收集脑脊液和脑组织样本。

3.2　通过颅内给药到大鼠大脑（见注释 7）

（1）用氯胺酮 / 甲苯噻嗪麻醉大鼠（见 3.1，步骤 1）。

（2）一旦手术麻醉大鼠，将大鼠头部剃光，用有耳杆的脑立体定位仪固定鼠头部。一且将大鼠头部定位在立体定向装置中，标记大鼠颅骨上耳间线（IAL）的位置作为参考点（见注释 8）。

（3）从立体定位仪上取下持针器，将牙科针固定在与操纵器相连的特定持针器上，它可以准确地引导到小脑延髓池。连接管连接到一个汉密尔顿注射器上，再与注射泵相连。

（4）用注射器中吸入生理盐水，之后吸入少量的空气作为标记，以防止混合。

（5）用注射器吸取用于颅内注射的蛋白液（或生理盐水）。

（6）用表 18-1 所示的脑坐标，并参考标记的双耳线的位置，每只大鼠缓慢注射 10 μL 体积的蛋白溶液（本例中为 VCP，25 μg/10 μL）到左侧脑室。注射器 / 导管中的微小气泡用作视觉标记，以跟踪药物溶液的输送。

（7）如果不知道蛋白质在中枢神经系统中的分布，则直接使用表 18-1 所示的大脑坐标将蛋白质注入大脑的不同部分，如海马体和嗅叶。将颅内不同区域蛋白质给药作为对照，比较经鼻内给药后药物的分布模式。

表 18-1　VCP 给药的立体定位坐标

编号	大脑部位	AP	ML	DV
1	侧脑室	7.7	1.6	3.1
2	海马体	4.48	2.2	2.8
3	嗅叶	13.7	1.6	3.1

脑区域和立体定位坐标（AP 为正前位；ML 为侧位；DV 为腹背位）用于直接通过 27^G 牙科注射针参考 IAL 线，将 VCP 注射到大脑不同的部位。

3.3　CSF 样品的收集

（1）在蛋白经颅内或鼻腔给药后，对背侧颅骨的后脊定位。这可以用手术刀的钝端在皮肤下面感觉到，也可从手术刀的皮肤中线切口侧面看到。

（2）与 3.2 中步骤 3 相似，安装带有牙科针的立体定位装置，但使用的是厚的 Technicon 管和结核菌素注射器（见注释 9）。

（3）将牙科针放在该点后 1~1.2 mm 处，中间偏侧边 0.8~1 mm 处，并将针头从腹侧插入约 9~13 mm 的深度（取决于头部和立体定位装置的位置，见注释 10），或直到针刺到寰枕膜上方小脑延髓池，看到导管内出现脑脊液（CSF），缓慢收集 CSF（见注释 9、11 和 12）。

（4）在不同时间点收集样品，保持大鼠处于麻醉状态，并使针头在脑立体定位装置的相同位置上（见注释 13 和 14）。

（5）将 CSF 转移到离心管中，立即以 3 200 r/min 离心 1 min，离掉污染血液，移除浮于表层的杂质。

（6）将样品储存在 20℃（或 -80℃长期储存）以备进一步分析。

（7）采集了不同处理组、不同时间点的大鼠脑脊液标本后，就可以按 3.5 所描述的方法处死大鼠并收集大脑。

3.4　用 ELISA 方法检测 CSF 中的 VCP 和 tVCP

需要确定检测技术的灵敏度，优化一抗和二抗的稀释度，检查抗体在 CSF 样品中的交叉反应性，并降低背景染色来提高特异性。

3.4.1　ELISA 试验条件的优化

（1）在 PBS 或其他溶液中稀释所研究蛋白质的储备溶液（例如 VCP 或 tVCP），获得系列稀释浓度（比如 1ng/μL，0.1ng/μL，0.2ng/μL，0.5ng/μL，0.01ng/μL，0.02ng/μL，0.05ng/μL 和 0.005 ng/μL）。

（2）每个浓度的稀释液用 100 μL 包被 ELISA 板，4℃振荡孵育过夜。

（3）为了检查一抗与对照 CSF 样品的交叉反应，每个 ELISA 板用从不同大鼠上（每只 100 μL）收集到的对照 CSF 样品包被至少 3 个孔，4℃振荡孵育过夜。

（4）孵育过夜（约 16 h）后，移弃包被液，在滤纸上轻轻拍打板去掉残液。

（5）用洗涤缓冲液洗涤板 3 次（见注释 15）。

（6）用封闭缓冲液封闭 ELISA 板，孵育 60~90 min 以减少背景和非特异性结合（见注释 16 和 17）。

（7）用洗涤缓冲液洗涤板 3 次，在滤纸上轻轻拍打去掉残液。

（8）如果担心 CSF 中的内源性过氧化物酶活性，则用 200 μL 内源性过氧化物酶封闭液洗涤 3 次平板，使内源性过氧化物酶活性失活（见注释 1 和 3.4.2）。

（9）用不同浓度（如含有 0.1% Tween-20 的 1∶1 000，1∶2 000 和 1∶4 000）的一抗［如兔抗 VCP（R-Ig）或鸡抗 VCP（Ch-Ig）］室温（RT）孵育 4 h（见注释 18 和注释 19）。

（10）记住还包括没有添加一抗的孔，用于检测二抗与所研究蛋白（如 VCP 和 tVCPV）的交叉反应。

（11）用洗涤缓冲液洗涤 3 次，然后加入适量的辣根过氧化物酶（HRP）标记的二抗（1∶10 000），室温孵育 2 h（见注释 19）。

（12）每孔加入 100 μL TMB 底物。

（13）让蓝色持续 15~20 min，然后向溶液中加入 100 μL 的 1 M 磷酸终止反应，轻轻地至完全混合。

（14）将黄色溶液（200 μL）转移至另一个 96 孔板中，测量 450 nm（OD_{450}）的光密度，绘制出结果曲线图（见图 18-1）。

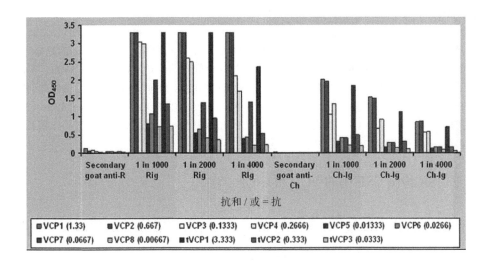

图 18-1　检测 CSF 中 VCP 和 tVCP 的 ELISA 的优化

Y 轴 OD_{450} 值表示作为过氧化物酶活力的指数，是其与 1 ∶ 10 000 稀释的二抗（山羊抗鼠：goat-anti-R 和山羊抗鸡：goat-anti-Ch）和不同浓度的 R-Ig 和 Ch-Ig（1 ∶ 1 000，1 ∶ 2 000 和 1 ∶ 4 000）反应的参数。说明中的 VCP1-VCP8 和 tVCP1-tVCP3 代表 VCP 和 tVCP 不同的稀释度（R 表示兔；Ch 表示鸡）。圆括号中的数值表示浓度（ng/μL）。如图中所示，R-Ig 比 Ch-Ig 更灵敏，这是因为使用的 R-Ig 浓度比 Ch-Ig 高数倍。浓度低于 0.006 66 ng/μL 时，所有稀释度的一抗都能够检测到。二抗在 VCP 和 tVCP 上的非特异性吸附非常低，且该吸附与 VCP 和 tVCP 的浓度直接相关。

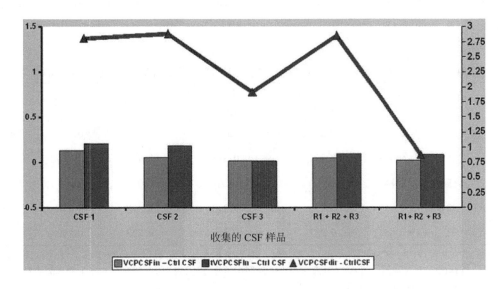

图 18-2　鼻内和颅内给药后 CSF 样品中 VCP 和 tVCP 的检测

不同时间间隔（CSF1，CSF2，CSF3）以及两组（X 轴）中每组 3 只大鼠（$R1 + R2 + R3$ 和 $R4 + R5 + R6$）鼻内给药蛋白（VCPCSFin 和 tVCPCSFin）的 OD_{450} 值（左 Y 轴）。右侧 Y 轴显示了直接接种蛋白后脑脊液中 VCP 的 OD_{450} 值（VCPCSFdir；折线图）。由于 VCPCSFdir 值远高于 VCPCSFin 和 tVCPCCSFin 值，因此左右 Y 轴具有不同的刻度。图中所示的值是通过在相同时间间隔或相同组设置间减去对照 Ctrl CSF 样品 OD$_{450}$ 后得到的校正 OD$_{450}$ 值。经 ELISA 检测 CSF 样本中 VCP 和 tVCP 的 OD$_{450}$，结果表明，处理组 OD$_{450}$ 与对照组 OD$_{450}$ 不同。经鼻内给药后，第一时间点 OD$_{450}$ 较高，随后逐渐降低。在所有时间点内，接受蛋白质动物 CSF 的 OD$_{450}$ 均高于对照组。tVCPCSFin 的趋势与其相似，但是第一时间点和第二时间点的差异高于 VCPCSFin 同一时间点的差异。对于 VCPCSFdir，在所有的时间间隔内，OD$_{450}$ 都高出鼻内给药处理组数倍。在颅内接种后的前 2 个时间点，OD$_{450}$ 值偏离刻度，表明前 2 个时间间隔点内的浓度更高。虽然此处未显示，但当从处理组的 OD$_{450}$ 值中减去 CSFctrl 的 OD$_{450}$ 值时，发现 tVCP 的差异高于 VCP，这表明给药后 tVCP 比 VCP 分布程度更大。本图获得出版社 Bentham Science Publishers 版权 ©2011 许可，复制自参考文献 [22]。

3.4.2 ELISA 检测 CSF 中的 VCP 和 tVCP

（1）收集来自同一处理组的 3 只大鼠的 CSF 样品，将 100 μL 的收集的样品添加到 ELISA 板孔中，然后用优化的 ELISA 进行检测（见图 18-2）。

（2）可通过向 ELISA 板孔中添加 25 μL 收集的 CSF 样品来检测样品中内源性过氧化物酶的活性（见注释 20）。

（3）将 20 μL 对照 CSF 一式三份添加的到孔中，然后添加 5 μL PBS 或要研究的蛋白（如 0.5 ng/μL 的 VCP 或者 tVCP），作为对照。

（4）30℃孵育板子 30 min。

（5）按 3.4.1 中步骤 13 中所述，每孔加 100 μL TMB 底物溶液。

（6）每孔中加入 75 μL 1M 的磷酸终止反应 10~15 min，然后读取 450 nm 的 OD 值。结果见表 18-2 和图 18-3。

表 18-2 CSF 样品的内源性过氧化物酶活性及过氧化物酶对 VCP 和 tVCP 的影响

序号	CSF 样品	CSF 对照	CSF 对照 + VCP（5 mL/25 mL）	CSF 对照 +tVCP（5 mL/25 mL）	VCPCSFin	tVCPCSFin	VCPdir
1	CSF1	0.649	0.579	0.650	0.440	0.230	0.428
2	CSF2	0.498	0.504	0.515	0.473	0.155	0.217
3	CSF3	NA	NA	NA	0.016	0.103	0.286
4	R1 + R2 + R3	0.859	0.795	0.813	0.348	0.046	0.290
5	R4 + R5 + R6	0.851	0.782	0.788	0.822	0.899	0.249

当添加 VCP 和 tVCP 到 CSF 对照中测定 OD$_{450}$ 时，经 VCP 处理的 CSF 对照样品的 OD$_{450}$ 小于未处理样品的 OD$_{450}$ 值。当 tVCP 浓度相同时，用 tVCP 处理过的 CSF 对照样品的 OD$_{450}$ 也小于未处理的 CSF 对照样品的 OD$_{450}$ 值，但是高于 VCP 处理过的 CSF 对照样品的 OD$_{450}$ 值。

用 OD$_{450}$ 测定不同处理组脑脊液样品的过氧化物酶活性。NA 表示一些样品未进行分析。

（7）如果发现有内源性过氧化物酶活性，就得继续通过内源性过氧化物酶阻断这一步来检测 CSF 的 VCP。

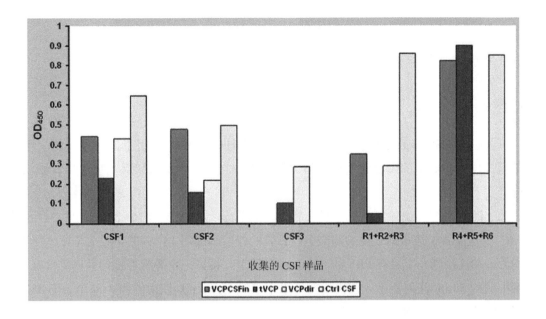

图 18-3　处理组 CSF 样品内源性过氧化物酶的活性

在不同时间间隔（CSF1、CSF2 和 CSF3）收集到的 CSF 样品以及从处理组 2 个不同设置（X 轴），每个设置 3 只大鼠（$R1+R2+R3$ 和 $R4+R5=R6$）收集的 CSF 样品的 OD_{450} 值，即内源性过氧化物酶活性（Y 轴）。不同处理组的样品混合物 OD_{450} 顺序为 Ctrl CSF > VCPCSfin > VCPdir > tVCPCSfin。

（8）孵育过夜后弃去孔中的样品，用洗涤缓冲液洗涤 ELISA 板孔 3 次。

（9）每孔用 200 μL 内源性过氧化物酶封闭液室温下孵育 10 min，以阻断过氧化物酶活性（见注释 1）。

（10）每孔用洗涤缓冲液洗涤 3 次。

（11）每孔加入 100 μL TMB 底物。

（12）孵育 15 min 后测定 450 nm 的 OD 值（表 18-3）。

表 18-3　CSF 样品中内源性过氧化物酶的淬灭

序号	CSF 样品	CSF 对照	VCPCSFin	Vcpdir	tVCPCSFin
1	CSF1	0.005	0.004	0.004	0.002
2	CSF2	0.007	0.003	0.001	0.001
3	CSF3	0.006	0.003	0.001	0.002
4	$R1, R2, R3$	0.005	0.005	0.001	0.003
5	$R4, R5, R6$	0.004	0.003	0.002	0.003

CSF 样品经内源性过氧化物酶封闭液处理后测定 OD_{450}。经过这样处理后，OD_{450} 几乎减少到零，表明完全阻断了固有的或内源性过氧化物酶活性。

3.5 用于免疫组织化学实验的脑组织制备

3.5.1 心外灌注

（1）收集 CSF 样品之后，对大鼠进行心外灌注，收集大脑用于进一步分析。用致死剂量（100mg/kg）的戊巴比妥钠麻醉大鼠。灌注之前，确保大鼠对足垫试压试验没有反应。

（2）灌注系统是由输液器构成的。需要 3 根管子：一根长约 15~20cm，另 2 根长约 10cm。将这些管子连接到三通旋塞阀上。长管的开口端接到 18^G 针的轮毂上（见注释 2）。管的另一端连接到一个装有 PBS 的 50mL 注射器上。将另一个短管连接到另一个含有 4% 多聚甲醛的 50mL 注射器上。留出 2~4 个装满 PBS 的 50 mL 注射器和 3~4 个装满 4% 冷多聚甲醛的 50 mL 注射器（见注释 21）。

（3）通过活塞从相应的注射器将 PBS 注入长管中。用 PBS 充满管直至旋塞，然后用 PBS 冲洗管，清除所有的多聚甲醛和 / 或气泡。

（4）用手术刀瞄准胸骨上面的中线切开皮肤，暴露心脏（见注释 22）。

（5）用镊子将肋骨和皮肤分离，充分暴露心脏。也可用止血钳。

（6）当心还在跳动的时候，将钝头针插入到心脏的左心室，在此位置固定（见注释 2 和注释 23）。

（7）首先，用 100~150mL0.1 mPBS（pH 值 7.4）经心脏给大鼠灌注，以去除血液。PBS 流量应缓慢稳定。在注射器上施加压力，直到心脏充满 PBS 膨胀。然后，立即切开右心房，让血液和盐水流出。

（8）保持注射器上的稳定压力，一旦用 PBS 输注清除血液后，立即缓慢注入 200~250 mL 的 4% 多聚甲醛，10~15 min 之内完成。给药 250mL 甲醛后，大鼠爪和尾巴会出现自发运动（肌束颤动）。眼睛变圆和身体僵硬为灌注成功的迹象（见注释 3）。

（9）处死大鼠，暴露大脑，在立体定向装置中重新定位，如图 18-4 所示将大脑切成适当的块，以备进一步处理（见注释 24）。

（10）在 4% 多聚甲醛缓冲液中固定整个大鼠大脑组织过夜，然后切割成不同的块（见注释 3）。

（11）如表 18-4 所示处理每块组织。

（12）将大脑组织块嵌入蜡块中，用于免疫组化染色。为了将组织嵌入石蜡中，将脱水的组织块放入模具以备后续在切片机上切片。脑组织块置于模具时，正确方位非常重要，必须确保所有的组织块具有相同的方向。

（13）熔融的蜡倒入模具中，在室温下变硬。

（14）将脑组织块用切片机切成 4~10μm 的薄片。

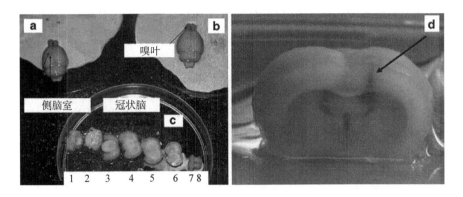

图 18-4　大鼠大脑内的 VCP 直接给药

根据针迹（箭头），显示的是大鼠脑立体定左侧脑室（a）或嗅叶（b）。固定的大鼠大脑被分成不同的部分（c），从 1~8 编号，然后石蜡包埋。（c）中 7 和 8 部分代表嗅叶，可作为研究大鼠中 VCP 经鼻给药的分布模式的阳性对照。大脑组织块切片显示 VCP 被直接注入到了左侧脑室内（d）。本图片是在得到了出版社 Bentham Science Publishers 版权 ©2011 许可后从参考文献 [22] 中复制。

表 18-4　脑组织处理

序号	处理方式	处理时间（min）	温度（℃）
1	96% 乙醇	10	31~40
2	96% 乙醇	10	31~40
3	无水乙醇	15	31~40
4	无水乙醇	15	31~40
5	无水乙醇	15	31~40
6	无水乙醇	15	31~40
7	二甲苯	15	31~40
8	二甲苯	15	31~40
9	石蜡	20	60
10	石蜡	20	60
11	石蜡	25	60
12	石蜡	25	60

在不同浓度的乙醇中脱水、二甲苯处理、石蜡包埋。

3.5.2　免疫组化染色

（1）从不同处理组的大脑不同部位（图 18-4）的蜡块上切下 4μm 厚的冠状脑切片（见注释 25）。

（2）将切片覆盖在玻片上，放入 42℃烘箱中固定切片 1 h。

（3）将切片重复放入二甲苯中孵育，脱蜡 10 min。

（4）通过逐渐增加酒精中水的含量对组织切片复水。在无水酒精中处理 1min。重复上述程序至少 2 次。

（5）在 90% 酒精中浸泡 1 min，重复 2 次。

（6）在 70% 酒精中浸泡 1 min，重复 2 次。

（7）将切片放入含有 2%~3% H₂O₂ 的 PBS 或含有 50% 甲醇的 PBS 中。

（8）用含有胰蛋白酶的氯化钙溶液处理切片以修复抗原（见注释 26）。

（9）用 1：20 的山羊血清稀释封闭切片 10 min（见注释 27）。

（10）吸干山羊血清，用一抗孵育切片（本例中，鸡抗 VCP 抗体按 1：166.33（3 μL/ 500 μL）稀释），在湿盒中室温孵育数小时（如 5 h）或 4℃孵育过夜。

（11）封闭之后，用洗涤缓冲液 II 洗涤切片 3 次，然后用 PBS（0.1 M，pH 值 7.2）冲洗一次。

（12）用二抗孵育切片 [本例中，羊抗鸡抗体按照 1：（350~400）稀释]，在湿盒中室温孵育 1.5~2h。

（13）用洗涤缓冲液 II 洗净切片 3 次，再用 PBS 冲洗（0.1 M，pH 值 7.2）。

（14）用亲和素 [1：（400~600）] 或链霉亲和素（1：400）孵育切片。

（15）加入 DAB 底物试剂盒（通过混合 DAB 底物稀释剂现制备），10~15 min 显色。

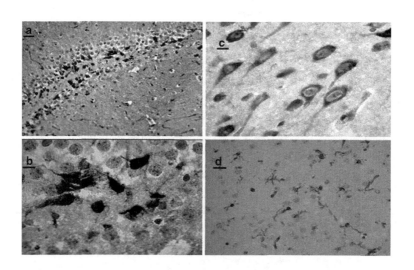

图 18-5　直接注入 VCP 到大鼠大脑后的大脑切片免疫组化染色

不同放大倍数的海马脑切片免疫染色，其中（a）为 10×，（b）和（c）为 40×，（d）为图 18-4（c）中的脑区 5 的 20× 图像。海马体或其他大脑区域在较浅背景下的深褐色染色表明阳性染色。（b）显示整个神经元呈深褐色，（c）显示轻度染色，提示可能是部分内神经元染色。图片是在得到了出版社 Bentham Science Publishers 版权 ©2011 许可后从参考文献 [22] 中复制。

（16）洗涤切片并用 5% 硫酸铜溶液处理切片 3 min，用苏木精复染 0.5~1 min。

（17）用 Scott 溶液处理 1 min 并用自来水冲洗。

（18）用水含量越来越少的酒精（70% 酒精，90% 酒精和无水乙醇，最后是二甲苯）对切片进行脱水处理

（19）用荧光切片包埋剂封住盖玻片。

（20）用不同放大倍数的数码相机拍摄照片（见图 18-5 和图 18-6）。

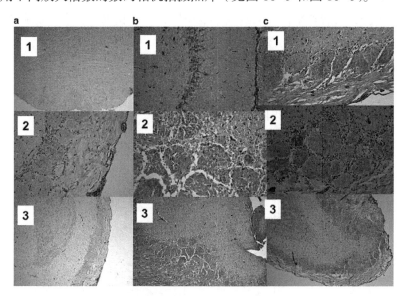

图 18-6 VCP 鼻腔给药后脑组织切片的免疫组化染色

4 μm 免疫组化染色切片来自图 18-4 中的组织块。（a）组是鼻腔生理盐水处理的对照组，其中 a1 为图 18-4 中脑区域 6[×4]，a2 和 a3 分别为嗅叶 [40×] 和 [10×]。（a）作为阴性染色对照。（b1）组是大鼠大脑切片，将 VCP 直接注入海马 [×10] 作为阳性染色对照。b2~c3 是图 18-4 中的 VCP 鼻内给药后大鼠脑 7、8 区或嗅叶。不同的放大倍数显示（b2，c1，c2 =40× ；b3，c3=20×）。b2、b3、c1、c2、c3 分别代表图 18-4 中的 7、8 区或嗅叶的血管小球染色。观察到 tVCP 处理的大鼠嗅叶血管小球细胞层也有类似的染色模式。将 VCP 直接注入大脑嗅叶的大鼠表现出类似的血管小球细胞层染色模式。本图片是在得到了出版社 Bentham Science Publishers 版权 ©2011 许可后从参考文献 [22] 中复制。

3.6 痘苗病毒在脑组织中的复制及在脑内传播的评价

在最后一节，我们将介绍如何接种痘苗病毒到小鼠颅内并测定脑组织内的病毒滴度。我们使用不同毒力（预先测定 LD_{50}[24]）的痘苗病毒。其中一株病毒是野生型痘苗病毒（WR 株）。一株是 $N1L$ 基因缺失的重组痘苗减毒毒株（vGK5）[25]。缺失 $N1L$ 基因导致痘苗病毒在小鼠脑中复制明显减少[24]。该试验流程描述了病毒颅内注射，然后切除大脑并解剖为 4 等份，对每个等份获得的病毒滴度进行测定。

（1）麻醉 3 周龄 BALB/c 小鼠（*n*=6~8 只）。

（2）剪掉头部注射部位的毛，用 70% 酒精棉擦拭。

（3）握住汉密尔顿注射器，手指与注射器垂直，将 20μL（100 PFU）的精确滴度病毒颅内注射到左大脑半球。

（4）在感染后的不同时间点（24h、48h 和 96h）对小鼠实施安乐死，并按照第 3.5.1 中步骤 7 所述，用 10 mL PBS 进行心外灌注。

（5）取下大脑，沿着长轴两端大约一半的位置，将大脑垂直和水平切成 4 个等份（见图 18-7a）。

（6）每部分用 2 mL PBS 中匀浆，然后超声处理。

（7）按之前描述的方法测定病毒滴度[26]。

（8）如图 18-7 所示绘制结果图。

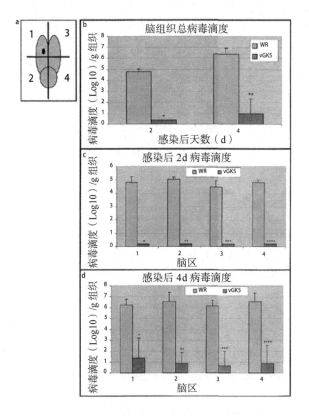

图 18-7　小鼠颅内接种后脑组织中的病毒滴度

（a）注射的位置（黑点）用于病毒滴定的大脑切片区域。（b）vGK5 或 WR 感染 2d 和 4d 后脑组织（log10）/g 总病毒滴度。在感染后第 2d 和第 4d，vGK5 的病毒滴度显著降低（*P<0.000 03 和 **P<0.000 8）。（c）感染后 2d 脑区（log10）/g 脑组织的病毒滴度。vGK5 感染后 2d，所有脑区（1 区，**P<0.000 1；2 区，***P<0.000 008；3 区，****P<0.000 1；4 区，*****P<0.000 01）的病毒滴度均显著降低。（d）感染后 4d 脑区的（log10）/g 脑组织病毒滴度，vGK5 在所有脑区病毒滴度显著降低（1 区，**P<0.004；2 区，***P<0.000 9；3 区，****P<0.001；4 区，**** *P<0.002）。在图 c，b，d（每

组 6~8 只动物）显示了标准差。本图经 John Wiley and Sons，copyright ©2004 版权许可，复制自参考文献 [24]。

4　注　释

（1）内源性过氧化物酶活性也可以在不使用甲醇的情况下被阻断 [27]。

（2）心外灌注时，截断针尖，使其变得平滑，之后再进行抛光，这样就不会刺穿其他的心室。经过一定的练习之后，这种钝头针很容易插入心脏的左心室内，该方法也是大多数实验室首选的方法。

（3）使用多聚甲醛时候一定要戴手套。建议将血液和多聚甲醛放入废物容器中，以便妥善处理（而不是冲进水槽）。

（4）如果在收集 CSF 后，仍想让大鼠继续存活的话，就必须要使抗生素乳剂 / 喷雾。

（5）根据 van den Berg 等 [23] 的报道，在蛋白质给药和采集样品时，大鼠的位置很重要。因此，强烈建议在鼻内给药时动物要仰卧，头部角度在 70°~90°。

（6）进行蛋白质（或对照生理盐水）给药时，建议非常缓慢地给药，并在左右鼻孔之间交替给药。因此，每次吸取 10 μL 液体，非常缓慢地注入一个鼻孔。同时，需要监测大鼠的呼吸。在确保药物已经注入鼻孔，气管没有被阻塞大鼠呼吸正常的情况下，就可以给另一个鼻孔中注入下一个 10 μL 体积的蛋白，直到最后总体积达到 50~70 μL。鼻内给药的目的是将蛋白暴露于大鼠的嗅上皮。上样的凝胶吸头不应插入鼻孔太深，如果吸管尖端插入鼻孔深处，溶液更可能会进入气道。

（7）各组大鼠的体重都应约为300g，以便定位，如便于应用 Paxinos 和 Watson 在文献 [28] 中描述的脑图谱来精确比较大脑结构。

（8）IAL 是耳杆中间的假想线，用作前 / 后平面的零坐标，从而确定进针位置。有关 IAL 和其他参考点（Bregma 和 Lamda）的更多信息，请参考 Paxinos 和 Watson 的图谱 [28]。可以在大鼠头盖骨上标记 IAL 的中点，以便于标记进针位置。

（9）确保用于收集脑脊液的管足够长，以观察脑脊液的进入。收集管必须准确安装到 27^G 牙科针和胰岛素注射器针头上。在抽取 CSF 时，需要所需直径的收集管保持适当的压力。

（10）大鼠与大鼠之间到达脑池所需针的长度是相当恒定的。不过，这还取决于门牙杆相对于耳杆的高度差，因此将头倾斜成一个角度。因为后脊和小脑延髓池之间的距离可能由于鼠的大小而有差异，所以这个角度要因鼠而做调整。将门牙杆放低到最佳位置，可最大限度地暴露覆盖枕大池的寰枕膜，以促进脑脊液的排出。根据实验设计，有许多采集脑脊液的方法 [23, 29]。在小脑延髓池的长期插管可用于系列样本的收集；然而，这种方法具有易感染、易阻塞和受红细胞污染等高风险的缺点 [23]。

（11）收集 CSF 时应非常缓慢地收集。如果收集 CSF 过快，动物可能很快昏迷甚至死亡。

（12）每只大鼠每次能够收集的 CSF 的最大体积为 40~60 μL。可以收集的体积随时间变化。CSF 中首次出现血液后，应该停止收集 CSF。

（13）通过持续监控保持大鼠一直麻醉，不能挪动大鼠。

（14）为进行 ELISA 分析，可从对照组和实验组的不同大鼠中收集不同时间间隔的 CSF 样品混合到一起。这样增加了样品体积，又减少了样品数量，从而使分析更加容易。在本方案中，为了使体积达到 100 μL，从不同的时间点（0~1 h 和 1~2 h，2~3 h 和 3~4 h，4~5 h 和 5~6 h 或 5~8 h）收集的样品被进一步混合到一起，从而得到代表 3 个不同时间点（0~2 h，2~4 h 和 4~6 h 或 4~8 h）的 3 组不同的样品。混合其余来自每只大鼠的每个时间点的 CSF 样品，以此方式混合 3 只不同的大鼠（$R1 = rat\ 1 + rat\ 2 + rat\ 3$；$R2 = rat\ 4 + rat\ 5 + rat\ 6$）的 CSF 样品并混合，从而得到 2 组不同的 CSF 样品，可用于评估每只大鼠个体中 VCP 的水平。SF 样品中 VCP 和 tVCP 的水平绘制成如图 18-2 所示的曲线图。

（15）1% Tween-20 降低了灵敏度，而以前研究表明 0.1% 和 0.01% 的浓度则会增加灵敏度[30]。因此，洗涤缓冲液和稀释缓冲液中 Tween 的浓度应该在 0.01%~0.1%。

（16）在 0.1% 的 Tween-20 中添加 0.5% BSA 作为封闭缓冲液，进一步减少非特异性结合和保持较高的灵敏度。

（17）将在封闭缓冲液中处理的时间从 60~75 min 增加到 120~140 min，以进一步阻断非特异性结合位点。

（18）兔抗 VCP 抗体（R-Ig）灵敏度非常高，是极好的一抗，R-Ig 的最佳浓度达到 1∶3 000。这保证了最佳的灵敏度且将非特异性结合最小化。

（19）为了进一步降低背景染色，可以减少与一抗的孵育时间到 1h，而二抗孵育的时间为 30 min。

（20）由于过氧化物酶非常稳定，可以承受反复冻融，因此，脑脊液样品可以存储在 -20℃，随时进行这些样品固有的过氧化物酶活性测定。

（21）其他的心脏灌注要求缓冲液中含有 HEPES 和蛋白酶抑制剂。

（22）因为切断内骨和皮肤，暴露心脏要用到锋利的手术器械，小心不要损伤心脏。

（23）当将针钝的一端插入左心室时，要确保不刺穿心室内的隔膜。

（24）嗅叶很小，应确保其完整。鼻内传递的蛋白质可能在大脑的这一部分积累，在切除大鼠嗅叶时必须特别小心。

（25）在切除时，请详细检查各部分的外观及是否有进针痕迹，以确认侧脑室或大脑特定部位的准确位置。这是为了确认蛋白质被传递到目标区域（图 18-4d）和嗅叶（图 18-4b）。

（26）福尔马林或多聚甲醛处理会导致蛋白质交联，因此，必须要暴露蛋白质表位。

胰蛋白酶会破坏福尔马林或多聚甲醛交联，并暴露抗原/表位，这些抗原/表位才可被抗体检测到。

（27）如果背景过深，用 0.03% Triton X-100 处理切片以进一步降低非特异性背景染色。也可添加 1% BSA 到正常血清和 Triton X-100 中，降低背景染色。

致谢

本实验得到了南非卫生科学学院动物伦理委员会（Faculty of Health Sciences Animal Ethics Committee of South Africa）的批准。感谢 Morea Petersen、Barbara Young（人类生物学）和 Nafisa Ali（解剖病理学）在免疫组化方案和组织切片上给与的帮助。本章作者之一 Lauriston A. Kellaway 受到南非医学研究理事会（South African Medical Research Council）的项目资助。本章作者 Amod P. Kulkarni 受到英国 Claude Leon 基金会的资助，用于在开普顿大学博士后的研究，还获得了开普敦大学的各种奖学金用于攻读博士期间的研究。

参考文献

[1] Anderson AJ, Robert S, Huang W, Young W, Cotman CW. 2004. Activation of complement pathways after contusion-induced spinal cord injury. J Neurotrauma 21：1831–1846.

[2] Stahel PF, Morganti-Kossmann MC, Kossmann T. 1998. The role of the complement system in traumatic brain injury. Brain Res Brain Res Rev 27：243–256.

[3] Pasinetti GM. 1996. Inflammatory mechanisms in neurodegeneration and Alzheimer's disease：the role of the complement system. Neurobiol Aging 17：707–716.

[4] Schubart AF, Ewald RW, Schroeder WC, Rothschild HJ, Bhatavadekar DN, Pullen PK. 1965. Serum complement levels in rheumatoid arthritis. A longitudinal study of 43 cases with correlation of clinical and serological data including rheumatoid factor and thermolabile inhibitor of the F-II L.P. test. Ann Rheum Dis 24：439–450.

[5] Torzewski J, Bowyer DE, Waltenberger J, Fitzsimmons C. 1997. Processes in atherogenesis：complement activation. Atherosclerosis 132：131–138.

[6] McGeer EG, Klegeris A, McGeer PL. 2005. Inflammation, the complement system and the diseases of aging. Neurobiol Aging 1：94–97 Saraiva M, Alcami A. 2001. CrmE, a novel soluble tumor necrosis factor receptor encoded by poxviruses. J Virol 75：226–233.

[7] Saraiva M, Alcami A. 2001. CrmE, a novel soluble tumor necrosis factor receptor encoded by poxviruses. J Virol 75：226–233.

[8] Kotwal G, Moss B. 1988. Vaccinia virus encodes a secretory polypeptide structurally related

to complement control proteins. Nature 335：176–178.

[9] Kotwal G, Isaacs S, McKenzie R, Frank M, Moss B. 1990. Inhibition of the complement cascade by the major secretary protein of vaccinia virus. Science 250：827–830.

[10] McKenzie R, Kotwal G, Moss B, Hammer C, Frank M. 1992. Regulation of complement activity by vaccinia virus complementcontrol protein. J Infect Dis 166：1245–1250.

[11] Hicks RR, Keeling KL, Yang MY, Smith SA, Simons AM, Kotwal GJ. 2002. Vaccinia virus complement control protein enhances functional recovery after traumatic brain injury. J Neurotrauma 19：705–714.

[12] Reynolds DN, Smith SA, Zhang YP, Mengsheng Q, Lahiri DK, Morassutti DJ et al. 2004. Vaccinia virus complement control protein reduces inflammation and improves spinal cord integrity following spinal cord injury. Ann NY Acad Sci 1035：165–178.

[13] Pillay N, Kellaway L, Kotwal G. 2008. Early detection of memory deficits in an Alzheimers disease mice model and memory improvement with Vaccinia virus complement control protein. Behav Brain Res 192：173–177.

[14] Kulkarni AP, Pillay NS, Kellaway LA, Kotwal GJ. 2008. Intracranial administration of vaccinia virus complement control protein in Mo/Hu APPswe PS1δE9 transgenic mice at an early age shows enhanced performance at a later age using a cheese board maze test. Biogerontology 9：405–420.

[15] Gozes I. 2001. Neuroprotective peptide drug delivery and development：potential new therapeutics. Trends Neurosci 24：700–705.

[16] Thorne RG, Frey WH. 2001. Delivery of neurotrophic factors to the central nervous system：pharmacokinetic considerations. Clin Pharmacokinet 40：907–946.

[17] Talegaonkar S, Mishra PR. 2004. Intranasal delivery：an approach to bypass the blood brain barrier. Indian J Pharmacol 36：140–147.

[18] Capsoni S, Giannota S, Cattaneo A. 2002. Nerve growth factor and galantamine ameliorate early signs of neurodegeneration in antinerve growth mice. Proc Natl Acad Sci USA 99：12432–12437.

[19] Kristensson K, Olsson Y. 1971. Uptake of exogenous proteins in mouse olfactory cells. Acta Neuropathol 19：145–154.

[20] Broadwell RD, Balin BJ. 1985. Endocytic and exocytic pathways of the neuronal secretory process and trans-synaptic transfer of wheat germ agglutinin-horseradish peroxidase in vivo. J Comp Neurol 242：632–650.

[21] Thorne RG, Emory CR, Ala TA, Frey WH. 1995. Quantitative analysis of the ol factory pathway for drug delivery to the brain. Brain Res 692：278–282.

[22]　Kulkarni AP, Govender D, Kotwal GJ, Kellaway LA. 2011. Modulation of anxiety behavior by intranasally administered vaccinia virus complement control protein and curcumin in a mouse model of Alzheimer's disease. Curr Alzheimer Res 8：95–113.

[23]　van den Berg MP, Romeijn SG, Verhoef JC, Merkus FW. 2002. Serial cerebrospinal fluid sampling in a rat model to study drug uptake from the nasal cavity. J Neurosci Methods 116：99–107.

[24]　Billings B, Smith SA, Zhang Z, Lahiri DK, Kotwal GJ. 2004. Lack of N1L gene expression results in a significant decrease of vaccinia virus replication in mouse brain. Ann N Y Acad Sci 1030：297–302.

[25]　Kotwal GJ, Hugin A, Moss B. 1989. Mapping and insertional mutagenesis of a vaccinia virus gene encoding a 13, 800-Da secreted protein. Virology 171：579–587.

[26]　Kotwal GJ, Abrahams MR. 2004. Growing poxviruses and determining virus titer. Methods Mol Biol 269：101–112.

[27]　Jha P, Smith SA, Justus DE, Kotwal GJ. 2005. Vaccinia virus complement control protein ameliorates collagen-induced arthritic mice. Ann N Y Acad Sci 1056：55–68.

[28]　Paxinos G, Watson C. 1982. The rat brain in stereotaxic coordinates, 2nd edn. Academic/Harcourt Brace Jovanovich publishers.

[29]　Frankmann SP. 1986. A technique for repeated sampling of CSF from the anesthetized rat. Physiol Behav 37：489–493.

[30]　Halim ND, Joseph AW, Lipska BK. 2005. A novel ELISA using PVDF microplates. J Neurosci Methods 143：163–168.

（赵志荀　译）